富比士巨人

── 撼動美國經濟的商界傳奇 ──

Men Who
Making America

伯蒂・查爾斯・富比士 著　孔寧 譯

保險業王國的浪漫詩人 × 鋼鐵業鉅子 × 資本運作第一人

靠膽識與遠見掌握經濟權力，從零開始締造美國夢的 25 位傳奇企業家

他們，是成功與財富的代名詞
他們，是美國歷史長河中的燈塔
然而他們的故事，卻平凡如你我……

本書不僅是一部企業家傳記
更是一段美國社會經濟
發展史的縮影

B. C. Forbes

從平凡到非凡，成功不是偶然！
來自鐵路、農業、保險、製造等多個領域
以智慧與毅力書寫美國夢的輝煌篇章

目錄

邁納・C・基思 ………………………………… 005

達爾文・P・金斯利 …………………………… 017

小塞勒斯・H・麥考密克 ……………………… 029

J・P・摩根 …………………………………… 043

威廉・H・尼科爾斯 …………………………… 057

約翰・H・帕特森 ……………………………… 067

喬治・W・珀金斯 ……………………………… 081

喬治・M・雷諾茲 ……………………………… 095

約翰・戴維森・洛克斐勒 ……………………… 105

朱利葉斯・羅森瓦德 …………………………… 125

約翰・D・瑞安 ………………………………… 139

雅各布・亨利・希夫 …………………………… 151

查爾斯・邁克爾・施瓦布 ……………………… 163

約翰・格雷夫・謝德 …………………………… 175

愛德華・C・西蒙斯 …………………………… 187

詹姆斯・斯派爾 ………………………………… 199

詹姆斯・斯蒂爾曼 ……………………………… 211

目錄

狄奧多・牛頓・魏爾 221

科尼利厄斯・范德比爾特三世 233

弗蘭克・A・范德利普 241

保羅・M・沃爾格 253

約翰・N・威利斯 265

湯瑪斯・E・威爾遜 277

弗蘭克・W・伍爾沃斯 285

約翰・D・阿奇博爾德 305

邁納‧C‧基思

邁納‧C‧基思（Minor Cooper Keith），美國的商業寡頭，其公司領域涵蓋鐵路、農業、船運、貿易。被譽為半人半神的跨國企業寡頭。

MINOR C. KEITH

邁納・C・基思

有這麼一位美國人，只要他想做，就一定能成功。他被幾個熱帶的共和國視為他們的無冕之王，他就像是中美洲的塞西爾・羅茲，是一個半人半神的傳奇。

每天，他默默無聞地坐在位於紐約巴特利廣場那間平淡無奇的辦公室裡，然而，他卻能夠像宙斯之子海克力斯（Heracles）那樣，把美洲中部的熱帶叢林，改造成果實纍纍的植物園；他在一片曾經充斥著貧窮、疾病、革命的土地上，創造了繁榮、健康與和平；他用鐵路將美洲中部的幾個共和國彼此連接，為後來形成大聯邦奠定了必要的基礎；他不畏艱難，實現了從紐約、芝加哥、舊金山到巴拿馬，甚至里約熱內盧的鐵路全線通車。

「基思先生到來後，我們這裡每天都像是在過節。現在有幾個車站是以前你無法到達的地方。窮人們都知道，他是這世上最偉大、心腸最好的人。」

我在哥斯大黎加的首都聖荷西之時，向當地賓館的一位黑人男服務生提起了邁納・C・基思這個名字後，聽到了上述評價。他是人類文明火種的傳播者。

邁納・C・基思出生於布魯克林，16歲時，以每週3美元的薪資，在紐約百老匯大街一家男子用品商店開始了人生的工作生涯。但他並不喜歡整天和衣領、短襪、領帶之類的東西打交道，半年後就辭職了，改行當一名木材調查員。第一年他賺了3,000美元，然後透過自己的努力進入木材行業。他的父親一直待在這個行業裡。

還在未滿選舉年齡之前，他便開始在格蘭德河口一個荒無人煙的孤島上養牛養豬，這個島的名字叫牧師島，是一個和長島一樣的狹長島嶼。內戰結束後，他審視整個美國，最後決定定居在這座只有一戶人家居住的荒島上。這是屬於他的領地。

在這裡，年輕的基思學會了如何與生活奮戰。他和艱苦、考驗人類意

志的自然環境鬥爭，當他跨過德克薩斯州和墨西哥邊境去購買牛羊時，將兩把左輪手槍時刻別在腰間，警惕偷牛賊來偷牛，還要留意周圍那些漫不經心的紳士們。基思每天早上4點起床，辛苦16個小時後，便席地而眠。就這樣，他逐漸致富了。

除了自己養牛外，他還收購周圍的牛，殺掉後出售牛皮和牛油。當時在德克薩斯，牛肉一文不值，人們把它拿去餵豬。他一共累積了4,000頭牛和2,000頭豬。那個時候，每頭牛的價格在2.5～3美元之間，小公牛每長大1歲，價格就增加1美元（好傢伙！如今這些牛最好的部位，要賣到每磅35美分以上）。

有一次，一場熱帶風暴將整整1,000頭牛從島上刮入海裡，之後，牠們又游到了5英里外的大陸上。風暴過後，這名牛仔將牠們集中起來，穿越海水最淺的部分重新帶回島上。在這個最淺的地方，海水也就剛剛到達馬鞍的前鞍橋。最後他數了一下，只有十幾頭牛被沖跑了。

接下來發生的一些事情，徹底改變了基思的職業方向。他的叔叔亨利·梅格斯（Henry Meiggs）是一位著名的鐵路建造者，他是第一個修建跨安第斯山脈鐵路，以及南美幾條具有劃時代意義的鐵路之人。邁納的長兄亨利·梅格斯·基思已經加入叔叔的祕魯段工程，並且從叔叔手中接過了修建合約，為政府在哥斯大黎加建一條鐵路。西元1871年的某一天，邁納收到了哥哥寫給他的一封信，讓他前往哥斯大黎加。

基思先生說：「他在信中告訴我，我在哥斯大黎加待上3年，就能賺到在德克薩斯待一輩子賺的錢。也許我們這個家族生來就與鐵路有緣吧！於是我就去了。」

可當時他恐怕連做夢也沒有想到，他這一去注定會創造中美洲的歷史。

那個時候，從墨西哥到巴拿馬之間的整個大西洋海岸，是一片茂密的、未經開發的、讓人望而生畏的原始叢林，僅有一些加勒比人和克里奧

邁納・C・基思

爾人在那裡靠捕魚、飼養魚鷹龜、採集香草豆、野生橡膠，和其他一些香料為生。在整個美洲中部的大西洋海岸上，任何一個港口都看不到一艘蒸汽輪船。

邁納的工作就是為鐵路修建隊伍提供後勤供給。後來，他的哥哥去世後，鐵路的修建工作因政府撥款不到位而停工。為了完成哥哥的遺願，他和政府重新簽訂了大西洋海岸的鐵路修建合約。為了能夠成功修建山區地帶的鐵路，他與哥斯大黎加政府另外簽訂一項合約，透過外債的形式替政府借到修建鐵路所需要的 600 萬美元。他去了一趟倫敦，經過艱難的協商後，終於簽下 600 萬美元的貸款合約，債務期限為 13 年，利息延期支付。就這樣，他得到修建鐵路所需的 600 萬美元。

從聖約瑟到海岸的鐵路在通車之前，這一段約 100 英里的行程堪稱是危險之旅。若是碰上天氣不好，通常要花上兩週的時間，才能穿越這片布滿密林與沼澤、蛇蟒出沒的叢林。哥斯大黎加人有句老話是：「到那裡走一遭的人是英雄，走兩趟的人是傻瓜。」

這條鐵路在海岸一端的起始點叫做利蒙港，這個地方就連一幢房屋都找不到。在這裡沒有一磅新鮮牛肉，沒有一棵新鮮蔬菜，沒有一盎司的冰來鎮壓凶惡的熱魔，有的只是叢林、蛇蠍、猴子和蚊子。

整條海岸線鐵路的修建起始於叢林，結束於叢林，全程覆蓋的地區人煙稀少。許多的河流甚至沒有名字。連續兩三年來，主要賴以生存的東西是醃鱈魚和罐頭食品。

調查工作結束後，真正的困難才剛剛開始。沒有工人願意去這樣一個條件惡劣的地方工作，當地人怕染上瘟疫，發誓不會跟熱病肆虐的海岸地區有任何瓜葛。

不過邁納・C・基思既然已經答應了哥斯大黎加政府要修建這條鐵路，他就必須將這條鐵路修成。

他去了一趟新奧爾良，想辦法在那裡招工。那些殺人的、搶劫的、偷盜的，還有其他一些不良分子通通被他拉來，他大約聚集了700多名這樣的人。當地的警察局警告基思，他這樣做比收集炸彈還要危險！

　　這就是基思的自有蒸汽船——「胡安·G·梅格斯」號，從新奧爾良運往中美洲大西洋港口的第一批「貨」。這次航行意義重大。

　　船在行至宏都拉斯的北貝里斯時，駛入珊瑚礁海域，船底觸到凹凸不平的岩石而發出「砰砰」的響聲。有人一刀砍下了船長的腦袋，整艘船一時間充滿地獄般的恐怖氛圍。這700名強盜將一大桶酒下肚後，有一部分立刻就爛醉如泥了。然後他們開始鬧事，情況變得緊張起來。可是基思毫不畏懼，他發槍給每位工頭，下了強硬的命令，成功地唬住這700人。

　　船終於能返航了。這些工人馬上以每天1美元的薪資開始工作。在這700人當中，只有不到25人活著回到新奧爾良，叢林奪取了大部分人的性命。

　　緊接著德·雷賽布要開鑿巴拿馬運河，他出的價格極高，所以工人們都被吸引到巴拿馬，一時間出現了勞力短缺。不過，基思絕不會屈服。雖然在他周圍已經有上百個人倒下了，其中包括他的大哥和另一個哥哥，他本人也不時地受到熱病困擾，但是，他仍在努力奮戰，一邊工作一邊計劃下一步。

　　鑒於勞動力缺乏，他乾脆一次性從義大利運來2,000名勞力。這批勞力光是運輸費就花去他20萬美元，其中還包括符合義大利人口味的食品、水和薪資等。他將這些人帶來，滿心歡喜地想著，這樣總算是解決勞力問題了。唉！沒想到，義大利黑手黨很快就開始不停地寫恐嚇信給他，當然，還有傳染病的爆發也困擾著他。四周新掘的墳塚令整個施工隊不寒而慄。

　　一天晚上，工人們全都消失在樹林裡。基思知道的一件事就是，有一

艘船開走了，帶著所有的人去了義大利！是工頭策劃這整件事，包下了這艘船。

整個哥斯大黎加鐵路的前 25 英里，是用什麼代價換來的呢？

4,000 條生命，包括基思兄弟的 3 條命在內。然而，平均的勞動使用率卻僅有 1,500 人。

文明的道路每前進一步，都會有無數的鮮血和生命為之鋪路。

禍不單行，緊接著又有悲劇發生了。政府財政緊缺，每個月無法按月支付現金，除非寫借據。參與贊助的企業只得放棄退出。

那個時候的邁納・C・基恩在哥斯大黎加，並不像今天這樣有名氣。他決定花盡自己的每一分錢，將這項工作進行到底。可是西元 1873 年的金融大恐慌，就像歷史上的任何一次一樣來勢洶洶，打亂了他的全部計畫，他的經濟來源被切斷了。

即使到了那個時候，他仍然沒有屈服。

他僱用了 1,500 名牙買加黑人。把他們召集起來，和他們說清楚情況，主動提出將生病的和想要回家的勞工遣送回國。他們一致宣誓，表示要跟基思先生同甘共苦。連續 9 個月來，這 1,500 名黑人工人在沒有一分錢到手的情況下，忠心耿耿地為邁納・C・基思工作。

基思先生承認：「這是我一生中感到最滿意的一件事，我發放津貼給許多無數次冒著生命危險和我一起工作的牙買加工人們。」

金融危機過去後，哥斯大黎加政府重新有了資金，工人們 9 個月的薪資全部予以結算，哥斯大黎加政府將所有該付的，全都付給基思先生，其中包括由於資金短缺而帶來的損失。

但是熱病、熱帶爬行動物、勞力問題、資金問題，並不是這位鐵路先驅者要應付的全部問題。哥斯大黎加這個地方一旦到了雨季，雨就會沒完

沒了下個不停。利蒙港在一年之內竟然下沉了 20 多英尺，河水變成了滔滔不絕的洪流。鐵路一次次被沖走，臨時的橋梁一次次被沖垮，直到最後在那裡建造一座永久性鐵橋才算完事。

在馬提納河上，這座鐵橋一共遭遇到 31 次毀壞！基思先生一邊回憶一邊敘述道：「鐵橋建好後，我有那麼多次勉強過河的經驗，具體哪一次最危險我已經忘了。我的船失事過 3 次，在河中央被大浪打翻過許多次，時常患著各式各樣的熱病，還會遭遇到各式各樣的難題。不過那一天卻讓我永生難忘。

「我的主管發電報給我，讓我去檢視馬提納河上的大橋。當我到達那裡時，河水已經漲到 25 英尺。主管和一名泥瓦工在橋上站著，一個白人和四個黑人正在橋上工作。我注意到，唯一支撐著橋墩的東西，就是繫在岸邊樹上的一根鋼絲繩。還沒等我命令他們停工，全部下來，纜繩就斷裂了，接著，整座橋全都塌了。

「我竭盡全力朝岸上橋的末端躍去，橋的末端就架在橋墩上，這一端並沒有塌陷，看上去像一個支架一樣從河水裡冒出來。我的左手抓住一根繩子，我用盡全身的力氣緊緊抓著它。我如同運動員一般抓著繩子，才沒讓自己滑下來，可是我也沒讓自己在波浪翻滾的激流上面懸空太久。不管怎樣，泥瓦匠和主管想辦法撿回了自己的命，但其他五個人就這讓掉入河中讓洪水捲走了。」

在修建鐵路的艱苦過程中，這位先驅者還構思著其他的計畫。

有一條叢林道路上沒有車輛，就算到了海拔 5,000 英尺的山頂上也沒有。可是他卻從政府手裡租下這條沒什麼吸引力的道路。來到這裡不久後，他就從科隆運來幾棵香蕉樹，「胡安·G·梅格斯」號第一次返航時，就將 250 簇香蕉從科隆運到新奧爾良，這些是第一批由船運到新奧爾良市場上的香蕉。年復一年，他擴大著自己的香蕉種植規模，運輸香蕉的車輛

忙著往返於這條公路上。

西元 1915 年，700 多萬串即 10 億根香蕉，也就是說，美國的每個男女老少每人有 10 根香蕉是從利蒙港運出的！基思先生同時在巴拿馬、哥倫比亞、尼加拉瓜，也建立了自己的市場。

他從不容許自己錯過任何機會。很早之前，他就做過雜貨店生意，哥斯大黎加也有他開的商店。西元 1873 年，他首先在布魯菲爾德和尼加拉瓜開了幾家商店，然後又在中美洲海岸的其他地方，開了各式各樣的分店，向北一直延伸到貝里斯和宏都拉斯，在那裡收購橡膠、香料、龜甲。

他種香蕉的經驗、對土壤和叢林的了解、對水陸運輸的熟悉、吸引和滿足牙買加勞動力的能力、值得信賴的聲望、不可磨滅的耐力、旺盛的精力，以及無法被征服的意志力，所有這些都是他取得成功不可或缺的特質。

他成為中美洲最大的水果種植商。他的運輸設備迅速發展著，僅僅是他的商店和雜貨店，就能替他帶來幾百萬美元的利潤。經過長達 17 年的修建，他完成了全部的哥斯大黎加鐵路。

這一切都帶給了他財富。

然而，災難卻在前方等著他。

他的美國香蕉代理商，即負責他全部香蕉銷售業務的公司破產了。公司以他的名義向銀行借了 150 多萬美元的貸款，這些貸款尚未償還。

是基思拯救了哥斯大黎加，哥斯大黎加欠基思一份情，現在是回報的時候了。幾天之內，哥斯大黎加政府、銀行和個人，就為基思先生提供了 120 萬美元。兩週後，他返回美國，還清了全部債務。

刻不容緩，他必須盡快再找到一個代理商為他批發銷售香蕉，否則，他的整個國際銷售網將會全盤失控。

當時新英格蘭和北方地區香蕉產業中，最有影響力的人物是安德魯‧W‧普雷斯頓，他的地位相當於南方的基思。普雷斯頓的香蕉主要來自牙買加、古巴和聖多明哥，當時尚未進入南方市場。

兩強聯合後，他們很快就成立美國水果公司。這間公司注定要成為中美洲發展過程中，最強勁的一支力量，它將美國帶入這位拉丁美洲鄰居的經濟和社會生活中，為征服熱帶，提高這些國家的生活水準貢獻良多。

兩家公司合併後，基思先生的水果企業價值超過了 400 萬美元。他的心血沒有白費，汗水也沒有白流。

普雷斯頓——基思企業囊括了從古巴、牙買加、哥倫比亞、巴拿馬、瓜地馬拉、哥斯大黎加、尼加拉瓜、薩爾瓦多到加那利群島的業務，譜寫了美國金融史上最浪漫的一章。美國水果公司花了 2 億美元去開發熱帶，它為 6 萬人提供就業機會，薪資比以前翻了幾倍；它鋪設了 1,000 多英里的鐵路和城市軌道，並使其投入營運；它花費數百萬美元建造醫院對抗熱病；它組建的「白色船隊」是最好、最大的，這支足以讓美國引以為傲的船隊，自有汽船 45 艘，還有一些是長期租用的；它透過大型無線電發報站，將中美洲熱帶的每一個共和國、每一個島嶼彼此連繫起來，形成一個聯合體；它還在中美洲沿岸建造許多燈塔。

它是這世界上最大的農產品出口商，也是最大的雜貨店，它擁有一個 1.2 萬英畝的種植園，面積相當於整個特拉華州。現在有 250 萬英畝土地正在開墾中。它飼養的牲畜包括 2 萬頭牛、6,000 匹馬和騾子。

它的熱帶種植園以及設備，總價值超過 5,000 萬美元，它的運輸設備總價值為 1,700 萬美元，公司的總資產已經達到了 9,000 萬美元。

但是，基思從始至終一直是個鐵路建造者。他仍然心繫鐵路，兩條鐵軌串起了他的所有夢想。

就像開普敦——開羅鐵路的修建者——具有遠見卓識的塞西爾‧羅茲一樣，邁納‧C‧基思也是一位具有跨大陸思維模式的人。同時他也像塞西爾‧羅茲一樣，計劃著要修建一條國際鐵路線。正如我所講過的那樣，這是一條充滿想像力的鐵路線，它將把北美的運輸系統與南美的運輸系統連成一體，形成一條連線地球兩端的鐵路。他的最終目的就是促進文明的發展、融合各民族人民、消除種族之間的隔閡。

光想不做也是枉然。基思付出了讓人難以置信的努力後，最終實現了自己的夢想。他讓中美洲國際鐵路公司和泛美鐵路公司從圖紙即將變成現實。一半的工程已經完成。在太平洋這邊，墨西哥國際鐵路公司在瓜地馬拉邊界線上接軌。這條路線沿著瓜地馬拉海岸線前進，然後橫跨大陸，到達大西洋這邊的波多黎各。這條橫貫大陸的鐵路線現已開通，且利潤可觀。

鐵路線從大陸中部建起，直接穿過一個名叫薩爾瓦多的小共和國，到達太平洋海岸的拉美。接下來它將經過宏都拉斯，連接到尼加拉瓜，然後再進入哥斯大黎加鐵路網，接下來從利蒙港再到巴拿馬運河，將是行程的最後一個階段。他的下一步打算是向南美洲擴展，對此，基思先生充滿信心。

現在，這條國際線路的 600 英里路段已經投入使用，並且帶來巨大的收益。這項大膽的工程正在日益接近尾聲。

我問道：「基思先生，我聽說您希望中美洲的五個共和國——瓜地馬拉、薩爾瓦多、尼加拉瓜、哥斯大黎加和巴拿馬能成為一個整體，這是您的理想嗎？」

他將目光投向遠處，若有所思地回答：「我相信這一天終將會到來，這對他們來說會是一件大好事，而且只有透過鐵路才能實現這一切。儘管是鄰國，但哥斯大黎加人民對尼加拉瓜人民依舊陌生，所以必須要有經濟

和社會方面的相互往來才行，鐵路將會實現這種可能性。」

到了中美洲，你就會明白，邁納‧C‧基思可以實現任何夢想，因為那裡的人們視他為最好的朋友、視他為自己的父輩、視他為領袖、視他為自己的一分子。基思先生的妻子是哥斯大黎加前總統的女兒，名叫露絲‧瑪利亞‧卡斯特羅。他在那裡住了27年，花費幾百萬美元減輕各種熱帶疾病，他感覺到，為那些不發達的小國人民謀福利是他的責任。他和他的公司從來沒和拉丁政府發生過任何衝突。

因此，若說基思先生可以決定，將來什麼時候是建立中美洲聯邦的成熟時機，那唯一的可能性就是：一定會有這麼一天。

邁納・C・基思

達爾文・P・金斯利

　　達爾文・P・金斯利（Darwin P. Kingsley），紐約人壽保險公司總裁，被譽為保險業王國的浪漫詩人。

DARWIN P. KINGSLEY

這裡是田園詩一般的新英格蘭，在這樣淳厚質樸的環境中，在這片貧瘠的土地上，養育了無數名留青史的美國人。

這些人當中最有代表性的，就是紐約人壽保險公司的總裁達爾文·P·金斯利。25億的投保總額，9億美元的總資產，紐約人壽保險公司的這些數字，恐怕是這世界上其他任何一家保險公司所望塵莫及的。

「在我的出生地佛蒙特，除了一點點蔗糖和一點點茶之外，我們所有的衣食住行全部來自於那一座40英畝的農場，以前製糖的土辦法是將楓樹汁熬成糖。我們會從十幾隻羊身上剪些毛下來，然後再紡成線，再用毛線織成冬天穿的毛衣。花園裡，我們種的亞麻可以製成夏天的衣裳，即使是我們用的線也是自家紡的。紡車的聲音從早響到晚，很少有停下來的時候。

「父母除了自己外，還要為我們五個孩子做衣服。我們那個時候叫做『咖啡』的是烤大麥或烤玉米粒。我還清楚地記得父親第一次拿著羊毛去換成品衣服時的情形，當時，我們都高興地感覺到，生活好像從此進入一個文明的新紀元。

「西元1857年我出生的時候，阿爾布格還沒有足夠多的房屋，甚至還沒有形成小村莊。夏天，我就去一間破舊的『社區』學校讀書，人們墨守成規，誰也沒打算去更高等的地方接受教育。在我們的家裡幾乎沒有幾本書，那裡的生活簡單得不能再簡單，人們自尊自愛，思想裡充滿道德和宗教的約束。

「可是這樣的生活範圍太狹窄，讓人沒有鬥志也沒有想像空間。在那裡，沒有什麼東西可以激起一個男孩的志向和熱情，也沒有什麼能讓他了解到『小屋、牛欄等』有限範圍以外的世界。剛開始，我和那裡的其他人一樣，眼界狹窄，沒見過世面。

「不過有一天發生了一件事，這件事徹底改變了我的生活軌跡。那是

我和我們的家庭醫生之間的一段對話。他對我說：『你應該去上學。』我告訴他我現在正在上學。他說：『是這樣沒錯，可我的意思是說，你應該繼續上學，去學拉丁語。』我問他：『拉丁語是什麼？』他回答說：『如果你不懂拉丁語，就無法真正理解自己的語言。減法是什麼？它又從哪裡來？』我告訴他減法就是減法。然後他又對我解釋，減法這個詞來自於兩個拉丁語詞，『sub』的意思就是『從』，『traction』的意思是『取出』，那麼減法的意思就是從裡面取出一部分。

「剎那間，一個全新的世界在我眼前豁然開朗，我意識到還有一個自己一無所知的世界存在著。這次不經意間的窺視，讓我從那一刻起就下定決心，一定要努力學習，把這一切都學到。12歲之前，我就完成了格林利夫普通學校的全部數學課程，雖然這所小小的學校無法再為我提供更多的新知識，但我仍然堅持夏天在農場上工作，冬天讀書，一直到17歲為止。隨後，我被送到斯旺頓學院度過一個冬季學期，在佛蒙特巴里學院度過一個春季學期。學院的校長 J・S・斯波爾丁博士是一位相當出名的人，在他的指導下，我沒有放棄學業，一邊工作一邊讀完大學。

「在每個暑假期間，我白天都會在田裡工作，整天揮舞著鐮刀收割或者耕地。20歲之前，我讀完了專科學院的課程，然後在不知道學費從哪裡來的情況下，就前往位於伯靈頓的佛蒙特大學參加入學考試。那個時候正值春天。

「整個夏天我都在農場上工作，存了45美元。農場主同意借給我剩下的一部分學費，條件是我得保證萬一我死了，他也能拿到這筆錢。只要我還活著，他絲毫不會為這筆錢擔心。斯波爾丁博士是人壽保險的大力支持者，他常常講起買一份好保單的種種好處給學生聽，他還特別強調，有些情況下，保險可以產生證券的功效。

「我在大都會壽險公司買了一份1,000美元的保單，每年要交20美元

的保險費，對我來說，這無疑是一筆巨大的開支。我把這份保單交到了那位農場主資助者手中。毫無疑問，這件事情對我今天能夠成為紐約人壽保險公司的總裁，有著很大的影響。

「我去了離家 40 英里外的伯靈頓，我大學第一年的花費總額為 165 美元。靠這些錢我是怎麼活過來的？我母親有時候會送一些烤火雞和吃的東西來，但我主要還是靠煮馬鈴薯、麵包和牛奶過日子。吃了一段時間煮馬鈴薯後，我覺得自己簡直受夠了，開始瘋狂地想吃肉。

「可是即使到了那個時候，我也會盡可能地抵抗這種折磨人的食慾。有一天，我實在忍不住了，就去買了一小盒牛肉片。我覺得自己只要咬上一小口，就可以在幾天之內不再去想它。我剛一走出商店就迫不及待開啟盒子，吃了一小片。但是它立刻就勾起了我對肉的全部慾望，我就這樣站在街上，一口氣將它吃了個精光。

「我大學的學費是靠每天為課堂和教堂的上下課敲鐘賺來的，每天要敲 7 次。要是提前 5 秒敲鐘，男生就會找我的麻煩，如果晚敲了 1 秒，教授們就會對我大發雷霆。這種對準時的嚴格訓練，是我在大學課程中學到的最好的東西。從此以後，我肯定再也不會遲到。」

這個白天幹苦工，為學校敲鐘，處在半飢餓狀態的年輕人，最後成為大學裡獲獎的演說者；大學優秀生聯誼會成員；希臘語、拉丁語、數學以及幾門學科，均獲得獎學金的優等生。然而，他的奮鬥並沒有隨著文科學士學位的獲得而告終，正如攀登科學研究的高峰那樣，還有更艱險的路正在前面等著他。

我問金斯利：「你大學畢業後的理想是什麼呢？」

「我最高的理想，無非就是當一名年薪 1,000 美元的教師。當時在我的眼中，這就是成功和財富的最高形式。我沒想過要成為一名律師，由於自己還有債務沒還清，所以，我覺得自己必須馬上開始工作。那個時候，

幾乎每位有志向的青年都渴望能去西部發展，在這股西行之潮的推動下，我首先去了住在懷俄明大牧場上的姊姊那裡。可是我很快就意識到，那種捆乾草、料理牛羊、訓野馬的日子，不會讓我離理想更進一步，因此，我又去了夏安。

「在那個遙遠的鎮上，我沒有朋友，沒有工作，身上只有15美元。我有生以來第一次，也是最後一次深深體會到想家的滋味。脆弱的我竟然跑到了火車站，看著開往東部的列車最前端的司閘員，心裡充滿了強烈的嫉妒。當時我簡直孤獨得要發瘋了！

「但是，我必須振作起來，找點什麼事情做才行。我等不起也閒逛不起。在我暫住的二等旅館裡，有一位上了年紀的當地人對我還算不錯，他安排我去兜售圖書。我走遍了整個北科羅拉多，最後實在吃不消，在朗蒙特病倒了。那個時候陌生人給予我的無私幫助，是我一生中最珍貴的記憶之一，雖然我只是個一文不值的圖書業務員，不過人們對我就像是對待自己的親人一樣。

「很快，我的病就痊癒了。有一次我向一位年長的擠奶工推銷圖書時，他對我說起，他來自於佛蒙特。我們聊了起來，我告訴他我要去丹佛。他便問我：『你去丹佛做什麼？』我回答道：『我也不知道，我只是覺得那裡是我打拚的最佳地點。』談話結束時，他推薦我去他丹佛的一位律師朋友那裡，他也來自青山州（佛蒙特別名）。這位律師後來成為我最好的朋友，我們的友誼一直維持到他生命的最後一天。由於改讀法律已經不太可能，所以我找了一份教師的工作，每個月的收入為70美元。當時我每個月的食宿費就要花去45美元，這份不死不活的工作，我做了整整一年。

「到西部去的衝動再一次湧起。那個時候來自大河地區山谷裡的猶他印第安人，正打算開鑿河流灌溉農田。我移居到大章克申，當時那裡還是一個到處搭滿帳篷、蓋滿木棚、夾雜著沙龍和舞廳的開拓者樂園。在灌溉

工程完工前，那個山谷簡直就和百老匯大街一樣，連一棵蔬菜都看不到。

「我向奧什科什的朋友借了500美元，買下大章克申《新聞》雜誌的一半股份，那個時候它還只是一本苦苦掙扎的週刊，現在它卻是一份具有影響力的日報。那一年，我26歲。但是要做好服務於邊遠開發區群眾的刊物編輯，並不是件輕鬆的事。那個時候貪汙受賄成風，我就揭發那些貪汙受賄者。日子過得緊張而刺激，我睡著時，常常會有武裝保鏢守在門口。有一段時期，我每次上街時，揣在外套口袋裡的手，總是緊握著一把六響槍，時刻處在備戰狀態。」

我問道：「那你有沒有真的遇過鬥毆或槍戰之類的事？」金斯利先生的回答含糊其辭。最後我終於說服他，讓他講出了一段深刻難忘的事。

於是他開始講述道：「嗯，我是一名共和黨人。當時的民主黨州長任命了一幫丟人現眼的草包笨蛋（內戰後去南方投機的北方政客）當地方官員，我希望能換成我們自己的人。那個被任命為郡地方長官的傢伙，尤其令人反感，我在報紙上和他開了個玩笑，刊載他以往做過的一些蠢事。

「我的合作者警告我，這樣做會惹禍上身。那是當然了。第二天報紙印了出來，我剛走到街上，他就直接朝我走來。實際上，我並不是真的想找麻煩，因此盡量避免在大街上和他發生口角，這反倒讓人們覺得，我的筆桿子似乎要比拳頭更勇敢。

「他鐵青著臉，揮拳就朝我打來。我並不是拳擊手，可我漸漸發現，他的格鬥技巧也沒有比我高明多少，我躲開了他的襲擊。他沒有打中我，就用他那重重的牛仔靴朝我的腹部踢一腳。我被激怒了，簡直怒不可遏，一拳打在他的下巴上，他整個人被我打得飛起來，然後倒在路邊。

「從那以後，我的麻煩就少多了。這件事最立竿見影，也是最有趣的效果是，當天晚上，有一位大塊頭的愛爾蘭人來找我，那個傢伙對地方長官的位置已覬覦多時，他送來滿滿一籃子草莓，主動向我表示感謝。」

那之後沒過多久，金斯利先生就被任命為共和黨全國代表大會，科羅拉多和芝加哥代表。第二年，也就是西元1886年，他被選為總部設在丹佛的州保險公司主管和審計。他發現，自己有必要深入研究保險業，並且去追蹤一些假冒的保險公司。斯波爾丁博士對於人壽保險價值的宣揚，想不到在金斯利先生身上發揮了作用，隨著他對保險業理論研究的加深，他更加確信保險的價值所在，保險是一項有利於個人和社會的事業。簡言之，他成為一名十足的保險信徒。

因此，當喬治·W·珀金斯來到丹佛，提供給他紐約人壽保險公司新英格蘭地區的代理機構總監管的職位時，他欣然應允了。

「從西元1889年開始，我就在位於波士頓的總部開始工作，一直到西元1892年。然後我就來到了這裡。」金斯利先生說。

「我來到了這裡。」這句話聽起來似乎非常簡單。可是剛剛來到這裡時，他只是個代理機構主管，現在卻已成為總裁。中間的過程充滿了具建設性的、主動性的和思路清晰的工作。就在這幾年中，保險行業經歷了種種考驗和危機，那些弱勢的、實力差的紛紛破產，而那些實力強勁、傑出的公司則紛紛湧上前來，佔據了市場。

實際上，金斯利來總部的直接原因，是紐約人壽保險公司及其總裁威廉·H·比爾斯第一次遭到了公眾的抨擊。當時他和珀金斯兩個人都被叫到紐約總部，並立刻投入捍衛公司和領導公司的工作中。他們兩位都擅長用筆當武器，都能鼓舞代理機構的士氣，將他們的力量凝聚起來，也都能應對新聞媒體的攻擊。儘管比爾斯先生被董事會再次選為總裁，但是，出於為公司的利益考慮，他毅然辭職了。後來，由約翰·A·麥考爾當選為總裁。

西元1905年，具有歷史意義的阿姆斯壯保險行業大調查開始了，達爾文·P·金斯利以他非凡的才幹、不容置疑的優點和具有遠見卓識的領

導能力首當其衝。到了這個時候，他不單精通全部的保險業務，而且還掌握了相關的金融和投資領域的全部知識。當戰鬥結束，硝煙散去後，只剩下一個人屹立在戰場上毫不動搖，毋庸贅言，總裁之位非此人莫屬。西元1907年，繼麥考爾先生之後，亞歷山大‧E‧奧爾被選為臨時總裁，然而，金斯利先生卻沒有任何異議地取代他，成為新總裁。

那個時候，公司在農場抵押貸款方面還沒有一分錢的投資。不過金斯利先生在西部的經驗告訴他，保險基金投資將會是一個安全且利潤豐厚的領域。如今，公司已將3,000萬美元的貸款發放給農民，其中西元1916年提供的貸款為1,600萬美元，每一美元都肩負著提高促進農業生產效率、降低農產品成本的任務。同時，金斯利先生還改革市政信任債券的投資方式。

正如他留給全公司上下的印象那樣，他的目的並不是要讓紐約人壽保險公司成為全世界最大的保險公司，而是要讓它成為最好、最強的。因此，儘管有另外兩家保險公司在投保總額上超過紐約人壽的25億美元，但是，卻沒有一個競爭者的資產總額，能夠達到兩三億美元。當然，金斯利先生一向推崇穩步發展，原來一些制約著保險業朝新業務方向發展的法規，已經逐步得到修訂，這在相當程度上是金斯利先生運用文章和演說力量的結果。

多年來，保險業辦公業務中存在的大問題是：在進行一些數量龐大的紀錄工作時，存在著嚴重的耽擱和擁擠現象。當一名職員從一卷數據中的某一頁中摘抄數據時，其他一些同樣需要這卷數據的人就只好等在那裡。誰都對這個狀況束手無策，後來，金斯利先生親自出馬解決了。他引進庫珀——休伊特發明的圖片標籤系統，這項革新的價值是門外漢所無法理解的。

在學校裡演說獲獎的學生，往往會在日後的生活中變得平淡無奇。然

而佛蒙特大學 81 班的達爾文・P・金斯利卻打破了這一規則。他不僅寫了許多有關保險以及保險基本原理和普遍細節方面的書籍，還是個出色的演講家，應邀在許多商業場合、教育機構和各式各樣的宴會上發表演講。儘管在宗教信條和道義方面，他並不是一名固執己見的人，可是在最近一次的聖公會大規模聚會上，他還是發表了一次名為《教堂之罪》的簡短演說。

金斯利先生是一位朝大方面著想的人。一間在全世界每一個文明國家都有業務的保險公司，完全能夠讓某一個國家的人，將自己的一份力量投入到共同資源內，並隨時準備著去幫助其他國家的人。身為這樣一間公司的領導者，他堅信，這個簡單的合作原理應該並且能夠在全世界每個國家之間傳遞，因此全人類都應該擁有一種建立在兄弟友愛之情上的民主。我們已經走出了部落生活和宗族生活，不止一個大陸的國家已經從孤立和封閉走向聯邦和合作，於是金斯利先生提出這樣一個問題：為什麼不能讓這種發展跨越國界呢？

他認為，戰爭就是奉行孤立政策的必然結果。如何才能夠讓民主取代獨裁？如何才能化解那些由獨裁統治而引起的、最終導致戰爭的摩擦？金斯利先生在最近一次的談話中給出了答案。

「最終的解決辦法是民主世界的聯盟。第一步首先要做的是盎格魯——撒克遜世界的大團圓。這種大團圓並不是要透過讓其他人感到害怕來實現，也不是要透過施加壓力導致付諸武力來實現，更不是要透過消滅小國家、威脅大國家來實現，而是要透過盎格魯——撒克遜世界的真正民主來實現，這種民主是內在民主和外在民主的統一，就像我們的 48 個州一樣，是內部的民主。這樣的聯盟（當然不是結盟）最終會將法國、荷蘭、瑞士，或許還有斯堪地那維亞的一些國家，還有西班牙以及南非的一些共和國都包括進去，這個範圍仍在擴大。到了那個時候，『人類的最高立法機

構』要比詩人的夢想還要現實⋯⋯這是多麼輝煌的機會啊！

「在經過了西元1914、西元1915、西元1916年的可怕毀滅之後，若不是亞歷山大・漢彌爾頓（Alexander Hamilton）和那些偉大的聯邦主義者，早在西元1787、西元1788年間就徹底實現了聯邦，那麼我們恐怕早就在經歷歐洲正在經歷的這一切；在經歷了西元1861～1865年之間南方幾個州企圖招致的毀滅之後；在我們的世界脫離了狹隘、嫉妒和恐懼後，事實證明，在這個偉大的共和國實行民主化是正確的，我們為此感到驕傲。我們應該看到一幅更崇高的景象；我們應該獲得更寬廣的視野；我們應該聽到來自一個更偉大的民主的呼喚。盎格魯──撒克遜的共和，英語國家的大統一。有誰能估計出它所產生的重大意義？」

保險行業是沒有國界線的。開戰後，紐約人壽保險公司仍然在各國設有辦公機構，為德國、法國、奧地利、俄國和英國客戶受理理賠。任何人只要在共同基金裡投入保費，就會根據合約得到援助，這筆援助的資金，正是來自於各國人民的保費所形成的共同基金。

「我認為人壽保險是一種向全球傳遞福音的工具，它帶給全人類國際主義精神和兄弟友愛之情，這種力量和說服力，是任何一種機構都無法與之相比的。」金斯利先生站在普通人的角度，用誠摯的語氣講出這番讓我印象深刻的話。

金斯利先生所具有的品格中最突出的一點，就是他的正直公正。他奮力打拚開闢出一條筆直的道路，因此絕不允許代表著公司形象的任何人，做出任何歪門邪道的事情來。同樣，在公司的事務上，他也堅持奉行公正公平的原則。有人告訴我，他的朋友和他開玩笑時，常常會利用他的老實厚道。金斯利先生像孩子般對自己的下屬充滿了信任，這個世界就像一面鏡子，映照出的就是我們自己。

乍看之下，人們會覺得他是一位極其嚴肅，甚至有些粗暴的人，但當

他開口講話時,這種感覺就會蕩然無存。一名熟人告訴我,他又一次對金斯利先生這樣說道:「如果你的臉能代表你的心,那麼人們只有和你接觸後,才會感覺到你的溫暖。」

不論是他對這間巨大公司要承擔的責任也好,還是他身為一個學者、作家、演說家忙碌的日程也罷,這一切都沒有耗盡他全部的精力。一直到最近,他都是獨特愛好俱樂部的主席,這個俱樂部裡的每個成員,都必須有一種愛好和有價值的收藏,金斯利先生的收藏全部是有關莎士比亞的,幸運的是,他在二十幾年前就得到了四本莎士比亞戲劇的大開本,這是他的收藏品中最重要的部分。他還是老年人高爾夫協會的會長,這個協會每年都會舉行一次錦標賽,吸引來自全國各地的高手前來參加。他也是艾薩克·華爾頓(Izaak Walton)的熱情支持者。他領導著「安全第一聯合會」的組織工作,並成為這個聯合會的會長。他也是美國自然歷史博物館的終身成員。

他對待生活的態度,促使他毫無保留地支持一種信條,這種信條用他自己的一首詩來表達就是:「快樂的心是不知疲憊的心/憂傷的心總拖著沉重的步伐。」在生命的旅程中,他似乎總能把快樂帶給周圍的每一個人。

他的長子名叫沃爾頓·P·金斯利,西元1910年畢業於他父親的母校,現在也在保險行業中兢兢業業地往上爬。他還有兩個兒子,一個是小達爾文·P·,另一個是約翰·M·,兩人都在格羅頓讀書。金斯利的第二任妻子是約翰·A·麥考爾的女兒約瑟芬·I·麥考爾,他們夫妻還有兩個女兒。

據我觀察,我發現幾乎每一位成功人士都希望得到自己母校的榮譽學位,金斯利先生也不例外,他在44歲這一年得到了這份殊榮。

達爾文・P・金斯利

小塞勒斯·H·麥考密克

小塞勒斯·H·麥考密克（Cyrus Hall McCormick Jr.），國際收割機公司總裁，不靠自家背景起家的商業紳士和發明家。

CYRUS H. McCORMICK

卡內基曾經對百萬富翁的後代們表示過深切的遺憾和悲哀。他說，那些歷盡艱難，一路摸爬滾打才有今天的父母，對自己的後代呵護備至，生怕他們受到哪怕一點點的傷害。因此，那些養尊處優的阿斗們就這樣被人供奉著、溺愛著，最後導致他們能力極差，嚴重依賴別人，無法靠自己的能力，在這個世界上找到自己的立足之地。

「當一個有錢人的兒子可真難。」這是前兩天，美國一位最大的金融家之嗣發出的由衷感慨。「如果你一味地追求運動或娛樂，那麼你將一事無成。人們會這樣說：『有錢人的少爺還不就是這個樣子。』如果你認真對待學習，然後認真對待自己的工作，勤於做事，勤於思考，最終在一些重要的事情上獲得了成功，那也沒什麼值得稱讚的，人們又會這樣說：『難怪他會成功，看他的條件多好，他有那麼多優勢。』這無疑又是另一種形式的譴責。」

這些話其實都有道理。許多百萬富翁的確是養著酒囊飯袋，那些溫室裡長大的公子哥們，消費巨大卻創造不出任何價值，可以說生命毫無意義。還有一些百萬富翁之子，並不是追求享樂的擺設，而是強壯、自立、自律、訓練有素的年輕人。從小到大，父母就反覆告訴他們，要充分合理利用自己的天賦和家庭條件，在這個世界上贏得一席之地。

「我希望自己的兒子知道如何忍受艱苦。」這是小塞勒斯・H・麥考密克聰明、有能力的母親為他立下的規則。小塞勒斯・H・麥考密克是國際收割機公司的現任總裁，該公司的工廠、產品以及子公司的名聲，要遠遠大於廣告打得更多的福特汽車公司。

讓我講述一下小塞勒斯・H・麥考密克是如何賺到第一筆錢的，從中我們可以對他的成長環境略知一二：在距離麥考密克家儲藏室100碼的路邊，有22噸煤被卸下，這些煤炭需要用手推車一車一車運到煤倉。12歲的小塞勒斯自告奮勇要完成這項工作，條件是得到媽媽的允許，並按當

時的正常價格每噸付給他50美分。媽媽當然十分樂意，於是，連續幾天來，這名尚在讀書的小少年不停地裝啊、推啊、倒啊，一直到這22噸煤炭的最後一磅被儲存到煤倉裡。他感覺自己的脊梁幾乎像要斷了似的，兩隻手上都是水泡。當這件工作完成後，他將11美元放入自己的存錢筒裡，下定決心在最短的時間內存夠100美元。

但是結果卻不怎麼理想。

雖然他還為家裡做一些其他的事，哪怕是幾美分幾美元的機會他都不會錯過，不過存夠這100美元仍然花了他3年的功夫。然後他將錢存到了儲蓄銀行。小塞勒斯已經實現了自己的第一個理財目標，透過努力成為一位小小資本家，這份成就讓他充滿了滿足感。

不料一個月後，他存錢的那家銀行破產了！小塞勒斯·麥考密克辛辛苦苦賺來的錢，就這樣化為烏有，他的心情簡直比卡萊爾（Thomas Carlyle）《法國革命》的手稿被女僕燒掉時還難過；比德·雷賽布修建巴拿馬運河失敗時更痛苦；比傑伊·庫克失去百萬家產時更懊惱。

不久前他對我說：「這件事對我來說，簡直就是致命的打擊。我花了很長時間才理解當時媽媽安慰我時所說的話，這番話讓我明白了對待問題的態度：我在努力賺這筆錢時所得到的經驗，要比金錢本身更有價值。」他笑了笑補充道，「我現在相信，媽媽的話是對的。」

為了完成有關他的這篇特寫，我特地詢問他在普林斯頓大學時的一名同學，小塞勒斯性格中最主要的特徵是什麼？而那名同學也是他從那時起到現在的至交。

「他是《紳士約翰·哈利法克斯》（*John Halifax, Gentleman*）的化身，也是一則名人軼事的典型代表。」他回答道，「有一位新來的男僕，被派往火車站去接他尚未謀面的主人，於是這名僕人就問他的女主人，怎樣才能認出男主人來？女主人告訴他：『他個子高高的，你肯定能看到他正在幫

助別人。』這正是塞勒斯·麥考密克，一位又高又壯總是在不停幫助別人的人。

「在上大學時，他就把將要繼承的財富，看成是一種責任、一種代管工作，這一切需要他負起更大的責任，而不是讓他有什麼特權或是享樂的機會。他繼承下來的，是一份需要好好維持的名譽，是一家大型的企業。他必須去認真負責地管理這個巨大的企業，為了它的建立者，為了幾千名靠他生活的工人，也為了全世界指望著農業機械的農民消費者。」

很少有下一代能夠將繼承的產業管理得更有價值。小塞勒斯·H·麥考密克身為一個商人、一個向全世界先進國家提供農業機械的公司負責人，充分實現了父母對他的期望。而且身為具有民主精神的公民，身為為雇員考慮的雇主，身為對自己的同胞有所幫助的人，他的成功同樣也是令人矚目的。倘若所有的有錢人都像他這樣的話，人們就不會對百萬富翁們持有任何懷疑態度了。

說某某人民主似乎顯得有些陳俗老套。不過小塞勒斯·麥考密克的確是民主的，甚至有時已經超越了民主。在西元1892年的哥倫比亞展覽會上，當時推滾輪椅（roller chair）的人幾乎寥寥無幾，而麥考密克夫婦當時正帶著一名朋友和他的母親參觀展會，看到滾輪椅時，麥考密克先生二話不說，就讓妻子坐在椅子上，並伸手推了起來，他的朋友見狀，也讓母親坐在椅子上，兩個人就這樣推了兩小時。

其他人這樣做相當正常，可是像麥考密克先生這樣富有的人，卻過著簡樸的生活、並沉迷於廉價娛樂形式中的人卻為數不多。他沒有快艇隊，也沒有良種馬，他最喜愛的娛樂方式，就是森林探險或是去某座遙遠的小山村，在遠離喧囂的地方宿營於美麗的大自然懷抱中。他還喜歡在不知名的小溪中泛舟漂流，或伐木或劈柴，或做一些其他體力活，這些都是有益於身心健康，可以令緊張的大腦放鬆的最好的運動。

麥考密克先生認為：「要是一個人不熱愛自己所從事的工作，或者沒有健康的身體，都是無法努力工作並獲得成功的。一個人若只是坐在桌前沒完沒了地工作，而不去適度地鍛鍊保持身體健康，那麼他的工作也不會做得好。對於一個疲憊的人來說，最佳的放鬆休息就是貼近大自然。在森林裡探險宿營，是我所知道的、最有助於身心和精神發展的一件事。」

所以，小塞勒斯·H·麥考密克自然是一個充滿力量、勤奮、視野寬廣、富有同情心、格調高雅、非常清楚自己在這個世界上需要承擔什麼責任的人。他的血統決定了這一切，而這一切優點加起來後的結果，就是收割機的發明。他是19世紀僅有的幾個、上帝賜予人類的最大禮物之一，是收割機的發明將饑荒徹底趕出文明國家，讓這些國家裡即使最窮的人也能吃上麵包。

沒有艱苦的付出，收割機不會誕生，沒有奮鬥和壓力，沒有辛勞和汗水，收割機也不會走向成熟。西元1832年，第一臺收割機問世時，年輕的發明人塞勒斯·麥考密克一世（Cyrus Hall McCormick）並沒有馬上獲得發明家的桂冠。沒有人為他的這項發明歡呼雀躍，這項具有劃時代意義的發明，也沒有替他帶來什麼巨大財富。相反，他因此嘗盡了被人嘲笑、貧窮與艱難，以及希望被摧毀、志向被摧殘的滋味。

但這一切他都挺過來了，他曾一度身無分文，卻從未失去信心。他表現出了無可征服的勇氣、堅韌不拔的意志力和無法遏制的樂觀精神，他勝利了。實際上，他為這個世界上僅有的幾個親自成為生產商，並讓產品遍布全球從而獲得巨大財富的發明家，樹立了典範。

早在西元1809年，塞勒斯·H·麥考密克一世出生之前，他的父親就曾經想盡辦法嘗試過發明一種能用來收割稻穀的機器。在維吉尼亞州的藍嶺群山，這項發明的草圖設計者羅伯特·麥考密克（Robert Hall McCormick），就在自己農場的工作室裡，為發明這種收割機努力了好多年。西

小塞勒斯‧H‧麥考密克

元1831年，羅伯特‧麥考密克從鐵匠鋪那裡購入一臺機器，前面拴了幾匹馬，打算用來收割一片麥田。但這次實驗簡直一敗塗地，他從此放棄了這方面的探索。

然而，他的兒子可不是這樣。塞勒斯從另一個完全不同的角度重新開始研究，並採用往復式收割刀片。幾週後，他製造出一臺收割機，它具有現在人們所熟知的收割機基本原理。在第一次的嘗試性使用中，它一下子就收割了6英畝燕麥。第二年的一次公開嘗試是在一座山丘上舉行的，地面崎嶇不平，所以這臺機器在一開始並沒有表現得令人滿意，只招來人們的陣陣嘲笑聲。正在這時，一位優秀的鄰居、當時的州議員來到了現場，他讓人們將自己田地旁的籬笆推倒，讓這臺收割機在這片莊稼地裡演示，從而給了他們一次公平的機會。這一次，這臺機器工作得平穩而成功。

在此之前，人們要運用鐮刀、長柄鐮刀和打穀連枷等工具，最終才能吃到麵包。那個時候人們沒有犁地機、沒有縫紉機、沒有電報電話、沒有照相機、沒有郵票，更不用說是鐵路。在維吉尼亞的一座小山村裡的原木工作室裡，一臺注定要將飢餓趕出這個世界的機械就這樣被製造出來，它注定要將那些身體健壯的人從繁重的手工收割中解放出來，從而保全北部幾個州的聯盟，更重要的是，它帶領著西部地區走向文明。同樣重要的是，收割機的發明，讓人類從此告別了面朝黃土的歷史，將美國由糧食進口國轉變成為糧食出口國，每年能從國外買家口袋裡掏出幾億美元。

但是這份成功卻是來之不易的。他們整整花了9年時間，才找到第一位購買收割機的客戶！

從西元1831～1840年的整整9年間，沒有人肯投資購買一臺機器，哪怕連50美元的廣告費也沒有人贊助。同時，這位年輕的發明家還得親自從地下挖鐵礦、煉鐵，這樣做無非也是為了省一些資金。西元1837年的大恐慌，也毫不留情地將他捲入了破產漩渦，沒有一名信貸員對他這種

奇形怪狀的機器感興趣，也沒有誰覺得它值得擁有。西元1840年，他賣掉兩臺機器後情況稍稍有所緩和，可是西元1841年再度變成一片空白。第二年一下子來了7張訂單，接下來一年有29張訂單，再接下來有50張訂單。

不過，維吉尼亞農場距離便利的交通運輸地點實在是太遠，同樣，距離中西部地區的大麥生產中心也十分遙遠。所以，西元1864年麥考密克37歲那年，他親自出去考察全國，要為他的工廠選擇一個理想的地點。

最後，這位精明的商人在密西根湖畔幾個零散的村落間定居下來，當時那裡還沒有通火車，也沒有一幢公共建築，而且還有一個奇怪的名字——芝加哥。在那裡，他找到了一位合夥人，他願意出2.5萬美元作為一半的投資，然後大規模開始生產麥考密克收割機。他在中部地區設立了十幾個業務代理處，並採取一種當時還十分新奇的廣告宣傳手法——「不滿意退款」。他主動讓農民隨意試用，如果對使用結果感到不滿意的話，可以將機器再退回來，費用由賣方負擔。

接下來他所面臨的，就是一些煩瑣的事、令人頭痛的競爭、幾場要打的官司，以及其他各種困惑與困難。但是，麥考密克仍然要抽出時間去制定更大的計畫，去做更多的事情。西元1851年的倫敦世博會上，他設立一個參展攤位。收割機在這裡的出現，引起倫敦那些嚴謹的記者們深刻地思考，在經過實地檢驗後，倫敦《泰晤士》報收回了先前那些誤會性措辭，並宣布：「它值得前來參展。」

西元1871年的芝加哥大火吞沒了整個麥考密克工廠，他們成為整座城市裡損失最嚴重的人。那一年，麥考密克已經62歲，並且擁有幾百萬的資產。按照標準來衡量，他早就超過了自己的工作份額。他要退休嗎？他把這個問題留給妻子來決定。

「立刻重建。」這是他從妻子那裡得到的、斬釘截鐵的答覆。

小塞勒斯・H・麥考密克

　　她所考慮的不光是那麼多工人的福利，而且還有另一個塞勒斯・H・麥考密克的前途與未來。那個時候，他剛好12歲。她不希望自己的孩子成為一位遊手好閒的人，一個沒用的裝飾品。她是一名有頭腦的、真誠的、吃苦耐勞的、有能力的女人，孜孜不倦地教導著自己的兒子，要成為有用的、堂堂正正的公民。

　　我很幸運能夠碰到一位小塞勒斯兒時的玩伴，我從他嘴裡得知，小塞勒斯在很小的時候，就非常關心自己家的生意，通常他會不停地向父母問這問那。其他的一些孩子們都感到奇怪，他哪來那麼多的、有關這個世界的知識？有時父母會呵責他，因為他們的討論總會被小塞勒斯的插嘴打斷，但同時他們也隱約感覺到，這個孩子能關注家裡生意上的事務其實是一件好事。

　　麥考密克夫婦將兒子送往芝加哥的公立學校讀書，正是他們的與眾不同之處。麥考密克在談起自己的讀書時光時評價道：「那是世界上最好的學校，比任何一所私立學校都好。班上的男生女生加起來一共65人，學習最好的幾乎是家裡最窮的，所以要想保持自己的排名，真的是要付出極大的努力。」後來，他進入普林斯頓大學，但是兩年後就被叫回來管理公司，因為他的父親那時（西元1879年）已經70歲了。

　　「父親教導我，我必須工作，必須自己想辦法解決問題，不會有人優待我，我必須投入全部精力，學會做生意的每一個階段。」麥考密克先生告訴我，「父親尤其告誡我，要想獲得成功，必須要結合持續的勤奮與明智的思考。他讓我明白，在這個世界上，並沒有我可以繼承的金錢或是崇高的社會地位和榮耀，其他人也不例外。每個人都要靠自己的汗水和智慧，開闢一條屬於自己的道路，在商業界、在世界上得到自己的地位。

　　「就在這樣的情形和決策之下，我開始學著做生意。在教育下一代問題上，我和父親都持相同的觀點，我把這些策略也同樣用在下一代身上。

我的一個兒子大學畢業後，就在國際收割機公司堪薩斯州威奇托的分公司，穿著工裝褲從基層開始做起，為他日後進入芝加哥總部做準備。我的另一個兒子則在普林斯頓大學讀書。」

西元1884年，收割機的發明者去世了，現在的這位小塞勒斯‧H‧麥考密克成為全世界收割機械行業最大的公司——麥考密克收割機械公司的負責人。對於一個年僅25歲的人來說，這副擔子的確是太過沉重。

「剛開始的時候，我真的是被公司的慣性推著在前進。」麥考密克先生謙遜地解釋，「多虧那些能幹的、可靠的經理們幫忙打理整間公司，我才能慢慢找到感覺，變成一個真正的總裁。我承認有時候面對自己的責任，會有點束手無策，因為我們公司的業務實際上已經覆蓋了全世界的範圍。我們熟悉全世界每一個產麥區，我們在世界上許多地方都有代理商，因此必須要對各地農業、商業和金融方面的狀況有所了解。」

麥考密克的能力到底怎麼樣，這個問題在16年後的西元1902年得到了充分的證明。當年，國際收割機公司與J.P.摩根公司合併後，他被選為該公司的總裁。

關於這次合併到底是如何實現的，請允許我在這裡講述一下事實真相。因為這件事情是美國工業史上最有傳奇色彩的一段插曲，所以已經有太多的故事版本被印成了鉛字。

在小塞勒斯‧H‧麥考密克的領導下，麥考密克收割機公司多年來一直在跟競爭對手殊死鬥爭，其業務得到了快速擴張。有一天，麥考密克先生來到紐約摩根公司，希望能夠再籌到一部分資金，來滿足不斷擴大的業務需求。當時的摩根合夥人喬治‧W‧珀金斯立刻就嗅到了機會的味道，就這個問題與麥考密克展開討論：「為什麼不成立一個大的、資本比現有任何公司都雄厚的新公司呢？」

幾年前，珀金斯先生曾經積極參與資產為幾十億的鋼鐵公司重組，這

次他又看到了同樣的希望。於是，他馬上和全球最大的收割機生產商談判，要組建一間巨型公司。談判過程極為艱難，因為雙方都需要摒棄競爭和猜忌的態度，才有可能實現真正的聯合。最後摩根公司將麥考密克收割機公司全部買下來，再由他們組建一間新公司，所有的資金和行政人員任命問題，全都交給摩根公司來全權處理。由於並沒有明確規定誰會是在哪個職位上，而摩根公司身為唯一的股東，有權做出任何決定。

他們選擇小塞勒斯·H·麥考密克為總裁，完全是出於他是最適合的人選。他有健壯的體魄和積極的思想，對工作有極大的熱情，在他的管理下，公司成為行業的領頭羊，他年輕、有朝氣、有企業家精神、目光長遠，並獲得國內外農場主的一致信任。

麥考密克先生這個管理人員並非徒有虛名，也不是用來擺樣子的。在國際收割機公司成立後，身為董事長的查爾斯·迪林為他分擔了一部分職責，但是在後來的6年中，一直是麥考密克獨自擔當著公司行政事務的管理。他將大量的時間花在歐洲各國，尤其是在俄羅斯，為公司的產品開闢市場。他還被美國政府選為「扎根俄羅斯委員會」的成員，在那裡，人們一提到這個委員會，就會想到麥考密克先生。

在這裡，我忍不住想要說一件讓麥考密克的名字受國際關注的小插曲。有一次，父親委託他帶著一臺綑紮機乘船去英國倫敦，參加由皇家農業協會舉辦的展會，當時，綑紮機還是個新奇玩意。途中，負責運輸綑紮機的那艘船碰巧失事，這臺機器就在海水裡連續浸泡了好幾週。後來，總算是在展會開始前被打撈上來，麥考密克帶著它匆匆趕往會場做現場測試。

其他出場的機器都被油漆刷得鋥亮，由最好的馬匹拉著。年輕的麥考密克打定主意要推出這臺鏽跡斑駁的、看起來破舊不堪的、就連一丁點油漆都沒刷過的機器，而且，就用兩匹看起來很沒面子的老馬，作為這臺機器的動力。他的出場惹得全場觀眾一陣鬨笑，人群裡不時發出夾雜著議論

的嘲笑聲。那些一塵不染、瓦亮瓦亮的機器，在一匹匹精心挑選的馬兒陪伴下，多多少少都表現出了令人滿意的地方。

此時，可憐的麥考密克正排隊等著出場，其他人也在等著，只不過他們是在等著看笑話。那就走著瞧吧！「咔嚓、咔嚓」綑紮機的往復刀片在兩匹其貌不揚的馬拉動下，發出了有規律的聲音，半分鐘後，人們的嘲笑聲就變成一片讚嘆聲，因為沒有一臺外表華麗的參展機器，能夠像這臺從海水裡倖免於難的、外表奇特的新發明這樣，又快又整齊地將稻穀收割並綑紮好。展會最後宣布這臺機器獲勝。

國際收割機公司的產品並不只有收割機和綑紮機，它同時生產 30 多種農業生產機械。西元 1831 年發明收割機之後，緊接著在 1870 年代又發明了鐵絲綑紮機、多股綑紮機。最近，他們新發明了一種稻穀堆碼機，現在，急待解決的問題就是要用拖拉機來取代馬匹，作為綑紮機、犁地機和其他一些農業設備的動力，使之能適應大規模先進農場的需求。

下列數字給出了國際收割機公司的產品範圍和產量：

收割機（穀類、雜草、玉米）	975,000 臺
耕地播種機	525,000 臺
發動機、拖拉機、卡車	105,000 臺
小型貨車和施肥機	90,000 臺
奶油分離器	35,000 臺
灰鐵鑄造	45,000,000 件
鐵器鍛造	75,000,000 件
鏈條鍛造連線件	75,000,000 件
螺栓	95,000,000 個
螺帽	150,000,000 個
雙股繩	125,000 噸

所有工廠的運輸車輛（西元 1916 年）	60,054 輛
木材需求量（西元 1916 年）裝載量	120,000,000 英尺
鋼鐵需求量（西元 1916 年）	267,000 噸

儘管國際收割機公司的這些統計數字令人嘆為觀止，但全世界仍然有 40% 的穀物是靠手工收割，而不是使用收割機械，小塞勒斯・麥考密克本人和他的公司，正在不遺餘力地改變這一切。美國農業機械在全世界尚未開啟的最大市場是俄羅斯，在那裡，幾百萬英畝的農場仍然不知收割機為何物，仍然在使用鐮刀和長柄鐮。

「如果此次革命能夠獲得預期的成功，俄羅斯潛在的巨大資源，將得到空前的快速發展。俄羅斯的潛在力量、領土的巨大，以及它的各種可能性，都留給我深刻的印象，世界上沒有其他國家能留給我這種印象。」這是麥考密克先生在被威爾遜總統選為俄國特使前，回答我提出的問題時所說的話。

儘管公務繁忙，麥考密克先生也總能抽出時間來當一個正常人類。有一件事讓我印象深刻，我寫了這麼多人，沒有一個人能像麥考密克先生那樣，得到朋友們發自內心的讚揚。

「他絕對是我認識的所有人中最好的一個。」美國一名與許多社會上層人物都有交往的傑出人士這樣評價，「他總是在不停地想：『什麼是正確的？我的責任是什麼？我應該做什麼？』身為一位商人，他的成功是眾所周知的，可是除了他自己，幾乎誰也不知道他幫助了多少值得幫助的人，做了多少值得去做的事情。

「他繼承了父輩傳下來的喀爾文精神，卻沒有隨後而來的喀爾文和諾克斯主義者，他們身上那種嚴肅到幾乎是嚴酷的特徵。他總是以一種高尚的、謹慎的、慷慨的方式對待雇員，據我所知，他有一個個人慈善組織，進行各種捐助活動。他跟專門培養牧師的麥考密克神學院，也有著密切的聯絡。

「他相當關注普林斯頓大學，而且還是普林斯頓大學理事會的成員、贊助者。他的小女兒不幸於12歲時夭折，為了紀念她而建立的伊麗莎白‧麥考密克基金會，致力於美國兒童福利事業，為無數弱勢和身障兒童建立一所所露天學校，為他們提供受教育的機會，這件事的重要性不言而喻。他還慷慨捐助基督教青年會，並且親自解囊來幫助那些遭遇到巨大不幸的人，我個人在這裡就能列舉出一個又一個的例子。」

國際收割機公司讓超過兩萬名員工參與了利潤共享計畫，並為年老的和傷殘的工人提供養老金和撫卹金；公司自備了設備精良的醫療設施和醫療服務，專門治療肺結核病人；公司還組織雇員互利互助協會，無微不至地關懷著每一位雇員，確保給他們最大程度的舒適和安全。

在麥考密克先生的激勵下，國際收割機公司在教育美國農民方面花了數百萬美元。透過替他們上課、為他們做示範以及其他一些方法，提高和擴展農民的耕作方式，讓他們成為更有能力、更成功的莊稼人。最後產生的結果，大大超出了預期的滿意度。這是一項從大的方面著想、富有愛國主義性質的工作，雖然它不可能為公司帶來立竿見影的經濟利益，不過，它會令農業利潤更高、更有投資吸引力，最終將會擴大對農業機械的需求量。同樣，這次普及教育對遏制不斷上漲的食品價格，也發揮了很大的效用。

在麥考密克先生的慈善工作背後，是麥考密克夫人的熱情支持。在各種公眾和社會福利戰線上，我們也能看到麥考密克夫人積極的身影。她是婦女選舉權的積極支持者，但是她絕不支持帶有軍事性質的婦女選舉運動。麥考密克夫人尤其在兒童福利事業中，投入相當多的個人精力和財力。

很少有美國家庭應該受到比麥考密克家族更多的、來自人民的報答。

小塞勒斯・H・麥考密克

J・P・摩根

　　J・P・摩根（J. P. Morgan），金融家、銀行家，曾壟斷了世界上的公司金融及工業併購。華爾街日報曾這樣評價他：「上帝在西元前4004年創造了這個世界，J・P・摩根在西元1901年重新組織了這個世界。」

J. P. MORGAN

「Ｊ·Ｐ·摩根到底是個怎樣的人？」這是一個經常被人們問起，卻很少能得到全面答覆的問題。所以，我在這裡不會寫一篇有關摩根先生職業生涯的報導，我會嘗試著分析一下他的個性，為大家呈上針對他的個性特徵做出的探究，去洞悉他的思想，去剖析他的理念。

雖然我能夠保證在下筆之時，不受某些人的偏見所左右，也能夠拋開採訪對象本人的援助、建議或意見，盡可能真實地寫照這個具有國際影響力的人物，但是，我並不覺得此番將摩根作為一個單純意義上的人，或者是作為金融家所做出的推論，是毫無依據的，因為近十年來，周圍發生的一切，迫使我不得不關注他的行為、挖掘他的動機，並且不斷地向他的朋友或同事提出一些問題。

如果摩根先生真有那麼神的話，不管那些評價是好的也好，壞的也罷，他早就禁止人們對他做出隻言片語的評價了。然而不幸的是，並沒有誰來強迫過我服從他的意志、依照他的心思，我可以自由地忠於自己的知識，在出版業的允許下，寫下我所了解到的一切。

那麼就讓我們從這幾個問題開始吧！尤其是和這位美國歷史上最偉大的金融家後代有關的問題，這些問題總是被人們頻頻問起。

傑克·摩根（J. P. Morgan Jr.）會是第二個Ｊ.Ｐ.嗎？

不，不會的。

他是一個有能力的人嗎？

能力當然有，不過，並非出類拔萃。

他是否一心想要接過父親手中的權杖，坐在父親已經安放在那裡的寶座上，統治整個金融界？

Ｊ·Ｐ·摩根二世並沒有想要成為一位決定性人物，統治整個金融王國的野心，因為他不具有拿破崙式的意志和特質。他對權力沒有慾望卻總是

因此感到不安。他並非J·P·摩根公司在重大決策中具有舉足輕重的人物，他心甘情願將公司最重要的事物交給信得過的同事，尤其是亨利·P·戴維森去處理，他覺得便這樣可以高枕無憂。他寧願過著正常、平靜的生活，因為在他看來，任何榮華富貴都無法用家庭幸福去換取，他不允許自己成為一個賺錢的工具，他只是一個人，一個丈夫和父親。他既不會為捍衛公司的聲譽，不讓它受到一點點損失而瘋狂，也不會為再去賺幾百萬而拚命。

他的性格是怎樣的呢？

在美國的所有要人中，他是最不具手腕的一個。他只不過是一個家族世襲的產物而已，一位名副其實的波旁（貴族）後代。在他看來，稍微調整自己一貫的做事方式，去緩和公眾對他的看法，是一件有失尊嚴的事情，他會視之為軟弱和可鄙的反常行為，即使這樣做可以讓公眾了解到，他做某些事情的動機，減少一些由他的行為所導致的成見。

他的一名同事兼忠實的擁護者對我說：「他理解公眾，但在處理特權階層和普通公眾之間的關係問題上，卻採用了一種不是你或我所能夠理解的方式。」事實的確如此。在他父親一生的大部分時間裡，沒有太過認真地對待那些可以左右一切的大眾輿論，他對平民百姓的態度，最終讓他付出了無形的、十分巨大的代價。他的兒子似乎並沒有從中吸取一些教訓，小摩根應該和這世上任何一個人一樣謹慎，做每一件事必須誠實，免於受人背後指點，更何況他還是位名聲顯赫的人。悲哀的是，他並沒有意識到這一點，他認為重要的並不是去做正確的事情，而是以正確的方式去做事，然後，公眾就會覺得這一切是正確的。

他嚴重缺乏治國之才，這樣的例證不止一次發生在金融界的聚會上，尤其是重要成員和大公司出席的聚會上。因為摩根先生在公眾的眼中，代表著金融界的最高層人物，所以當他擺出一副傲慢的樣子時，他那副「甩

一個響指，一切都無所謂」的態度，無疑對公眾、對公眾的情緒、對每個市民和投票者以及立法者，都會造成無可估量的負面影響。他影響到的，不僅僅是整個金融界的形象，還影響到整個福利界的形象。他曾經在沃爾什工業關係委員會上就是這樣表現的，這件事引起了極大的反響。他性格中這種傲慢的特質，也許是最讓人遺憾的缺點。

摩根是一位盛氣凌人的人嗎？

不是。他對公眾抱有這種明顯的、居高臨下的態度，是因為他對自己在金融界的地位存在著一定的誤解。他沒有將自己看成是金融界最舉足輕重的人物，不認為自己有足夠的力量可以公然藐視所有人，也不覺得自己可以超越一切批評或控制，他只是把自己看成一個私人銀行家，做著一項巨大的、有價值的、有建設性的事情，能為發展國家資源帶來好處，他誠實，不挑剔，對客戶絕對公平，不去考慮其他人說什麼，因為這根本就不關其他人的事。因此，在他的個性中，有一種將高貴和質樸融合在一起的東西。

他在不斷進步中嗎？

那是當然。肩上的責任令他明白了不少事理，也許時間會教會他如何逐漸具備那些他現在嗤之以鼻的品格。在過去的三年中，發生了許多事情，這些事無一不讓他學會運用判斷力和智慧，不失尊嚴地獲得同僚們的善意；這些事情也讓他明白，如果用無視或輕蔑的態度對抗或激怒他們，就算不是愚蠢，也是目光短淺。倘若 J·P·摩根能夠在公眾面前，表現得就如同在友人面前那樣，那麼，他早已不必犧牲些許的自尊，就能成為美國最受歡迎的金融家。他的一些熟人發現，他是一位寬容的、善良的、民主的、體諒人的、開朗的人，仁慈、可愛，是一個可以促膝長談的對象。他沒有有錢人的架子和傲慢，也沒有自私和小心眼，更沒有做過卑劣猥

瑣、見不得人的勾當。

「對於我身後的傑克・摩根，我給予他和別人相同程度的信任。」這是J・P・摩根以一名傑出銀行家，而不是以摩根集團一員的身分，向全世界做出的響亮表態，「我知道，他有時會做出一些事情，這些事情他遲早會明白是不公平也是不公正的。但是，這一切與他有多少錢無關，財富並不重要，也與他有多大的聲譽無關，但聲譽很重要。

「他也許只是無法完全正確地分析事情，最根本的原因，是他的社會視野並不開闊，這是由於他一直以來所處的環境造成的。他周圍都是些有實力的金融家，或者是他自己的朋友。在許多事情上，他都缺乏經驗，可是他的生活卻是他所知道的最高水準。」

據有些善於嘲諷的人說，西元1907年發生大恐慌之後，剛開始整個華爾街都覺得只剩下一個人可以信賴了，那個人就是J・P・摩根。不過後來許多事實都證明，摩根先生並不是美國銀行家中最具有非凡才能的人，對待金融方面的事，也不是最佳的決策者，他的分析和結論經常是錯誤的。那麼，又是什麼令他成為新世界的金融領袖呢？

答案很簡單也很確定，是他那無懈可擊的可信度，他與生俱來的公平待人和他從不利用別人的特質。現在，他的兒子繼承了和他同樣的美德。嚴格保持摩根家族聲譽的使命，是與他的生命緊密相連的，他不但不會讓摩根家族的聲譽有一絲一毫的落敗，還會將自己在金融界蒙上的灰塵全部擦乾淨。

人們在一些流言蜚語中傳說，老摩根去世後，小摩根在剛接替父親工作時，採取一種命令式的態度對待其他金融界同行，他繼承了父親留給他的粗暴態度，覺得自己有權像父親那樣對待別人。不過，他試圖去呼來喝去的對象很快就讓他明白，他們願意與他合作，卻絕不受他的壓制，如果能在平等的基礎上合作，他們會感到愉快，倘若他仍然幻想著自己能夠發

號施令的話，他們就不會再和他打交道了。當然，這種傳言言過其實，不過摩根先生不擅長使用外交手腕，倒有可能是讓人們有這種印象的根本原因。

小摩根於西元1913年繼承的遺產，並不全是美好的東西。最明顯的事實就是，他自己正處於適應階段。他草率地賣掉父親收藏的一些重要藝術品，因而，都市藝術博物館才能夠增添一項專門的「摩根一角」。然而這件事卻引起了內部圈子裡的強烈不滿，因為負責老摩根藝術品收藏的人，從記者那裡得知了此事，而不是從小摩根嘴裡得知。小摩根為此而遭到強烈的抨擊。這件事情充分展現了小摩根與生俱來的不圓滑。

後來，紐約市為摩根先生這些價值連城的畫作，專門設立一個展室，但是這種處理方法，並不代表公眾對摩根之子持有贊同的態度。其實，他出售這些畫作並非出於一時興起，他的父親在晚年時大量收藏藝術品，這花去了他收入的相當一部分，保養這些藝術品也是一件花費巨大的事情。摩根的遺囑向人們透露了一個消息：人們一直以來認為摩根擁有的錢多到無法想像是錯誤的。這些收藏和其他產業帶給他的，更多的是責任而不是資產。老摩根留下來的可兌現財富相對而言比較少，他持有的股票總價值僅為1,900萬美元，除此之外，還有價值幾百萬的其他證券（平均價值）以及一些不值錢或者名義上的證券。當然，他所留下的現金也為數不多。

要想經營一家國際銀行公司，需要有鉅額的周轉資金，可以坦言，小摩根需要錢來經營銀行，並支付300萬美元的遺產稅，來處理各項遺囑條文。所以說，他賣掉一些油畫等藝術品，多半是出於必要性而不是出於偶然性。儘管我知道報紙上對他父親的一些評論，已經引起了他心中不滿的情緒，不過他性格中固有的那種隨遇而安的特性，讓他容忍了這一切，關於他的種種做法，同胞們愛怎麼想就怎麼想吧！

最近發生的一件事，進一步表明了這種邏輯關係。自從歐洲戰爭開戰

以來，J・P・摩根公司作為盟軍的財政代理機構，已經占據了獨一無二的有利地位。順便也說一句，摩根公司憑藉它強大的實力，出色地履行了這一任務。難怪庫恩——利奧布公司的總裁，也就是摩根在私人國際銀行業中最強勁的對手雅各布・亨利・希夫，其在「自由貸款」的演說中，將摩根公司描述為「全美國為幫助民主黨創造一個和平的世界，做出過最多貢獻的家庭」。這樣一來，摩根就不需要再謹慎地數著自己口袋裡的錢了，他最近在羅馬美國學院宣布，將取消學院欠他的貸款（他是他父親的債權繼承人），從而將這筆錢轉化為他的捐助基金。最近，他還慷慨捐贈哈特福德三一學院。他的公司還申購了多達 5 億美元的自由貸款債券，這也是一件值得一提的事情。這些行為恐怕比他出售那些名畫更能說明問題。

我還想進一步解釋另外一件事，這件事情同樣引起了人們的廣泛批評。也就是說，他在回答國會指派的沃爾什委員提出的問題時，為什麼會持有一種輕蔑傲慢的態度。

其實是攝影機的出現，令這位銀行家失去了原有的平衡心態。

摩根先生和其他大部分人一樣，把沃爾什看成是一個洋相出盡的江湖騙子，他帶著平和的心情走入審查室，做好準備回答所有的法律規定的問題，並且只給出事實，如果必要的話，他會對一些直接關係到自身的領域的事情，陳述自己的觀點。然而，他剛剛坐在證人席上，攝影機就開始在他周圍發出「喀嚓、喀嚓」的聲音。其中有一臺攝影機的鏡頭，就在他的眼前幾英尺遠而已，每當他講話或眨眼時，這臺機器就開始運轉。

摩根被激怒了。他覺得自己是被傳喚，而不是在協助委員會的工作；把他放在公眾面前，僅僅是為了幫助沃爾什製造轟動性新聞，為報紙的頭版頭條提供素材。所以，摩根忍不住吼叫了起來。他覺得委員會對他採取一種不公正、不必要、讓他有失尊嚴的態度，因此，他覺得自己也沒有必

要在這些與司法判決無關的事情上讓步。

所以，當他被問到：「你認為給一個碼頭工人每週 10 美元的薪資適當嗎？」這樣的問題時，正處在煩躁之中的他回答道：「假使這是他唯一的收入來源，而且他也願意接受的話，我認為就足夠了。」所以說，公眾看到的並不是真正的摩根，而是一個因人格尊嚴受到侵犯，從而被激怒的普通公民。當然，到了後來 J·J·希爾和查爾斯·邁克爾·施瓦布，他們這些溫文爾雅、心胸開闊的人就能夠保持鎮靜，並盡量避免留給公眾一個對社會福利和廣大群眾漠不關心的印象。但是，在這種情形之下，又有幾個人能保持冷靜和泰然呢？

摩根的態度至少應該算作人之常情，這是可以理解的。

可以說 J·P·摩根不知道畏懼為何物。在那段混亂的日子裡，就連偵探們都十分謹慎，不過人們仍然能夠時不時地看到摩根先生出現在混亂擁擠的股票市場裡，穿梭在人群裡，或者在沒有任何保鏢陪同下，就在華爾街上大搖大擺。有那麼幾次，只要是工作需要，他都會冒著遭到德國潛艇攻擊的風險，一次次穿越大西洋。從某種意義上來說，他這種無所畏懼的精神，就是他無視公眾對他在金融和工業領域的所作所為的最根本原因。

當刺客攜帶著一把手槍潛入摩根位於長島格蘭卡佛的家時，他用自己的行動所表現出來的勇敢和騎士精神無人能及。在當時的情形之下，他不是先自保藏起來，而是唯恐這個喪心病狂的刺客會傷及自己的妻兒，便趁著刺客尚未舉起槍時，一躍而起，與刺客扭打在一起。儘管他受傷了，最終卻制服了歹徒，阻止了一場謀殺。他和 H·C·弗里克都經歷過類似的情形，摩根從始至終都保持著頭腦清醒，在整個過程中拼盡全力。

他不明白報紙上為何會大肆炒作這件事，並且不亦樂乎。當拉迪亞德·基普林由於長期的疾病徘徊在生死之間時，新聞媒體基於他個人的名氣，在報紙上設立了有關他病情和治療過程的新聞簡報和專欄文章連載，

但是，當基普林恢復神智，病情有所好轉之後，卻帶著受傷的語氣問道：「有人打電話過來嗎？」此時摩根的心情有點類似於此。

有一天，摩根先生離開家，正打算乘坐遊艇出遊時，發生了一件事情。這件事情雖然不大，卻有相當重要的意義，有關自己的地位和個人權利，摩根先生第一次有了一些考慮。

當時，他和一名同伴正向遊艇走去，卻看到碼頭邊停泊著一艘小船，上面坐著一名攝影師，很顯然，這名攝影師在此恭候，是來搶拍這位銀行家的鏡頭的。摩根先生勃然大怒，他覺得攝影師也好，其他什麼人也罷，隨便進入別人的私人領地，擅自打擾別人的生活，對他來講是一種侮辱，就算他是一名普通人，這難道不是一種非法的、對自由權的侵害嗎？他完全有權利獨自待在屬於自己個人的財產裡。他不是什麼公眾人物，也不是政治家，只不過是一個普通人，一個私人銀行家而已。

當攝影師調好焦距對準摩根時，自然會遭到一頓訓斥。同時，當摩根的同伴看到眼前發生的衝突，可能會帶來一些影響時，就對摩根先生解釋道，這名攝影師也只是奉命執行老闆派給他的任務，要是不盡力完成，就會丟掉飯碗。

摩根先生上遊艇時，帽子被風吹倒了水裡。攝影師將帽子撈起來，嘴裡說著：「帽子給您。」雙手將其奉上，並且稱摩根先生雖然拒絕讓他拍照，但他還是個重友情的人。

幾乎就在那一瞬間，摩根先生臉上的陰雲馬上變成燦爛的笑容。他看到了這件事情的另外一個層面，在他眼裡，這位攝影師已經不再是一個帶著侵犯性任務的擅闖者，而是一個為薪資努力的平常人。摩根立刻擺好姿勢，而且不止一個姿勢，讓這位攝影師拍到他具體想要的照片。

所以，透過這件事你可以看出，摩根的個性極具兩面性——他無法容忍公眾對他的好奇心和興趣，可是，掀開事情的表面後，你會看到一顆

寬容的心。

　　不止一件事可以充分說明，摩根先生貌似冷漠的外表下，藏著深深的人道精神與同情。是社會地位與階層，令他擁有這樣的表象。前些日子，報紙上有一篇文章，報導一個男孩進入摩根辦公室行竊後被逮捕的事情。儘管摩根先生的正義感和做人原則，絕不允許讓這個觸犯法律的小傢伙就這樣溜之大吉，但是，他仍然前往孩子的母親那裡，向她保證這個孩子此時正在另一個地方接受教育，人們會給他機會讓他變好，並且說不會讓她在經濟上受到損失。他的一個朋友，熟知這件事內情的人對我說：「他對待那位母親，簡直就像是對待自己的妹妹，可以說是仁至義盡了。」

　　摩根先生敬愛母親，對她噓寒問暖、無微不至的關懷，以及對自己家人的愛，是人們普遍知道的事情。至於對父親，只有一個詞可以形容，那就是「敬畏」。多年來，他都陪伴在父親身邊，陪他出席各種私人橋牌聚會，其中多半都是這位老銀行家最親密的朋友。再後來的10年間，他陪著父親出席各種重要的商業場合，會見當時重要的一些夥伴。

　　然而，當老摩根的衣缽傳到小摩根手裡時候，公眾對他的性格和能力還一無所知。這是因為傑克・摩根一直以來都小心翼翼地躲在後臺。他對名譽看得很淡，並沒有打算將自己變成掌控摩根家族命運的唯一關鍵因素，即使是現在，摩根先生都盡可能地躲開鎂光燈的照射。他的名字很少出現在哪一條規定之下，他推選戴維森先生或其他合作者，代他出席所有重要的場合，發表一些演說或宣布一些重大的事情。

　　傑克・摩根一出世，血管裡就流淌著銀行家的血液了。他於西元1867年9月7日出生在紐約，那時候「摩根」已經是全球響噹噹的名字了。他的祖父朱尼厄斯・史賓賽・摩根（Junius Spencer Morgan），很早的時候就被人們認為是「波士頓最好的商人」，並被當時最早的世界銀行家喬治・皮博迪（George Peabody）選為合作人，於是，他來到了倫敦的皮博迪總部。

10年後，皮博迪去世，他成立了J‧S‧摩根公司，這位數學天才銀行家，很快就被人們看成是一位金融界重量級人物。

西元1870年，他向法國臨時政府發放了5,000萬美元的貸款，當時的法國已四分五裂，法國的皇帝也已成為德國人的階下囚，這一舉動讓保守的歐洲嚇了一大跳。朱尼厄斯‧摩根大膽地組建一個「聯合企業」，對於那時候的英國本土人來說，這還是個新鮮事。他用精湛的技巧大膽地做了一筆又一筆交易，僅僅用了18個月，就獲取了幾百萬美元的利潤。

與此同時，第二代摩根——約翰‧皮爾旁特在紐約皮博迪事務所，開始了他的職業生涯。他成為皮博迪的代表，後來開設達布尼——摩根公司。西元1871年，他加入了費城實力強大的德雷克賽爾，公司改名為德雷克賽爾——摩根公司，當時的主要競爭對手是傑伊‧庫克公司。西元1873年，這個強盛一時的公司破產後，德雷克賽爾——摩根公司與羅斯柴爾德的代表奧古斯特‧貝爾蒙特一起，成為為政府龐大的戰爭債務再融資的中堅力量。在這項工作中，J‧P‧摩根發揮了舉足輕重的作用，但是他最大的成就，是後來修建了世界上最長的鐵路，建立世界上最大的工廠。

第三代摩根——傑克於西元1889年畢業於哈佛大學，獲得了A‧B‧學位。這個時期，他的父親已被公認為美國金融界的領袖。讀大學時的傑克‧摩根，就已經表現出許多典型的「摩根」性格。他身高6英尺，健壯，肌肉發達，意志力堅定，脾氣有些暴躁，但卻非常快樂。他在一般情況下喜歡娛樂活動，智商平平。他的父親不失時機地讓他參與金融管理。

在德雷克賽爾——摩根紐約公司接受父親親自對他實行的熱身訓練之後，傑克被派到了倫敦去開開眼界，增長一些經驗。傑克在西元1890年與簡‧諾頓‧格魯小姐結婚，他和妻子很快就適應了英國式的生活，在那裡結交不少朋友，從此迷戀上英國的生活方式和習俗。在倫敦期間，他

同時還密切關注著巴黎分公司的業務,年輕的摩根儼然是一位銀行家了。他在倫敦一直待到西元1905年。實際上,早在此之前的西元1894年,他就成為J·P·摩根公司的合夥人,此時公司的名稱已去掉了「德雷克賽爾」幾個字。

令人感到不解的是,J·P·摩根二世在他父親去世後的18個月內,居然為他的英國和法國朋友做了一件重要的事情。他剛一上任就對合夥人宣布,在合併和集中其他銀行機構和資源方面,公司已做得十分到位,所以,摩根公司目前嚴格按照原有的規模進行常規的業務,他採取了保守策略。

只不過,他注定會成為命運之子或幸運之子。德國的突然宣戰,緊接著英國也捲入了衝突,這給美國國內帶來極大的恐慌情緒。紐約市政府欠倫敦幾百萬美元的債務,而倫敦方面卻堅持要以黃金作為償還手段。美元對英鎊的匯率暴漲到了7美元對1英鎊,也就是說,平常只值4.65美元的英鎊,在7美元以下根本就買不到,事情一下子陷入僵局。於是在西元1907年,全體金融界以及紐約市政府向科納豪斯、摩根求助。當然,眾所周知,到最後這場危機被成功化解了。

戰爭開始之際,幾場敗仗過後,盟軍陷入了一片混亂,他們發現自己急需幾百萬美元的軍需物資。不得已,盟軍只得求助於J·P·摩根公司,也只有摩根公司才有這個實力對付這種情況。公司被指定為英國和法國的財政代理機構,負責代辦這裡所需的一切軍需物資,酬勞是所有花費和支出1%的佣金。

在過去的3年中,沒有哪家銀行像J·P·摩根公司這樣,能夠成功完成這種異乎尋常的巨大業務。他們的業務範圍不僅僅限定在銀行業中,不僅僅是為歐洲籌集到大約15億的貸款,不僅僅是進口了10億美元的黃金,不僅僅是為盟軍銷售了幾千萬或幾億的美國戰爭債券,不僅僅是讓匯

率保持在合理的範圍內，摩根先生所做的事，已完全超越了一名銀行家的範圍，他簽訂了價值30億的商品購買合約，其採購範圍超乎人們的想像，尋找適當的企業來負責生產合格的軍需物資，並指派任務給他們，為負責生產軍需物資的企業提供資金援助，好讓他們能夠滿足歐洲6個正在生死線上掙扎的國家迫切的需求。

摩根公司所做的一切，也許永遠不會為人們所知。摩根先生曾經在沒有任何抵押做保證的情況下，貸100萬美元給陸軍部，後來報紙上報導了這件事，他感到萬分的懊悔。摩根公司在戰爭期間取得了歷史性的成就，然而整個過程中，摩根先生並沒有袖手旁觀。沉重的擔子壓在他的肩膀上，以及H·P·戴維森、T·W·拉蒙德、E·R·斯特蒂紐斯的肩上。摩根先生全心全意地投入這項工作中，因為他覺得只有這樣做，才能有助於保護人類文明，才能「幫助民主黨建立一個安全的世界」。

我個人的看法是，摩根先生在治理公司上所花的時間，不像他的父親那樣多，用不了多久，他就會在這裡或英國好好過上一陣子半悠閒狀態的生活。除了經營銀行外，他還有許多興趣愛好，尤其喜歡和家人待在一起。如果人們得知他是一名虔誠的基督徒，並且常常引用《聖經》上的話語，可能會感到意外。他還得過莎士比亞獎學金，喜歡閱讀優秀的文學作品，也是個熱情的遊艇愛好者，擁有數條快艇，是紐約遊艇俱樂部的副會長。比起高爾夫球來，他更喜歡打網球。

順便提一下，還有一件事是大家都不知道的，傑克·摩根長久以來都是「利潤共享」、「雇員持有股票」，以及其他一些能為每個子公司員工帶來利益的計畫鼓勵者。

某些媒體記者將摩根先生說成是一個巧取豪奪、貪得無厭、沒有原則的資本家，不顧及他人的利益，只專注於擴張自己的財力勢力，這其實是大錯特錯。不過人們之所以會有這樣的說法，相當程度上要怪他自己。

他完全可以稍稍向約翰·戴維森·洛克斐勒學習一下，在對待公眾的問題上，可以去掉一些「我不在乎」的態度。畢竟，不論貧富與貴賤，我們每個人都是人類大家族中的兄弟姊妹。

跋：這裡我還要補充一點，另外一個摩根正在打造中。他就是朱尼厄斯·史賓賽（Junius Spencer Morgan III），一個哈佛畢業生，正在父親的公司裡學習生意技巧。但是，威爾遜總統剛一宣戰，他就參加了海軍。在此之前，他每晚都前來參與地鐵的修建計畫，嘴裡叼著一根普通的雪茄菸，手臂下面或許還夾著一個廉價公事包，就是那種連每週只賺 10 美元的銀行小職員，都覺得不體面的公事包。他非常謙虛，辦公室裡的其他人都把他當成是他們中的一員。

摩根先生有兩個女兒，一個是簡·諾頓，另外一個是弗朗斯·特蕾西，她們都在最近結婚了。他還有一個兒子，名叫亨利·斯特吉斯·摩根（Henry Sturgis Morgan）。

美國人至少可以感覺到，我們最大的銀行掌門人是一位誠實的人。

威廉·H·尼科爾斯

威廉·H·尼科爾斯（William H. Nichols），美國最大的化學公司——通用化學公司的建立人，更是一位化學家。

WILLIAM H. NICHOLS

現在美國已經意識到國內化學物品生產的必要性了。然而早在50年前，就有一名美國人看到化學工業中的機會和重要性，現在，他生產出的化學物品，在數量上超過了世界上任何一個人。

從僅僅有一名助手的一個小企業開始，威廉·H·尼科爾斯逐漸建立起一家在美國和加拿大經營著30多間化學工廠、僱有幾萬名工人的大型公司。通用化學公司的資產為5,000萬美元，每年的利潤為幾百萬美元，它為股東配送高比例的分紅，每年出口賺取幾百萬美元外匯。

當威廉·H·尼科爾斯踏入化學科學生產領域時，美國只有幾家相對較小的化學公司，這些公司的經營者大多數對化學科學和技術一無所知，當時流行的做法是憑經驗、猜想差不多就行了。身為一名年輕人，尼科爾斯是如何學習化學並進入化學工業領域的，是一件很值得記載並供他人學習的素材。

尼科爾斯告訴我：「每個正處在成長階段的年輕人，都應該嚴肅認真地考慮一下，他到底想要成為怎樣的人，或者打算做什麼事。當我還沒有進入大學，仍然是個孩子時，就仔細全面地考慮過這個問題了，我需要看清楚，哪個行業可以提供最大的發展機會。我發現，在化學行業中沒什麼人真正接受過全面的教育，也沒什麼人在大學裡受過科學的訓練。

「我總結了一下，如果我在大學裡勤奮認真地學習理科，那麼我至少有機會可以獲得較大的成功。所以，我在約翰·W·德雷珀博士以及他兩個兒子的指導下，進入了紐約大學。那個時候，理科生沒有幾個能被其他學科的學生看得起，因為理科被人們視為低等級的學科。

「我充滿了熱忱，雖然我還年輕，但我知道，生命只有一次，我要盡可能地讓它活得有價值。任何放棄或忽略了適當教育機會的年輕人都是傻瓜。

「西元1870年，我畢業後，很快地就自己開了一家公司。由於當時我

還沒有達到法定年齡，所以無法使用自己的名字。當時，我只有18歲剛出頭，我和一個名叫華特的人一起成立了華特──尼科爾斯公司。21歲之前，我都是用父親的名字來辦理一些手續，21歲後，華特──尼科爾斯公司的所有權恢復到我的名下。當工廠中需要更多的人手幫忙時，我只好停下實驗室的工作，來幫助材料的生產。

「後來，華特在一次事故中突然喪生，打亂了我的全盤計畫。因為先前所有的辦公和業務部分都由他來負責，我只負責科學研究方面。嚴格來講，在處理業務問題方面，我沒有一點實際經驗。我努力想要獨自擔起這一切，早上很早就起來忙完工廠的事，下午再去完成實驗室裡的工作。然後，再從我們的工廠所在地紐敦溪乘馬車趕往紐約去尋找客戶、處理一些其他事情，最後在一天的工作完成後，再返回來處理一些辦公室的問題。

「然而我很快就明白，光靠我一個人是做不成什麼事的，於是我就以當時的天價2,000美元，聘請了現在的知名人物J·B·F·赫爾肖夫博士來負責我的工廠。那時我們主要生產硫酸、氯酸、硝酸和錫晶體。我的競爭對手，也就是當時那些老手們，都認為我僱用像赫爾肖夫這樣的化學家簡直就是瘋了。可是我深知正確的教育和科學知識的價值所在。在我個人生活的開支上，絕不會花超過2,000美元。我將每一分錢都投入到工作上，而不是去購買昂貴的衣服或其他奢侈品。父親還借給我一些錢，讓我能夠擴大業務。當一切步入正軌後，我卻突然第二次陷入了困境。

「有關硫酸的價格，在這一行中一直有一個君子協定。然而，其他的商家在沒有任何徵兆下，全都降低了價格，搶走所有的訂單和合約，就連一個客戶也沒留下。這次打擊無異於晴天霹靂，給了我一次重創。」

「但是沒過多久，發生了一件奇怪的事情，我們的硫酸全部銷售一空。」尼科爾斯停下來，用熱切的目光看著我，然後反問我，「成功的祕密到底是什麼？這個問題常被人問起。

「回顧我的生命歷程，現在我可以十分清楚地回答，成功包含兩三點至關重要的東西。成功是因為履行了誠實的原則，只做那些簡單正確的事情，在任何情況下，都不能偏離公正和正直的基準。

「我經歷過和觀察到的事情讓我更加確信，人根本就沒必要太過精明。實際上那些利用競爭對手、利用客戶、利用公眾的手段，永遠不會帶來堅實的、長久的和有價值的成功。黃金規則在生意場上和在教堂中，同樣有應用價值。

「若是一個年輕人願意勤奮學習，認真思考，時刻留意周圍的機會，充分利用自己不斷努力發展起來的預見力，同時在做每一件事情時，嚴格奉行誠實謹慎的原則，那麼他是不會失敗的。」

我問：「你要告訴我的關於硫酸的事情，究竟是什麼？」

尼科爾斯說：「當我開始做硫酸時，我發現市場上出售的硫酸雖然標籤上為66度，實際上酸性都達不到這個強度，一般只有65度。我將自己的硫酸做成66度，然後相應地在標籤上也標明這個數字。可是沒過幾天，就有幾個競爭對手找上門來，對我說：『你是在自己捉弄自己。你不過就是個年輕人，剛入這一行不久，所以才會浪費不必要的錢去生產66度的硫酸，實際上65度的硫酸就完全可以了。』我告訴他們，如果我做的是65度硫酸，我一定會在包裝上標明65度，如果我在包裝上寫66度，那我的硫酸也一定要做到66度。最後，他們很不滿意，憤憤不平地走了。

「大約到了這個時候，人們已經發現了石油精煉的工藝過程，硫酸的訂單雪片般飛向我們，我們的硫酸供不應求。可奇怪的是，雖然我們忙得不可開交，競爭對手卻一張訂單也沒有。當然他們會去調查原因，最後他們發現，從事石油精煉的客戶發現，65度的硫酸酸性不夠強，所以無法精煉石油，而66度的硫酸則符合要求。」

很難想像，這個世界上要是沒有電解銅會是什麼樣子？更重要的是，

電解過程的發現，能夠使冶金公司省下價值幾百萬美元的黃金或白銀，在先前的熔煉和精煉過程中，這些金和銀就這樣白白浪費了。

有多少人知道電解過程是怎樣誕生的？讓威廉·H·尼科爾斯來為我們講述這個故事吧！

「有一天，我坐在辦公室裡，這時有一個名叫戴維斯的人進來了，他拿著一塊礦石讓我為他檢驗一下。我以前研究過冶金學，所以我認為它是一塊亞硫酸鐵，裡面還含有硫化銅。他問我：『有興趣嗎？』我回答：『是的。』他馬上又說：『謝天謝地！我問遍了其他每一家化學工廠，可沒有一家對它感興趣。』後來我們買下了他那座位於加拿大邊境上卡普萊頓的礦井，並把注意力轉移到開發利用我們的另一種產品——銅渣上面。

「赫爾肖夫博士發明了一種能夠將銅礦熔煉成冰銅的水套爐，整個過程十分成功。於是我們去了英格蘭和威爾士，那裡有許多人已經開始從事銅的精煉，所以我們想知道能否將這種新型熔爐引進斯萬西。結果，我們被他們嘲笑了一番。他們說，我們這些煉銅只煉了一年的人，竟然妄想能夠比他們這些有200年經驗的人做得還好。今天，我們一個月生產的銅，就超過了斯萬西一年的產量。

「那個時候，煉銅行業不懂得如何正確分析銅的成分，許多實驗室都為之殫精竭慮。因為我們當時也對銅業感興趣，所以也投入到這方面。多虧了赫爾肖夫博士，我們才能開發出現在每個人都熟悉的電解過程，它不僅能算出冰銅或其他物質的確切數量，而且還省去了過去需要的大量金和銀，這樣一來，在銅的產量大大提高之後，電業才能向前邁出一大步。」

在尼科爾斯和同事們的共同努力下，銅礦行業和化學行業都產生了巨大的進步。他們那種具有革命性的冶金、精煉、金屬分析流程，讓現有的礦井形成一些習慣做法，因而，他們也成為成品銷售市場上的主導力量。

尼科爾斯集團以一種奇特的方式進入精煉銅領域。先前，他們只是把

銅礦處理成冰銅的形式，並滿足於此，不打算在這裡繼續向前發展，進入熔煉部分。然而令人感到不可思議的是，尼科爾斯職業生涯中這樣意義重大的一步，竟然也是拒絕和不公正、不明智的做法同流合汙的產物。

一天，紐約一位非常有影響力的大人物，把尼科爾斯先生叫到市中心的一個俱樂部，鄭重其事地告訴他：「你的銅價格賣得太低了。」尼科爾斯回答說，這樣的價格令他滿意。「你的售價和別人的售價不一樣。」這位大人物稱。又經過了一番談判後，他下了最後通牒：「看來我得專門告訴你，對於銅的價格，我們有一個統一行情，要麼你就按照規矩來，要麼，就別怪我不客氣，我不會再為你精煉一磅銅。」

這位紳士低估了威廉‧H‧尼科爾斯的能力和性格，他回答道：「你有權告知我，你不再為我精煉冰銅，但你無權告訴我，我的銅應該賣什麼價格。我不會再讓你為我精煉一磅冰銅。」

尼科爾斯朝新安裝的電話走去，打給赫爾肖夫博士，告訴他來辦公室一下，順便在路上考慮一下建一間小型精鍊銅廠的計畫。還沒等天黑，他們就設計出一套精煉銅的方案，這套方案一直沿用至今。

就這樣，這段談話促成了尼科爾斯紫銅精煉公司的誕生，現在，這間公司每年銅的產量為 5 億磅。

我問：「這麼說來，你不贊同那位紳士所說的『固定價格』協定？」

「是的。我剛剛進入這行做生意時，就吃過這種價格協定的虧，即便沒有反對這種做法的法律，也沒人能把我拖入任何形式的價格協定中。我認為這樣的協定一點都不明智，讓人們用自己的頭腦、自己的智慧和判斷力，按照自己的方式做生意，這樣對每個人都有好處，這種做法對公眾也有好處。」

尼科爾斯在煉銅方面發展十分迅速，到最後超越了原來的化學公司，因為他的化學公司在老一套的框架下，已經失去了前進的動力。不過尼科

爾斯先生在內心深處，依舊是個化學家和科學家，所以，他在位於千島的別墅裡休閒度假之時，醞釀了一套計畫，它可以讓尼科爾斯在少年時就選擇好的領域裡盡情施展。

尼科爾斯通用化學公司就是在那個時候構想出來的，同時在計畫中的還有尼科爾斯銅業公司。兩間公司分開以後，各自建立管理機制，這樣兩間公司就都能得到更大的精力，產生更高的效率，生產規模也會更大，計畫最終取得了突出的成效。

通用化學公司是國內外最大的化學公司，它的產品主要包括化工製品、焦硫酸、氯酸、硝酸，還有各種鹼性物質，包括亞硫酸鹽、亞硫酸氫鹽、磷酸鹽和大量的明礬。化學已經滲透到各行各業中，構成了紡織業、絲綢業、造紙業、水過濾以及其他行業中不可或缺的一部分。

尼科爾斯先生是美國第一個從事苯胺油生產的人。在他參觀德國期間，看到那裡的工廠大量生產煤焦油染料，他決定回國後也嘗試一下。但是他的德國朋友卻十分肯定地告訴他，美國焦炭爐裡的副產品根本無法利用，因為美國出產的煤炭和德國的煤炭種類不同。

尼科爾斯先生並沒有因為這番話而放棄，他建起了一間工廠，現在，這間工廠每年生產 1,000 噸優質苯胺油。不過德國人的價格偏低，想和他們競爭根本不可能。那時，美國國會還沒有意識到，德國這一著棋的精明之處和目的所在，德國人則是相當清楚，沒有苯胺油就無法生產出效能穩定的火藥來。現在，各種不足之處均已得到彌補，美國現在生產的苯胺油完全可以自給自足，不但如此，美國還是苯胺油和其他煤炭副產品的出口商。

尼科爾斯先生對合作的力量深信不疑，可他不是和競爭對手合作，而是和工人們合作。他的許多工人都是跟了他一輩子的老工人，有一些工人差不多跟了他 40 年。許多年前，他就是一個和工人共享利潤的先驅者。

僅在西元 1916 年，他就拿出了 150 萬美元，當成工人們和員工們的補助及獎金。尼科爾斯先生對待工人的態度，向來都是出於強烈的道義感和他對人類博愛的信仰，同時也有冷靜而精明地為公司利益考慮的成分。當然，他的直接和間接經驗也表明，慷慨慎重地對待工人是值得的。公司還專門挑選一些人負責工人們的健康護理。

所有提高工人生活狀況的工作，都由工人們自己來處理。他們為自己的協會制定規則和章程；管理自己的俱樂部；安排工人內部的壘球、足球和其他比賽；不同分廠之間的衛冕拳擊賽、摔跤賽，總是能激起人們最大的興趣。為了更大的安全起見，公司不斷發起健康積極的競爭精神宣傳活動。公司每年還拿出一筆可觀的錢當獎勵，頒發給在最短的時間內檢查出安全隱患的工廠。西元 1917 年，這筆獎金由加拿大的一間工廠獲得，工人們把大部分的錢捐給了國家戰爭緩解委員會。工廠還反覆向工人們灌輸愛國主義思想，在通用化學公司的每一間工廠，工人們每天早上都要對著高高飄揚的星條旗敬禮。

他對待工人們的那份善良，有一次竟令他陷入了尷尬的境地，讓他深感羞愧。公司一個大客戶的負責人來向尼科爾斯先生投訴，他說自己一直以來都遭到欺騙，硫酸罐裡的硫酸總是缺斤短兩。尼科爾斯先生無法相信他所說的話，但是去了客戶的工廠之後，50 罐硫酸當場過秤，結果每罐都少了 10 磅。他保證立刻去調查。

工人們告訴尼科爾斯先生，負責監督硫酸裝罐的是一名愛爾蘭人。尼科爾斯十分信任這名雇員。在向他詢問這件事的時候，那名愛爾蘭人紅著臉支支吾吾地說：「尼科爾斯先生，廠裡的工人們都喜歡你，我們只是想幫助你。」

從這件事情上，我們完全能夠看得出來，通用化學公司和尼科爾斯銅業公司到底是怎樣對待工人的。

有許多美國人在國外的知名度，要遠遠大於國內知名度。這些人才是真正有成就的人，是在國際上舉足輕重的人，可他們卻不是沽名釣譽、大肆炫耀的人。尼科爾斯先生就是這樣的一個人。我最近讀到的一份法國報紙稱他為「世界知名的科學家和化學家」。還不止這些，皇室、各大科學和化學機構以及大學，都爭相授予他榮譽稱號。

　　西元 1912 年，他被世界上最大的化學協會──國際應用化學聯合會選為會長，同時大英帝國化學工業協會也授予他類似的榮譽。他還是美國化學協會的創始成員，現在這個協會僅在紐約就有 9,000 名成員。然而成立之時，這個協會只有 50 名成員，這 50 人中現在僅有 2 人在世。伊曼紐爾國王授予他義大利最高級別軍銜，也只有一兩個美國人曾得到過這樣的殊榮。他是拉菲特大學的榮譽法學博士學位，以及哥倫比亞大學的榮譽理科博士。

　　和其他許多企業界領導人不一樣的是，尼科爾斯博士將許多時間用於教堂和學校建設服務上。身為布魯克林柯林頓大道國教教堂理事會會長以及國教附屬協會會長，他對推動宗教和慈善的發展有著無法估量的貢獻。西元 1852 年 1 月 9 日，尼科爾斯出生於紐約布魯克林，西元 1868 年畢業於布魯克林理工專科學院。這所學院今天之所以能夠繁榮發展，他從中發揮了比別人更大的作用。他剛成為這間學校的主席時，它還是個小小的、沒有活力、垂死掙扎的機構，然而，現在它卻成為一間自主經營、擁有 800～900 名學生的學校，而且該校正準備進一步擴大規模。

　　尼科爾斯先生生來就具有健康的體格，這種優點來自於他的血統。他的祖先是日耳曼族，然後移居到英國，最後來到了美國。他的母親是基督教貴格會教徒，父親是一名成功的商人，有很高的社會地位，他良好的家庭環境為他提供了完整的教育機會。

　　離開布魯克林理工專科學院後，他進入了當時還是半軍事基地的康乃

爾大學。年輕的尼科爾斯很快就在學生中占據了領導位置，結果卻由於非法欺侮新生而麻煩纏身。校方願為他提供豁免權，條件是他必須說出其他參與成員的名字。這個建議讓他感到憤慨和不屑。當然最後的結局是以他被學校開除而告終，不過他所乘坐的火車，卻因全校的學生排隊等候和他握手而遲遲無法開動。

西元 1873 年，尼科爾斯博士與漢娜·W·本賽爾小姐結婚，他們有一個女兒，現住在倫敦，身分是 M·O·福斯特太太。他們的兩個兒子在工業界也有所建樹，其中一個叫小威廉·H·尼科爾斯，是通用化學公司的總裁（他的父親是董事長），C·華特·尼科爾斯是尼科爾斯銅業公司的總裁。兩人在管理員工和經營公司方面，都展現出父親遺傳給他們的卓越品質。

約翰·H·帕特森

約翰·H·帕特森（John Henry Patterson），實業家，著名NCR公司的創辦人。收銀機的推廣者，視員工為家人的企業總裁。

JOHN H. PATTERSON

約翰・H・帕特森

約翰・H・帕特森將自己的一生，都奉獻給了收銀機的製造和工人的幸福。

很少有百萬富翁願意像他這樣，將自己大部分的利潤花在雇員身上。許多人用幾百萬為自己建起一座宮殿，沉浸在名畫古玩的包圍中，或揮金如土地將大把鈔票用在休閒娛樂方面，他們除了自己，誰的利益也不管不顧。即使是那些頗為樂善好施的百萬富翁們，也少有人能首先為那些幫自己創造財富的人去著想。

有的富翁熱衷於建會堂，宣布為這個或那個機構捐款餽贈，神氣活現地走在鎂光燈下，或是去精心策劃一些能博得公眾好感的活動，只有極少數的人在自己的工廠裡，做一些值得的事，並日復一日地將自己投入到改善工人、工匠、速記員，以及其他一些平凡工人的生活中，相對而言，前者更引人注目。

約翰・H・帕特森選擇更為平淡的路線。他將自己的工廠和周邊的環境建成一個美麗的地方，他為工作增添了愉悅，讓人們在工作謀生的同時還能謀取到幸福。

位於俄亥俄州代頓的現金收銀機工廠，就像是一座燈火輝煌的宮殿。工人們可以透過幾千扇玻璃窗，在工作之時享受到美妙的景緻。工廠每隔15分鐘就通一次風，並設有幾千個淋浴噴頭，供工人們在工作時間隨時使用。當然，廠裡還有醫生和受過良好訓練的護理人員，隨時準備為工人提供服務。

此外，工廠還設有免費的電子按摩器，以及為女員工準備的多間休息室。為了避免街道上和電梯內上下班高峰時期的擁擠，也為了不讓女工們隨隨便便地就與男工們混雜在一起，女工們可以比男工人推遲半小時上班，也可以提前10分鐘下班。每天上午10點鐘和下午3點鐘，女工們都有一次短暫的休息。寬敞的餐廳裡提供收費午餐，有樂隊為就餐者演奏輕

快的音樂。

每天午休時間，工廠都會在一間配備有1,250個座位的大廳裡播放一部電影，或其他娛樂節目，那些自帶午餐的人們可以坐在那裡邊吃邊看電影、聽音樂，或跟其他人簡短交談。男士有權吸菸。公司還安排那些有前途的年輕人，在假期接受高中和大學教育。

帕特森先生的兩座辦公大樓希爾斯和代爾斯，都不是供他獨自享用的，大樓所有的地方都是對雇員和公眾開放的。整幢大樓既沒有圍牆也沒有鎖，不但如此，大樓附近還遍布著一個個精美古樸的營地，營地裡設有各種設備供前來野餐聚會的人免費使用。這些設備包括烹飪器具、桌椅板凳，甚至還有麵粉、鬆餅機和蒸餾水。

這裡還有高爾夫球場、網球場、壘球場，以及其他運動和休閒設施，還有一間大型的俱樂部大廳，在這裡，每個週末晚上都會舉行一次舞會，平時每天晚上則舉行音樂會、演講，和其他一些娛樂活動。城市裡還有一個工人俱樂部，主要用於為冬季的大規模業餘課程提供授課地點。

帕特森先生是一位崇尚陽光的人。他熱愛大自然，非常之熱愛，所以，他希望周圍的每個人也能享受到大自然的美好。只要有工人提出對工廠或其他地方有好處的建議，並且是可行的建議，該工人就能得到一定的獎勵。多年來，工廠裡皆設有建議箱。

20年前，當他的工廠剛營運之時，他對待工人的態度曾被其他許多雇主看成是傻瓜、瘋子、社會主義者和空想家。他們警告他，對工人太好只會帶給他失望和災難，但他卻反過來認為，除非雇主能夠真正為工人們考慮，否則遲早都會引發嚴重的問題。

他對工人採取了一種合作的態度而不是脅迫的方式，這件事說起來還挺有趣的。

他剛開始採取這種做法時，更多的時候是出於工廠的需求而不是出於

自己的感情。最初他也按照同行的規則，和其他雇主一樣，用最少的薪資換取工人做最多的工作。工人們也相應地付出最少的勞動來換取最多的薪資。

我們首先來大致回顧一下，在這個重要的轉捩點到來之前，約翰・H・帕特森收銀機製造公司的業績情況。

約翰・H・帕特森生於西元1844年12月13日，在他出生前，這個世界上並沒有收銀機。他的祖先是蘇格蘭——愛爾蘭人，第一個來到美洲大陸的是他的曾祖父。他的祖父建立了肯塔基州的萊辛頓，成為最初辛辛那提的三大地主之一，後來，在代頓附近的一座約2,000英畝的農場上定居下來，在美國獨立戰爭期間，他以殖民者的身分參戰。

約翰・亨利就出生於此，他就在自己當年出生的地方，建立現在的國際收銀機公司。那時候，他只是個年僅8歲的孩子，可照樣也得在農場上工作。他接受過良好的教育，先是在代頓學校讀書，後來去了邁阿密大學和達特茅斯學院。西元1867年，他畢業於達特茅斯學院，並獲得文科學士學位。他先前參加過內戰，雖然那個時候只是個年輕人。

農場上的工作對於這位文科學士來說，實在是缺乏吸引力，倒是經商對他誘惑最大，但他卻別無選擇。在邁阿密——伊利運河上收費，是他能找到的最好的工作。在這裡，他日班夜班都得上，沒有週末也沒有假期。可是這種工作與經商無關，他想要做的是買和賣。於是，他自己存了一部分錢，又想辦法借了一些錢，在代頓開了一家零售店，做起煤炭生意。後來，他和住在代頓80英里外傑克森郡的弟弟弗蘭克合夥，將生意重心漸漸從煤炭銷售轉移到煤礦和鐵礦石方面。

為了讓自己的礦工能方便地購買到生活用品，帕特森兄弟和另外幾間礦業公司一起開了一家商店，生意倒是很好，卻沒有利潤。雖然所有的商品都有一定的利潤空間，可到了第二年年終，帳面上的收益仍然為零，一

定有什麼地方存在很大的漏洞。

帕特森先生的祖父曾是一位軍人，也是一位民用工程師。他從祖父那裡繼承了一種價值觀，就是做事情一定要嚴格認真、一絲不苟，容不得半點拖拉、錯誤和粗心。他一向也是這樣要求自己的，所以，商店裡不明原因的管理失誤令他焦慮不安。他一定要扭轉這個局面，杜絕這種現象。

帕特森先生聽說代頓有一位商人發明了一種裝置，能保存每次的銷售紀錄，他立刻打電話過去，要求訂購兩臺。西元1879年，代頓一位名叫雅各布‧里提（James Jacob Ritty）的商人想出了現金收銀機這種設備，然而，由於長時間的超負荷工作，以及擔心別人刺探業務的詳細內容，所以這名商人精神出了點問題，便前去歐洲療養。有一天，在一艘船的發動機房裡，雅各布‧里提看到一種用來記錄驅動桿旋轉次數的裝置。他立刻就想，為什麼不能生產一種裝置，好讓它將放入收銀櫃的硬幣統計出來呢？他匆匆回到家裡，和他技術高超的機械師弟弟一起生產出了第一臺收銀機。

帕特森先生成為他的第一個客戶。儘管這臺機器看起來做工粗糙而笨重，但它卻立刻讓商店扭虧為盈了。帕特森先生的商業本能告訴他，這項新發明將會帶來無限的商機。他告訴自己：「能為我們商店帶來好處的東西，也一定能為全世界的商店帶來好處。」於是，他在第一時間內前去代頓，做了詳細透澈的市場調查，那個時候全鎮雖然只有幾臺收銀機，可他十分看好收銀機的前景。西元1884年，他買下了里提的國際生產公司，將其更名為國際收銀機公司。

然而，從種子發芽再到長成參天大樹，必定要經歷一個漫長的過程。每到一個關頭，總會碰到無數麻煩和障礙。組裝新款收銀機的工人需具備嫻熟的技術和細緻的工藝。所以，他一開始面臨的是如何培訓工人，緊接著就是如何留住工人的問題，那些專業性強的工人們很容易被別的公司挖

走。工廠建在一個被代頓人叫做史萊德鎮的地方，這是一個聲譽不太好的地方，在代頓，凡是有點地位的人都會對這個區域退避三舍。所以在收銀機公司工作，不會給人們帶來太高的社會地位，說白了，社會地位稍高一點的年輕人，尤其是年輕女孩子，都寧願在環境更好一點的地方賺錢謀生。

約翰·H·帕特森要對這種令人不滿的情況負一部分責任。那個時候，他只是個普通的業主，既不比別人強，也不比別人差。他只關心工人們能為他帶來什麼，反之，工人們也用同樣的方式對待他。糟糕的工作環境必然會產生差勁的產品。實際上，情形一度糟糕透頂，一年就有價值5萬美元的產品，因品質不合格而被退回工廠裡。

後來，約翰·H·帕特森覺醒了。

他改變的不僅是自己的觀點，還有自己的理念。逆境教會了他用人道的態度對待工人，如果你不為工人著想，工人們憑什麼為你著想？如果你不關心工人們的福利和利益，工人們為什麼要關心你的利益呢？他應該採取新的策略，於是他將自己的辦公地點設在工廠的中心部位。

他心裡打定這些新主意後，來到工廠裡親自視察情況。他看到一名女工在用一種不科學的方法在攪拌著什麼，他誤認為那是膠水，可那位女工卻告訴他，這不是膠水，是咖啡，是她前幾天剩下的咖啡，她想重新調和一下再喝。

帕特森先生立刻找來經理，讓他從明天起為全廠的女工每天提供上好的咖啡。接著，他又巡查了周圍一切有待改正的地方。幾天後，他仍然沒有看到工廠裡為工人提供咖啡，他找來了經理，結果經理說出一大堆工廠不可以變成咖啡廳的理由。他命令經理在馬路對面租一間房子專門為工人提供咖啡，但這件事仍然被一拖再拖。這一次，他向經理和他的助手下了最後通牒，如果不按照他說的執行改革，那麼，他和助手將會被解僱。

咖啡服務對女工的產量有著立竿見影的效果。帕特森先生明白了一個道理，善待工人所花費的投資，就好比是一筆存在銀行裡的現金。從那天起，帕特森在提高工人應有的待遇決策方面再沒有猶豫過。一個又一個精心策劃的革新被引進工廠裡，一套系統的、旨在提高工人素養和風氣的方案被啟用。

　　更精良的工藝和更好的產品品質，帶來的是更多的業務，年銷售量從幾千臺提高到幾萬臺，工廠需要擴建。史萊德鎮在帕特森先生的影響下，已經在一定程度上提高了聲望，不過仍然無法和紐波特和塔克西多相比。帕特森先生接下來買下工廠周圍的大量地產，決定投入時間和資金改變整個環境。

　　最重要的是，在設計工廠建築的時候，他採用了當時美國最先進的方案，他的工廠與其他普通工廠在建築形式上形成了鮮明的對比。他希望這座建築包含一切能夠想到的、有助於工人舒適度和安全性的設備。此外，他還想要建造幾個大廳，作為工人們午休時的娛樂場所，也可以當成課堂教室，或講解收銀機每個生產階段和銷售技巧的授課地點。

　　當他打算建立一座玻璃和鋼的結構宮殿時，整個代頓都是一片反對之聲。他們提醒帕特森，史萊德鎮的男孩們是不會讓一整塊玻璃完整過夜的，新玻璃的花費將會超出他的利潤。帕特森認真對待這些男孩們，將他們從潛在的暴徒轉變為一個個年輕的園丁和紳士。這些年輕人每人都分得一塊園地，由領班的園丁來指導他們，他們學會了如何使自己成為公司裡的一員，並在公司的激勵下，對工作充滿興趣。

　　他們的優秀表現會得到獎勵，年終還會從銷售額中獲得分紅。這樣一來，整間公司完全是在年輕人們自己的經營下在運作，此外，他們還形成一個俱樂部，讓城裡的孩子們在暑假期間來農場工作。這不僅解決了玻璃被打破的問題，還為社會和年輕人解決了許多更為重要的問題。

帕特森「溺愛」自己員工的行為，引來其他雇主的強烈憎恨。他們都知道，最好的雇員會奔向收銀機公司，他們也擔心，自己的工人們會感到不滿，更別說會引起騷動。但帕特森依舊按著自己的思路向前走，他相信總有一天人們都會仿效他。他為周圍的人謀越多的福利，能從中得到的樂趣也越大。

然而，他的新工廠的卻耗資巨大，他買下來供工人們和其他人使用的場地費用，也是一筆不容小覷的支出。業務的迅速擴張更占用了他不少資金——他在近兩年裡收銀機的銷售量，是過去22年銷量的總和。

這時，銀行卻突然要求他歸還全部貸款，銀行這一決定無異於是晴天霹靂。代頓沒有一家銀行肯借給他一分錢。那些批評帕特森的人和他的敵人都不禁竊喜，這下子看他還怎麼去搞那些見鬼的福利！

他們差一點就得逞了。然而，帕特森生來就是個搏擊者。不僅如此，他還是個哲學家。他對自己說：「為正義而戰的人，將得到更多支持。」由於當時正處於銀根緊缺時期，代頓以外的銀行要麼不感興趣，要麼拒絕他。然而，最後還是有一名新英格蘭金融家派了一位代表前來分析情況。

在了解資金短缺的原因時，那名代表還了解到，帕特森兄弟具有無可挑剔的人品、不屈不撓的奮鬥精神、堅強的意志，而且他們所經營的是一個成長性強、利潤豐厚的企業。所有這一切都吸引著他，最後，他貸給帕特森兄弟的數額，是他們要求的好幾倍。如果帕特森兄弟的人品沒能過得去調查這一關，那麼，國際收銀機公司的歷史最後可能就會以破產而告終。

帕特森先生為工人們著想的做法，終於迎來全面的成功，史萊頓漸漸繁榮起來了。除了原來年輕的俱樂部園丁外，周圍的許多成人們也深深被這裡的美麗吸引，開始在自己家的房前屋後種花種草，美化環境。

帕特森先生號召每個市民為實現「美麗的城市」而努力，他本人在這

方面不斷付出的同時，也在和那些反對這一理念的人們不懈地奮鬥著。他帶著全部的熱情投入城市管理的改革中，接著又是改革政治家的控制，當然，改革腐敗就更不用說了。就像大多數革新者一樣，他難免四處樹敵。

儘管如此，他也無法完全逃脫和其他一些雇主同樣的勞資矛盾。在整個美國的勞動工人處於極度不安分的那段時期，人們私下傳言，收銀機公司的一部分工人正打算罷工。帕特森先生的善良被他們誤認為是軟弱的表現，一些人甚至還想成為公司的主人。在他們看來，他們想怎麼樣就能怎麼樣，帕特森先生一定會屈從於任何事情。在對待工人的問題上，他已經有過一次錯誤，他提供給工人們的一些優待，比如說淋浴設備和午間娛樂是一種被逼無奈的結果，這樣的形式主義當然會招致人們的不滿。然而，帕特森看到了自己的錯誤，並很快改正過來。

當他聽說有一部分工人要發起罷工，他將全部的工人都召集起來，向他們解釋到，對於一些工人的不滿，他表示理解，並告訴大家他本人對一些事情也不是很滿意，所以，他宣布，休息一陣子可能會對大家和他都有好處。他關閉了整間工廠，並沒有宣布何時再度開工，然後就去旅行了。

剛開始，那些罷工策劃者為他們的「勝利」歡呼雀躍，但是兩週後，一部分工人開始對那些惡意抱怨的人提出批評。又過了一週，仍然沒有開工的指示，有人開始詢問到底何時才能重新開工，可是並沒有任何明確的答覆傳來。等到月底的時候，導致此次停工的主要負責人，他們的日子就變得不好過了。有人開始求帕特森先生趕快回來，重新讓工廠開門。不過直到兩個月後，帕特森先生才宣布他將返回代頓，他還透露消息給工人們，有人邀請他將自己的工廠設在更為方便的地方。

為了迎接帕特森先生的回歸，整座城市都做好了準備，人們請來管樂隊，夾道歡迎，為他接風洗塵，對他稱讚不已。他鎮靜的反應更加讓市民感覺到，代頓不能沒有帕特森。他沒有參加任何一個歡迎儀式，相反，他

向代頓市民提出了一系列建議，這些建議會讓代頓變得更加美好、更有效率、更健康。

他的工廠又重新開工了，再沒有人吵著要罷工，此後他再也沒碰到勞資問題。也只有在開始擔心會失去帕特森先生以及他的工廠時，人們才明白他的價值所在，失去他就意味著每週會失去幾千個裝有薪資的信封。

工廠重新開工後，國際收銀機公司的訂單大幅度增加。與此同時，帕特森先生系統性的銷售人員訓練，也有了可喜的成果。國際收銀機公司的每個雇員都信心百倍地努力工作，用雙倍的力量將其他競爭者排擠出去。

當年風行一時的國家信託調查在美國迅速蔓延時，他們同樣沒有放過國際收銀機公司，因為它也是一個快速發展起來的、近乎壟斷的機構。帕特森先生的回答是，他是收銀機的專利持有人，所以有權透過各種法律手段和金融手段，來捍衛自己的專利權。

這場鬥爭是無情的。至於美國政府的對與錯，我在這裡不願多做評論，當地的地方法院宣判公司的幾個主管和工人的負責人監禁一年，但是，高級法院宣布該判決無效。政府並沒有就此罷休，而是打著《舍曼法》的旗號，從民權的角度入手，開始了新一輪訴訟。這一次，他們並沒有和公司的管理人員持續鬥爭一兩年，打擊整間公司的信心，而是想要誘使帕特森先生主動承認，自己多年來想要建立一個壟斷組織的陰謀，然而帕特森先生卻一貫認為，自己有理由維護專利權的排他性。

帕特森先生告訴我說，在他為自己的生活和家庭賺取了足夠的金錢之後，唯一支持他不斷跟來自政府和工人的障礙鬥爭的信念就是，他覺得自己是在做一件有建設意義的事情，他在為無數個雇主在對待員工方面樹立典範。

對於美國公眾來說，帕特森先生取得的至高無上的成就，在於他獲得了「代頓拯救者」的光榮稱號。西元 1913 年 3 月 25 日，這是一個令人難

忘的日子，在那一天，整個代頓市遭到了洪水的襲擊，被淹沒在 17 英尺高的水面下。

在洪水到來的前幾個小時裡，是帕特森透過電報、電話，透過馬匹、騎車，透過奔忙的信使和各種可能的通訊手段，向全市人民通告這場迫在眉睫的危險，並沉著地指導大家如何應付這突如其來的洪水。同樣還是帕特森，將他的全體行政人員和工人幹部召集到工業大廳裡。他登上主席臺，向現場所有的人展示國際收銀機公司的組織結構金字塔圖，然後宣布：「國際收銀機公司從現在起解散，並改為成立市民救災協會。」

接著，他勾勒出救災委員會的組織圖，任命各個分隊的負責人，並安排他們的工作內容。從帕特森的工廠裡源源不斷地送出了木筏和船隻，平均 7 分鐘就出來一艘，這些木筏和船隻的材料均取自於他的木材廠。

帕特森成為人們一致公認的援救工作總指揮，儼然像是一位大將軍，用一流的技巧、速度和效率，指揮千軍萬馬在作戰。當美國軍隊指揮官伍德將軍和駐地部隊祕書匆匆趕到救災現場時，他們看到帕特森的臨時救援隊竟然發揮了這麼大的作用，不由得感慨道：「我們能做到的，也無非就是這些工作。」

即使是在那樣可怕的夜晚，代頓依然有希望之光在微微閃爍，就在那天夜裡，就在一所臨時搭建的產科醫院裡，有 29 名嬰兒誕生了。

要想描述帕特森先生的個性，恐怕還要費點筆墨。他的經商方式和生活方式都是新奇的。他的大腦日日夜夜在工作，手邊時常備有紙和筆，隨時把自己突然想到的東西記錄下來。每天早上，他都會向祕書交代十幾個命令，這些命令要傳達給不同部門的主管。

他將這些命令寫在一張大圖表上，當命令被完全執行後，他就會用一條紅色的粗線段將其勾去。這些圖表的設計就像是雙開式旋轉門，只要轉動一下，帕特森先生就能一眼看到計畫執行的全部情況。我注意到了一個

尚未被勾去的計畫名稱，上面註明的日期是幾個月前，其名稱是「將九洞高爾夫球場改建為十八洞高爾夫球場」。我就此詢問了一下。

「這項計畫正在執行中。」後來我得知，這個十八洞高爾夫球場主要供工人們使用。

他很喜歡座右銘，自己也常常想一些出來，然後將它們掛在工廠裡，這些座右銘給工人們智慧和鼓勵，座右銘的內容也會不斷更換。

帕特森先生一般是在早晨6點半起床，喝上一杯熱水後就開始吃早餐。之後的一整個上午都像攻城槌一樣連續工作。午餐他通常會吃一些水果和蔬菜，然後午休兩個小時，下午繼續工作。晚餐他會吃一些堅果、水果和蔬菜，他已經連續好多年不吃肉、魚、禽一類的食物了。

他的家布置得典雅古樸，採用毫不彰顯的舊款裝飾。這幢房子就位於工廠旁的一座小山丘之上，俯瞰著整個廠區。這處令人心曠神怡的宅子，是他的祖輩留下來的。他有一兒一女，都已長大成人，並且對這個家族企業也非常感興趣。他的女兒最近結婚了，她婚前一直都負責廠裡面女工的福利工作。

洪水過後，約翰·H·帕特森幾乎是獨自在重新組織代頓市的民政管理工作，他所啟用的城市管理計畫取得了顯著的成果，可是，誰也無法肯定再過多久，政治家們就會重新管理這裡。但有一個事實是不容置疑的，代頓的管理已大大強於過去，而且納稅人的錢也用得更有價值。

然而，帕特森先生的經驗告訴他，就算是出於好意，那些體格健壯的自由共和派市民們也會厭惡這種做法，所以，從策略上來講，他並不願意對市政管理方面的事情做出任何決策。只不過，他的影響力、典範作用以及理念，已經對優化城市事務的管理產生了深遠的影響。事實上，他一直在思考工業福利、大眾娛樂、合作醫療方面的問題，並產生了促進效果。他不僅善於觀察思考，而且還是個實幹家；他想像力豐富，精力旺盛；做

事情總是落到實處。他那種與生俱來的、早年間曾惹來許多怨恨的主人派頭，早已隨著經驗的增加而轉變為成熟老道了。

他告訴我：「我覺得自己的生命只剩下幾年的時間了，我現在生活中主要的目標，就是去影響其他人，特別是那些雇主，希望他們能為工人們考慮更多，因為金錢買不來一個人的思想，金錢最多只能促使人將事情做好，這是我的經驗之談。我寧願用錢來替後人留下一個陽光充足的露天場地，讓他們享受到大自然的美好，也不願將錢囤積起來留給兒孫們。」

對於國際收銀機公司的業務範圍大到了什麼程度，在這裡已無需多說，我只想說出一個事實，他在世界許多國家設有分廠和代理商，全世界加起來總共有1萬多名員工，每年生產6萬多臺機器，並向全世界先進國家售出了180萬臺收銀機。

關於如何獲得成功，我向帕特森先生詢問了幾條建議，以下是他列出的幾條：

「年輕時就應該學會戰勝困難。農場其實是一所最好的學校，因為它教會你成功的根本所在。也就是說，它會培養你的：1. 艱苦工作能力；2. 判斷能力；3. 良好的習慣；4. 實踐經驗；5. 金錢的價值觀。」

約翰・H・帕特森

喬治・W・珀金斯

喬治・W・珀金斯（George Walbridge Perkins I），從小職員一直做到紐約人壽保險公司總裁，是銀行家、金融家，同時也是美國進步主義運動的領袖之一，主張福利國家建設和反托拉斯。

GEORGE W. PERKINS

只有一個人曾拒絕過 J・P・摩根公司所提出的合作要求。

摩根在晚年時期第一次看到這個人時，就向他提出了合作意向。在此之前，他們之間只有過一段為時不長的非業務性談話。

更讓人覺得離譜的是，這個人從未有過銀行方面的經驗。

摩根先生僱用銀行家 H・P・戴維森這件事的過程，就他個人而言，已經是浪漫味十足了，但是，他第一次見面就提出來要和喬治・W・珀金斯建立合作關係，恐怕要算得上高級金融史上最富戲劇性的一幕了。

當時，珀金斯先生是紐約人壽保險公司的副總裁，並且被任命為帕利賽茲公園籌建委員會的成員，正在想辦法籌集資金。摩根的一名合作人曾幾次要求珀金斯先生，去一趟摩根的辦公室和他見個面，這次，他又提起了這件事。珀金斯先生此時也打算接觸一下銀行家，讓他們籌集一部分資金，此番提議正中下懷，他答應了。摩根先生在他的私人辦公室裡接待珀金斯先生，這是一間只用玻璃隔板和其他合夥人辦公室隔開的辦公室。

珀金斯先生開門見山地講了自己的計畫，並告訴這位銀行家，他們需要籌集 12.5 萬美元，並且摩根先生的名字若在捐助者名單中，將有助於他們籌集資金。

「我會給你 2.5 萬美元。」摩根先生痛快地回答。

珀金斯先生對他表示了衷心的感謝。然後又問他能否指點一下，誰還可能會提供資助。

摩根先生立刻回應：「嘿，如果你能為我做一點事，我會給你剩下的 10 萬美元。」

珀金斯先生有點吃驚，結結巴巴地回答：「摩、摩根先生，我恐怕無法為你做什麼。」

「有，當然有。你可以來這裡，坐在那張桌前開始工作。」摩根先生一

邊認真地說著，一邊指了指玻璃隔牆另一面的那張大辦公桌。

珀金斯先生不甚理解，迷惑地望著摩根先生。

摩根解釋道：「我的意思是，你來這裡，當我的合夥人。」

然而，最令摩根感到震驚的是，珀金斯竟然對他說：「不，我辦不到，我現在是紐約人壽保險的人，我必須在那裡工作。」摩根先生之所以震驚，是因為還沒有哪個年輕金融家能夠拒絕他的邀請。

在那之後又過了一年，摩根先生才總算是說服珀金斯先生加入自己的公司，但珀金斯的條件是，必須保留他在紐約壽險的職位。

聽了這個故事後，我問珀金斯先生，他為什麼沒有立刻抓住這個機會，成為美國最大的國際銀行的成員？這個職位可以算得上是美國銀行業公認的最高目標。

「因為我來到這個世界上，不只是為了賺錢。」珀金斯先生回答道。聽他的口氣，他這樣做並沒有什麼值得大驚小怪的。「我在很早以前就明白，一個人的出發點若只是為了賺錢，那他永遠也走不遠。因為他這樣做要麼就是毀了自己的健康，要麼就是犧牲了自己的朋友，到頭來什麼也得不到。我從一開始就在保險行業裡打拚，保險不是慈善機構，而是一個需要與全人類打交道的行業，透過它你可以為人們做些什麼？這會讓你覺得自己是在致力於一件有助於其他人的事業。

「在保險行業，我從一個辦公室打雜人員做起，一直做到全世界保險業中最高位置──年薪7.5萬美元。我的心還在保險事業上，我盡全力推動紐約人壽保險公司，讓它進入全世界保險業裡最傑出的公司行列。我在歐洲投入了大量的時間和精力，說服不少國家發給我們營業許可證，我們已經成功得到了地球上每一個文明國家的經營許可。這是一項巨大的、困難的，卻極富誘惑力的任務。所以，即便J·P·摩根公司合夥人的職位

和薪水令人豔羨，我也不想放棄它。」

當摩根先生去找珀金斯先生時，摩根先生知道自己在做什麼，雖然他們以前從未見過面，但是這位紐約最大的銀行家十分清楚，一個新人、天才已經在不知不覺中闖入了金融世界。珀金斯先生除了對人壽保險行業的運作方式採取根本上的革新外，身為一位金融家，他還充分證明了自己首屈一指的能力。

在俄國時，珀金斯先生遭遇到顯然無法踰越的障礙，然而他卻靈活變通地與俄國政府做了一筆交易，倘若俄國政府允許他們的業務進入這個巨大的國家，那麼他的公司將負責為俄國政府發行大量的債券。珀金斯先生帶著這些債券返回美國，用高超的技巧完成了債券的發行工作，為自己在紐約壽險財務委員會贏得一席之地，這可是當時紐約許多大集團盤算已久的位置。

珀金斯先生很早就顯露出自己在金融方面的精明與獨到之處。

在一個風雪交加的夜晚，當時剛成為保險業務員的珀金斯，踏著厚厚的積雪一步一步艱難前進，他要去鄉下的一間麵粉磨坊，去那裡向磨坊主以及他的哥哥和兒子推銷保險。

剛開始他們不感興趣，也沒有完全排斥。最後，珀金斯發現，他們只是不願以現金的形式參與，於是就主動提出以票據來支付他們的第一筆保險費。這個誘餌讓他們上鉤了。當這一天的工作結束時間到來時，珀金斯注意到，他們正往保險櫃裡存放足夠數量的現金。

「我想你們有時候也會買打折產品吧！」珀金斯說道。

那是肯定的，他們買過。

「那麼現在，我要打折賣給你們一些好東西。我要將你們的票據打折賣給你們。」

5 分鐘後，珀金斯的口袋就變得鼓鼓的了，他揣著大把現金走出了大門。

「我說，年輕人，」這位年長的德國磨坊主在後面叫住他，「我希望我能知道你到了 40 歲時在幹什麼，到那時你能寄給我一張照片嗎？」

39 歲時，當年那位初出茅廬的保險業務員所賺的薪水，超過了美國總統，40 歲時，他已經是摩根公司的成員了。

他是怎樣做到的呢？還有多少人能取得像他這樣的成功呢？

珀金斯先生強調說：「最重要的是，你要把工作視為一種趣味活動，就像籃球、足球運動員比賽時那樣，就像下棋一樣，帶著極大的熱情和興趣，帶著讓比分超出的決心全心投入。如果你能在思想上抱有這種態度來看待工作，那麼你就會獲得更多，在工作過程中就會感受到更大的樂趣和滿足感。任何一個人，不管老少，只要能用這種理念對待自己的工作職責，就不會再為 5 點後的加班感到擔憂，他會樂意將手頭的工作做完，達到這樣的目的後，他會感到一種真正的快樂。

「我從自己的父親那裡還學會了另外一件事，那就是換一件事情做，差不多能產生一個假期的作用。那種人必須有一定的休息，什麼事情都去不做的想法是錯誤的。要想保持活力，健康的工作方式才能發揮最好的功效。

「我自己的方式就是，把每一天都看成是生命中唯一的一天，盡可能地在那一天多做些事情。不要關心時間或酬勞，要為工作自身的價值而工作。就像踢球那樣，其他的一切事情都不要去管。

「一張桌子的前端往往空間最大，同樣，一棵樹只有長得高過林子裡的其他樹，才能汲取到最充足的空氣和陽光。年輕人要做的事情，就是要利用自己全部的精力，努力在實際能力上不斷超越。當然也沒有必要操之

過急，揠苗助長。年輕人也不應該太過在意自己的薪資，我就從來沒有要求過加薪。假使你真的是一塊材料，你早晚都會得到應得的一切。

「可是你必須極為精通某些事情。不管你是辦公室打雜的也好，速記員也好，或者是行政人員也罷，你必須比周圍的人出色，比他們做得更好。你不光要勤動腦，還要勤動手。不要害怕去做一些額外的工作，除非你是要去劇院看戲。冬天，我一般看不了幾次戲，並不是因為不喜歡，而是因為還有更值得的事情等著我去做。」

一直以來，我都認為珀金斯先生對促進現代經濟系統做出的主要貢獻在於，他發明和引進了雇員利潤共享計畫。於是我就問他是如何想到並執行這個理念的。

「需求是發明之母。」他回答道，「同時我還注意到，雇員利潤共享可以為工作助興，這無疑是解決勞資矛盾的最好辦法。所以我在進入摩根集團之前，就採納了這項計畫。

「這項計畫是這樣來的，當我接管紐約壽險的代理機構工作時，發現情況簡直糟糕透頂。當時每個州有一名保險總代理，整個州所有的保險業務員都由他來委任，而且都歸他來管理。如果哪個總代理辭職的話，他就有可能帶走大部分的業務員。而且，當時還存在一個普遍的現象，有些業務員為了得到第一筆保險金，會想辦法編造各種謊言，他們在某個地區得逞後，就會捲鋪蓋走人，然後再去捉弄另一群人。

「這個時候，我覺得有必要採取一些措施，將總代理和業務員的利益，跟公司的利益綁在一起，有必要給他們一些強烈的誘惑，把他們留在公司，並且讓他們正確對待自己的工作，絕不能讓人們對保險產生誤解。人們一旦對保險形成一種錯誤概念，這些漸漸累積起來的麻煩和糾結，就需要很多職員去糾正和解決。

「大部分業務員也是一樣，不知道節儉，花光賺到的每一分錢。我訂

定了經過反覆討論的『紐約壽險原則』來更正這些頑疾。我對每一位業務員解釋，如果他們每年都能夠結餘一部分錢，把這些錢投入共同基金內，這些錢就會占到共同基金一定的比例。然後，公司再拿這筆錢去投資，盡可能去賺錢，將回報分給那些上繳的人。

「這一計畫獲得了以下有價值的結果：它教會了保險業務員節約；自然而然地把業務員留在紐約壽險公司；接著，當他們知道自己會繼續留在這間公司後，就會講真話，當他們不再愚弄投保人時，這些保險業務員也就沒有理由離開那裡了。也有那麼幾個保險業務員有節約的習慣，但是他們的投資總是不那麼得當，隨之而產生的擔憂，反過來就會影響到他們的工作效率。這筆『紐約壽險原則』資金得到合理的投資後，收益十分明顯。

「在隨後而來的保險業大調查中，其他公司都陷入一片混亂，只有我們公司穩若泰山。

「我們取消了全國每個州的總代理，他們也只不過就是些掮客而已。公司在全國各地都設有自己的辦公點，以底薪為基礎，僱用一名有責任心的人來負責各地的業務，直接管理業務員。公司知道每個業務員的名字，並且掌握著他的業績紀錄。在這種系統之下，就算哪個負責人辭職也不可能帶走一大批人。由於這種安排提高了效率，必然會為公司，同時也為投保人節省一大筆開支。」

後來，珀金斯先生所發明的這一套雇員利潤共享計畫，被他引進美國鋼鐵公司和國際收割機公司。從此，其他一些公司也紛紛仿效，有的是全盤照搬，有的是稍作調整。因此，在我看來，這正是珀金斯先生樹立起來的一塊豐碑。

對於大多數金融集團和公眾來講，珀金斯先生簡直就是謎一般的人物。他在摩根公司工作10年就退休了，然後宣布自己要在餘生致力於幫

助改善社會狀況、解決經濟和公眾方面的一些問題。在羅斯福主張進步的標語下，他還進行了一些不落俗套的政治活動。所有這一切事情不管是真實的也好，是人們的傳言也罷，都招致了一些激烈的評論、批評甚至是質疑。畢竟一名華爾街的百萬富翁，放棄賺錢的時機，拋開已經建立起來的政治關係，竟然宣布要成為一名積極的、實踐的人道主義者，這樣的做法實在是令人們感到費解。他一定是有什麼難言之隱，否則這個世上哪會有這麼好的事情？

我向珀金斯先生提起這件事，然後問他：「這到底是怎麼回事？」

他點點頭回答道：「我知道，我的行為對於那些不了解事實真相的人來說，的確難以理解，可是他們一旦了解我的出身，了解我對生活和賺錢的態度，也知道我在剛開始時曾拒絕過摩根的邀請，那麼我的行為就不再那麼不合邏輯了。

「在我的父輩中，有兩個人是密西根州最傑出的人，一個是戴維‧沃爾布里奇，另一個是喬治‧沃爾布里奇。前者是密西根的老牌州議員，也正是這位戴維‧沃爾布里奇在卡拉馬祖舉行的第一屆共和黨會議上，被推選為共和黨主席。最近，休斯先生去過一次卡拉馬祖，那裡的人們向他展示了一根手杖，亞伯拉罕‧林肯（Abraham Lincoln）親手將這手杖送給我的祖叔父戴維‧沃爾布里奇。我和我父親中間的名字都叫沃爾布里奇，因此，我的性格中生來就有一種共和的，或許還有很大一部分獨立的成分在裡面吧！

「我父親雖然不是一位十分富有的人，卻對慈善及類似的工作深感興趣。他是伊利諾改革委員會的主席，在西元 1860 年舉辦金沙傳教主日學校（Sands Missionary Sunday School）期間，與德懷特‧萊曼‧穆迪（Dwight Lyman Moody）交往密切。之所以稱為『沙』，是因為他們沒有建築物，而是在沙灘上聚會，後來它成為芝加哥規模最大的聚會，前來進

修的學員多達 1,200 人,只有費城的約翰・沃納梅克學校和它有相同的規模。

「他還舉辦一些教會週末學校,還有在貨車車廂裡進行的鐵路週末學校。我最近戴著的一塊手錶,是鐵路週末學校的全體教師送給我父親的,這是一塊轉柄上發條的手錶,這種錶在全美國也沒幾塊。

「那麼,現在當你聽到我竟然是監獄委員會的成員,我竟然會對湯瑪斯・莫特・奧斯本的工作感興趣時,是不是就覺得很自然了呢?我父親早在 50 年前就相信榮譽有著鼓勵作用,他也相信,對於那些曾有過過失的人,只要表現好就應給予獎勵。

「我記得我 6 歲時,喬治・佩森・韋斯頓的第一次新英格蘭──芝加哥徒步旅行,要從我們居住的芝加哥南邊經過。我父親就提供樂器給附近少年感化院的男生們,讓他們組成一支管樂隊。經機關主管同意後,從感化院裡抽出一半男生陪著韋斯頓進入芝加哥市,隊伍最前面的就是感化院的管樂隊。當時很多孩子看到他們後,都感到害怕,想要逃開。最後,報紙媒體毫不客氣地將父親批評了一頓,說他給城市帶來危險。你看,他就是這麼個勇於革新的人!」

喬治・沃爾布里奇・珀金斯出生於西元 1862 年 1 月 31 日。一直等到 10 歲他才被送去上學,父親這樣做的理由是,他不會讓孩子揹著一桶煤上樓,怕萬一傷著孩子的脊柱。更重要的是,他怕過多的壓力會對孩子的大腦造成傷害。在學校裡,喬治總是因為無法按照規則做事而惹來麻煩。他能夠快速而準確地按照自己的方式回答問題,而當時這種創新卻得不到鼓勵。15 歲從公立學校畢業後,他堅持一定要去工作,而不是去讀中學。

他的第一份工作是在水街的一間水果店裡,把檸檬和桔子分開來。每當回憶起那段日子,他總會幽默地評價道:「從此我做的事情,多多少少有點像從桔子中挑出檸檬來。」這種工作又髒又沒前途,才智和創意在這

裡毫無用武之地。幾個月後,他在紐約人壽保險公司找到一份辦公室打雜的工作。忙完自己白天的工作後,幾乎每個晚上,他都會出去尋找「機會」。沒過多久,他就拿到了不少保單。

接下來,他發明一種全新的分類帳目,這種「珀金斯記錄法」還頗有名氣。他取消了其他帳簿上許多不必要的條目,採用完整、方便的方式來記錄每一筆保單。此外,他還在其他方面做了許多徹底的革新。他第一次去紐約時,是和其他分公司的會計一樣,要向主管會計做工作報告。主管會計是一位上了年紀的德國人,由於珀金斯的革新實在是太多了,所以,當他介紹自己時,主管竟然厲聲說道:「原來你就是那個打破公司規則最多的出納員?」

珀金斯先生事後說,這位前輩的訓斥嚇得我「好幾年連大氣都不敢出」。

17歲時,這位在芝加哥辦公室打雜的小珀金斯,成為克里夫蘭辦事處的記帳員助理,21歲時,就被任命為出納員。在這樣一個職位上,既沒有多少發揮想像力的空間,也沒什麼和人接觸、做生意的機會。所以24歲時,他辭掉了這份工作,成為丹佛地區的一名推銷保險的業務員,這是一份靈活機動的工作。兩年內,他就成為丹佛地區保險銷售總代理,每年賺取的佣金很快就到達了1.5萬美元。緊接著,他又被提升為整個西部地區保險業務的總監察,年薪為1.5萬美元。

這是一場大刀闊斧的戰鬥。正如前面提到過的,當時的保險代理系統簡直一塌糊塗,情況更為嚴重的是,紐約各大報紙開始對幾家主要的壽險公司展開惡意攻擊,在這種情況下,必須要採取強而有力的、主動出擊的行動。珀金斯順勢而動。

足智多謀的珀金斯正醞釀著新的辦法,鼓勵和刺激那些灰心喪氣的業務員重拾信心。他靈機一動,馬上實行了「簡報」方案,這種方式注定會在整個保險界中普及,同時也注定會產生許多仿效者。剛開始時,它是一

份四張的通函，其中後三頁包括了每週的各種綜合消息，第一頁則是來自這位年輕的、了不起的保險代理總監察本週的消息。如今那些早報晚報編輯們，也要感謝珀金斯先生當年的這個創意。每個星期一早晨，這份簡報都要被寄到每個保險業務員的家中。

在珀金斯先生的想像中，此時那些業務員一定正坐在椅子上，閱讀著當地的報紙，嘴裡叼著菸捲，過得悠然自得。而珀金斯的這些消息則直指著那個看到它的人，它構思精妙，足以喚醒你的鬥志，讓你扔掉菸捲，披上外套，去尋找那些潛在的投保客戶。它是督促你擔負起職責的號角聲，它是激起你鬥志的鈴聲，它能勾起人類的男子氣概，它視懶惰為恥辱。它喚醒人們的雄心壯志，還有最重要的一點，它其實只是個小把戲。

紐約壽險公司的業務員，或者說大部分的業務員，立刻就充滿了活力，他們變得比以前任何時候都忙碌。一些愛發牢騷的人紛紛寫文章抱怨，說報紙上的攻擊正在毀掉整個保險業，然而這些人卻得到了令他們啞口無言的回答。芝加哥西部究竟有幾份報紙上登有這樣的文章？答覆中給出了確切的數據，此外，答覆中還指出，和將要投保的人數比起來，報紙的數量簡直是微乎其微。其實這個小小的調查，也是珀金斯先生想出來的妙招。

於是，必然的結果就產生了。珀金斯先生所創造的價值、無可估量的業績，很快就被傳為整個保險行業的佳話，3年後，也就是他30歲那年，他被提升為紐約人壽保險公司的第三副總裁，年薪為2.5萬美元。不到一年的時間，他就榮幸地被選入信託委員會。西元1898年又被升為第二副總裁，年薪為3.5萬美元。緊接著，他又成為金融委員會成員，西元1900年當選為金融委員會主席。在某種程度上，這個職位要比紐約壽險公司總裁擔當的責任還要重大。

就在同年，西元1900年，他成為摩根集團的成員。西元1903年，他

被選為紐約人壽保險公司的副總裁。

西元1910年12月31日，珀金斯先生從摩根公司退休，理由是「要把更多的時間留給那些公益或半公益性質的事業，以及利潤共享或其他收益計畫」。

珀金斯先生在涉足銀行業的這10年間，所取得的成就令世人矚目，其中包括：成為美國鋼鐵公司財務委員會成員，並引入了具有劃時代意義的利潤共享計畫；幫助國際收割機公司大規模兼併一些農業機械生產商；作為該公司的財務委員會主席，在他的帶領下，整間公司的財務狀況保持著高效平穩的運作。

在摩根先生所有的合夥人當中，珀金斯先生是最為活躍、忙碌的一個，他們兩人雖然個性迥異，然而，他們之間這種密切而和諧的合作關係保持了整整10年。珀金斯先生退出後，華爾街上一時之間謠言四起，說珀金斯是因為有幾次股市的操作不當而被迫辭職。誠然，一個還不到50歲的、身體健康且充滿活力與事業心的人，就這樣突然讓自己的銀行生涯戛然而止，的確是件很極端的事情，也難怪那些不了解珀金斯先生生活態度的人，會相信這種謠傳。然而，自成一派、推陳出新，正是珀金斯先生與生俱來的個性特徵，做一些讓人瞠目結舌的事又算得了什麼？

即使是他在銀行業中最呼風喚雨之時，也不忘向人們宣講當時並不被普遍接受的觀點：資本家應該對公眾負應有的責任。比如說，10年前他在哥倫比亞大學，發表一次題為《現代公司》的演講，正是在此次演講中，他正式提出了這一觀點：「未來的公司性質將會有一半是服務公眾的，服務於公眾，所有權也在公眾手中，工人們得到公平、公正的對待後，也必然會將公司看成是自己的朋友和保護人，而不是永遠的敵人。

「最重要的一點，他們一旦對公司建立起這種信任感，就會將自己的積蓄以買入股票的形式參與到公司中，成為公司的股東……就企業而言，

可以說美國就是一個擁有50個分公司的大公司。早一天實現這一切，我們就早一天獲得一種正確的方式，來管理這種半公共性質的企業。這樣一來，我們就可以給公眾充分的民主和保護，而這種民主和保護又是基於共同合作管理公司之上的。只有透過這種方法，才可以在公司的管理過程中，杜絕一切惡意事件。」

現在，珀金斯先生雖然是在為公眾利益而工作，但是，比起為自己的利益而工作的那個時候，他更加努力了。最近，他忙於遏制日益上漲的食品價格，他在這方面做出的努力，已經贏得了官方的認可和官方的職位。當其他人尚在誇誇其談之時，他就早已經付諸了行動。他為紐約人民帶來大量食品，並以低廉的價格投放市場。他是35個非商業性社團以及各種公共福利、教育、藝術協會的成員。他幾乎是單槍匹馬就實現了當地一項巨大的環境美化計畫，按照計畫，不僅要在紐約的河兩岸建造帕利賽茲公園，而且還要沿著哈德遜河的西岸，從利堡到紐堡之間建立一座跨越兩個州的公園。

剛開始的時候，一些目光短淺、唯利是圖的人，往往會對珀金斯這種要把下半生奉獻給公益或半公益事業的做法嗤之以鼻。現在，珀金斯用自己的實際行動讓他們通通閉嘴。

坦白說，我以前對珀金斯先生也抱有一絲偏見，因為他多少給予人辦事唐突、脾氣急躁的感覺，在這方面我吃過他的苦頭。然而，有一個事實卻是誰也無法否定的，他是一名富有的、積極的、有影響力的商人，卻能夠在相對比較年輕的時候放棄賺錢機會，帶著無盡的熱情，投身到無私的、幫助他人的事業中，在這方面，他是一個傑出典範。

歐洲有許多類似珀金斯先生的人，他們都是一些富有卻不忘致力於為公眾謀福利的人。然而在美國，人們總在想盡辦法瘋狂賺錢，雖然也有一些人比較慷慨，肯拿出一些自己實在沒地方花的錢來，但幾乎沒有一位百

萬富翁會像對待自己的貪慾那樣，全心全意服務於自己的同胞，至少在戰前是這樣。

西元 1899 年，珀金斯先生和自己的妻子，來自克里夫蘭的埃維莉娜・鮑爾小姐結婚，婚後育有一兒一女。他們的兒子小喬治・W・珀金斯，西元 1917 年畢業於普林斯頓大學後，立刻投入青年基督教協會的戰爭工作中。

喬治·M·雷諾茲

喬治·M·雷諾茲（George M. Reynolds），芝加哥大陸商業國民銀行總裁。出身農民，最後出任美國財長。

GEORGE M. REYNOLDS

你能否想像得到今天還有哪個年輕人,會在天不亮就起床,匆匆趕往銀行,為銀行的地板打蠟拋光,清理門上的黃銅把手,然後再把銀行門前街道上的泥鏟掉,好讓它成為全鎮上最乾淨的地方?

或許你也不太了解,許多年僅十二三歲的小少年們,就已經具備了一定的遠見,開始定期訂閱全國各地的各種報紙,希望能夠了解到自己所在村莊以外的廣闊世界,累積一定的知識,為自己有朝一日夢想成真做準備。

喬治·M·雷諾茲跟隨著自己踏實的腳印,從一個農民孩子一步一步成長為美國紐約以外最大銀行的總裁,他輝煌的故事激勵著千千萬萬的年輕人。這家銀行就是芝加哥大陸商業國民銀行,它擁有4億美元的財力。正是這位曾經的農民,被塔虎脫總統任命為財務部部長,他還被授予其他許多榮譽稱號,其中包括擁有1.7萬名成員的美國銀行協會會長。當著名的奧爾德里奇貨幣委員會訪問歐洲之時,他身為金融顧問也應邀出席。

堅強的意志、旺盛的工作熱情、進取心、耐心、不泯的樂觀、長存的開朗、對人性的透澈了解、民主精神以及忠於人性美好的一面,是他獲得成功的主要因素。雷諾茲先生已經在「個性考驗」這所學校中,學到了知識並通過測試。

「生活如種田,你播種了什麼,就會收穫什麼。」這是雷諾茲先生的看法。「今天多數年輕人中存在的問題,是他們總想著剛剛播種就有收穫,這有違自然規律。要勤於耕耘,仔細打理,到了該收穫的季節,收穫自然會來臨。雖然耐心不是什麼美德,卻是必不可少的要素。」

雷諾茲先生很早就開始了自己的耕耘,但是,他的父親卻沒把他放對地方,他希望喬治能成為一名商人。所以,他在愛荷華州的鄰鎮帕諾拉買下一間商店的部分股份,把他15歲的兒子安排到櫃檯後面。農民的家庭主婦們會到店裡買雞蛋和奶油,喬治的任務除了數雞蛋、稱奶油賣貨之

外，還得負責採購茶葉、咖啡、糖、菸草和棉布。正是這些棉布打亂了雷諾茲爸爸的整個計畫。因為每一名主婦在購買棉布時，都毫無疑問地希望自己購買的布匹顏色鮮豔、永不褪色。

那個時候，證明自己的棉布印染品質好壞的標準方法，就是讓店員從一匹布上撕一小塊下來，用力在嘴裡嚼，然後把布團從嘴裡取出，再在顧客面前將它展開，表明布塊上的顏色依然好端端地待在上面。

然而，喬治一直以來的理想，是要衝破村裡商店的這道牆，他痛恨做這種用牙齒去咀嚼布匹的工作，恨得咬牙切齒。這種工作對於他來說，簡直沒有一點前途，對他絲毫沒有吸引力。

又是一個星期六，一整天裡，他都在忙著稱奶油、數雞蛋、賣雜貨、嚼布。忙完這一切後，晚上回到了家裡，坦白告訴父親，他一千、一萬個不願意繼續待在商店裡，與其這樣，他寧願在農場上忙農活，因為他知道自己入錯行了。

星期天一早，父親就賣掉了這家雜貨店裡的股份。

喬治一下子變成了農民。他耕地，駕駛農用車。那個時候，愛荷華州要求每個農民都要去做一段時間的修路工作，小雷諾茲也加入了一個修路隊，以每天 2.5 美元（理應是 3 美元）的薪資在附近工作。他是一個有耐力、健壯、肩寬背闊的年輕人，雖然還未滿 16 歲，但仍然稱得上是他們中最優秀的勞力。

稍有閒暇，他就會不斷讀書，蒐集各種來自帕諾拉鎮以外的、更廣闊世界的消息。只要一有機會，他就會來到果園，坐在蘋果樹的樹蔭裡，如飢似渴地汲取著來自報紙上的各種消息。這些報紙有《聖路易斯環球民主報》、《新奧爾良流通報》、《辛辛那提資訊報》、《亞特蘭大商報》、《舊金山時報》、《波特蘭奧勒岡人報》、《丹佛落基山新聞》。

最後，他總算是在加斯里郡的一家銀行找到自己的位置。他父親持有

這家當地小機構的一些股份，他每個月的薪水為 12.5 美元。他知道，自己站在一個正確的起始點上了，他做好準備打算向上爬。他的打基礎工作包括前面講過的為銀行地板拋光、清理打掃銀行門前的街道，所有這些職責都不在合約範圍內，我可以告訴你，他的職位是記帳員。

我問道：「你從第一天起，就愛上了銀行這一行？」

「是的。」他回答，「我十分喜歡這一行，它讓我立刻就對其他的社交娛樂活動失去興趣。我覺得晚上在銀行裡加班，要比參加當地的聚會或其他社交團體活動，更能從中得到樂趣。我讀過的報紙和其他一些書籍告訴我，一個人如果不勤奮工作，就無法獲得有價值的成就。所以，我決定要努力工作。」

許多個晚上，他在八九點鐘結束在銀行的工作後，仍會匆匆趕到父親經營的小穀倉裡，換上工裝，揮動鏟子，將稻穀裝入火車車廂，為第二天可能運到的稻穀騰出空間來。

鑒於他在銀行工作中出色的表現，他很快就得到了一次協助辦理貸款的機會。商業活動吸引著他，他很想親自試一試身手，現在機會來了。

在冬日裡的一天，一位來自愛荷華北部的陌生人下了火車後，在銀行裡打電話詢問，在哪裡可以買到 2,000 考得（1 考得約合 3.6 立方公尺）木材，距此 75 英里外的一座磚窯，需要用它來燒磚。雷諾茲看準了這樁木材生意，認為一定會有豐厚的利潤，於是，這位羽翼未豐的生意人迅速算出了運費等成本，同意為他採買貨源。根據雷諾茲的估算，這次交易，每考得他至少能賺到兩美元，也就是說，總共能賺 4,000 美元。

唉，可惜，他這個剛剛學著做生意的學徒，卻忽略了這樣一個事實：每年春天一到，冰雪消融後，馬車根本就無法駛上布滿黑淤泥的道路。因此，當冰凍的路面解凍後，他訂購的那批木材無法發貨。磚窯窯主吵著要他的木材，說要是這批木材送不到，就會毀掉好幾窯磚，萬一真要這樣，

他就會告雷諾茲，讓他賠償這部分損失。

雷諾茲四處奔波，不惜付高價運費從周圍的郡縣調運木材。他的 4,000 美元轉眼間就要消失得一乾二淨了。

但他是個意志堅定的人，不能眼看著煮熟的鴨子就這樣飛了。最後，他決定自己親自運送木材來省下這筆運費！

從銀行下班後，他每天晚上都打著燈籠去鐵路月臺上，盡可能地將木材堆起來，一直堆到車廂門口。然後他再從木頭上進入車廂裡面，將一根根木材拖入車廂，碼起來，一直到裝滿一整車為止。第二天一大早，他又去重複同樣的工作。6 天後，他完成了所有的裝車工作，將整整 2,000 考得木材運出去。每一考得木材相當於 8 英尺長、8 英尺高、8 英尺寬的一馬車木材，所以你可以想像一下，雷諾茲親手為這 2,000 考得木材裝車，意味著他要重複多少次同樣的勞動。

整個社區的人都在嘲笑雷諾茲這次著名的木材合約，但是，他在 60 天內就賺到了 2,500 美元，所以雷諾茲也不太清楚到底該被嘲笑的是誰。

回想起這件事來，雷諾茲先生說：「我並沒有感覺到吃了多麼大的苦，只是兩隻手上布滿了水泡，在銀行的記帳簿上，我的筆跡稍有點遜色罷了。」

更大的世界仍然在召喚著他。帕諾拉有幾個有眼光的人發現，小雷諾茲身上有一種定能讓他出人頭地的特質。他出生於 1862 年 6 月 11 日，為了慶祝成年，他決定出去看看更大的世界。有兩名有錢人為他提供足夠的資金，再加上他自己的一部分積蓄，一共是 4 萬塊。他把這些錢以支票的形式裝在貼身口袋裡，就這樣先是考察了堪薩斯州，接著又是內布拉斯加州，最後在黑斯廷斯展開了他的農業貸款業務。

他坐著四輪馬車、騎著馬，透過各種交通手段，跨越整個南內布拉斯加和北堪薩斯。他留意著周圍的一切，看到的、聽到的，並在地圖上標出

所有的溪流和河流以及鹽鹼礦等。他將貸款批給農民，無論哪裡有市場，他都會處理農業貸款。這是他第一次真正看到這個世界，和這個世界上的人互動，他認真研究人性，並堅信它定會是日後通往成功的一種科學手段。

許多人不贊同他的這種性格傾向。兩年後，他的父親買下了加斯里郡國民銀行的控股權，他同意回到帕諾拉。這一次他是以出納員和經理的身分進去的，距他第一次進入這家銀行時隔8年之久。沒過多久，他就讓這家銀行的財力翻了一倍。雖然他只有20歲出頭，卻已經是帕諾拉鎮最優秀的市民之一了。

雷諾茲先生希望帕諾拉繁榮昌盛起來。他在旅行的過程中曾經看到，其他鎮已經建起了電廠和水廠。帕諾拉為什麼不呢？可是說真的，這個小鎮只有1,000戶居民，但這又何妨？雷諾茲將計畫放在市長面前，市長是個保守沉穩的人，他否決了這一宏大的計畫。雷諾茲不動聲色地在鎮上進行遊說活動，最後發現大多數的投票人都是支持他的，於是雷諾茲冷靜地告訴市長，如果他要辭職，不會有人攔著他。市長辭職後，繼任的是「雷諾茲市長」。

28歲時，他成為得梅茵國民銀行的出納員，這家銀行的業務範圍更廣、機會更多，競爭也更為激烈。他的才華在這裡又一次得到了印證。還不到兩年，他就登上這家銀行的總裁位置。年僅30歲時，他就成為在世界上具有影響力的傑出人物之一。

他超常的記憶力常令人嘆為觀止。他能叫得出名字、認得出來的美國銀行家數量，比其他人多得多。他多年來積極參與美國銀行家協會的工作，走過的地方數不勝數，他平易近人，對各個階層的人懷有真正的興趣，這一切讓他在這一行中建立一個大型的朋友圈。

他聲名遠播，因此收到許多來自其他城市銀行機構的職位邀請，不過

都被他拒絕了。最後，芝加哥大陸國民銀行邀請他去當出納員。這家銀行有雄厚的實力和響噹噹的聲譽。

西元1897年12月1日，他進入這家機構時，它的資產為200萬美元，儲蓄總額為1,400萬美元。如今，這間銀行有兩家分行，累計資產總額及盈餘已逾4,000萬美元，儲蓄總額約為4億美元。

雷諾茲先生從一名出納員做起，先是成為副行長，在隨後的西元1906年被任命為大陸銀行的行長。在這裡，他將自己無窮無盡的精力、承擔艱苦工作的持久耐力、積極主動以及雄心壯志發揮得淋漓盡致。大陸銀行首先於西元1898年兼併了兩間小銀行，分別是國際銀行和環球國民銀行，在此之後的西元1904年，它又合併了儲蓄量超過1,000萬美元的北美國民銀行。西元1909年，又併購了儲蓄額為3,400萬美元的美國信託儲蓄銀行，西元1910年則是儲蓄額近7,200萬的商業國民銀行，西元1911年是愛爾蘭銀行協會，它的儲蓄額為2,600萬美元。

20年前雷諾茲先生來到這裡時，他所在銀行的儲蓄量就已超過芝加哥儲蓄總額的半數，20年間，芝加哥儲蓄總量從2.4億增加到了15億，這當中大陸商業銀行有著三成的作用。

雷諾茲先生還是大陸商業信託銀行的行長，以及愛爾蘭銀行協會的會長，這兩家銀行直接歸其母公司管理。

雷諾茲先生的夢想之一是要建立一個芝加哥最大、全國最好的銀行。他花了1,200萬美元讓這個夢想成為現實。這間銀行的占地面積超過了世界上任何一座辦公大樓的建築，銀行的大廳地板面積為160×324英尺，中部的天花板高度為70英尺，這在世界上是絕無僅有的。它有92扇窗，建築的走廊長3英里，順便再說一句，在銀行的投資中，這棟建築第二年就增值了8.5%，從此以後連年增值。

有關該銀行業務範圍的一些概念，可以從一個事實中了解到，該銀行

擁有 1,100 名雇員；國民銀行僅一天就要處理 10 萬張外部支票，而每天櫃檯結算處理的支票數量，則多達 20～35 萬張。雷諾茲系列銀行的顧客總數超過 10 萬人，其中包括 5,000 多名儲戶，即使是在紐約也沒有哪一家商業銀行能吞噬這麼大的數字。

當雷諾茲以一名出納員的身分來到芝加哥大陸銀行時，每天還沒到開門營業時間，他就已經開始工作。為了徹底熟悉自己的業務，他幾乎都要仔細檢視每一封進入銀行的信件，實際上，將近 75% 的外發信件都有他的親筆簽名。他工作起來簡直雷厲風行，只需掃一眼就能馬上明白情況。他的敬業精神極具感染力，在他的激勵下，周圍的每個人都工作得更快、更好了。

他能夠不斷地步步高陞，這裡面幾乎沒什麼「運氣」的成分。。

他的出生地在當時還是一個偏僻小鎮，周圍都是些小企業，與大型工商業和金融中心幾乎毫無瓜葛。然而，年僅 12 歲時，他就衝破了地域的限制。他訂閱全國報紙的那種敏銳；他為了幫助自己所在的小銀行，甘願去做打雜女工和道路清潔工的工作；在銀行工作 12 小時後，他仍願意為父親的稻穀裝車；他在第一次做生意，即那次木材生意時，所表現出來的靈活和勇氣；他深知了解人性和廣交朋友的價值。所有這一切，再加上隱藏其中的深層精神，意味著雷諾茲注定會在這個世界上享有極高的聲譽。

他的生活態度是什麼呢？又是什麼理念促使他不斷朝著最高的理想奮進呢？他認為哪些事情會對一個人取得成功有所幫助呢？

在一個忙碌的工作日，他抽出半小時時間，面對面直接而迅速地回答這些問題，這是他一貫的作風。他回答道：「淵博的知識是一項巨大的資產。當我以帕諾拉鎮上的小銀行職員身分，第一次參加銀行界的會議時，開會前，我看到一些銀行家在打高爾夫球。參加會議時，我從不打高爾夫球，只談正事。

「我對人性的了解也有著不小的幫助效果。如果你了解人性，就能夠處理好人與人之間的關係。

「我從來沒有處心積慮地想成為一名極為富有的人，心裡清楚自己的工作做得好，這就是最大的回報。這份良知會讓我在夜裡睡得很踏實。

「一般的年輕人總希望能在一兩年後就成為副總裁，但是耐心是不可或缺的。倘若一個年輕人總在努力獲得大家的一致認可，忘我地投入工作，從不在意下班時間，那他理所當然會獲得應得的成功。能取得巨大成功的人，是那些事情做得比別人好，看待事物和人性更加透澈一些的人。

「要是一個人選擇每週玩五、六次撲克牌，活躍在社交圈內，那麼他就不要抱怨自己在工作表現上平淡無奇。另一方面，要是一個人不顧一切或不擇手段致富，那麼，當他面對眾叛親離的結局時，也無須感到詫異，因為他的良知已經泯滅或被摧殘。

「如果一個人本身不具有某種優秀品格，那他就別指望能在別人身上培養出這種品格來。

「服務別人所帶來的滿足感，是最大的滿足感。

「所以總結起來，有著決定性因素的還是一個人的性格。人的性格包括許多特質在裡面，比方說幹練、情緒飽滿、禮貌、謹慎、才智和對人性的了解。這些特質會帶來效率，效率則會帶來成功。『八面玲瓏』的人是人類中的極品，要比一些專家還難得，因為他們不僅要管理專家，還要管理其他人。」

雷諾茲先生一向反對連續幾年不休假的做法，他一直堅信，休閒與放鬆、戶外活動以及足夠的陽光和鍛鍊，能夠帶來更好的工作效率。他不僅自己常常休假，而且還確保辦公室的職員擁有足夠和規律的假期。此外，所有的辦公室職員每週還有一天的全天假日，且常年如此。

有關銀行工作，雷諾茲先生說：「公正坦率要比託詞藉口更能讓一個

人走得長遠。若是銀行家拒絕批准某項貸款，他就應該直接說明原因。絕不應該讓貸款人覺得除了償還貸款之外，他還對銀行家負有任何義務。。對於一位成功的銀行來說，貸款人和儲戶同等重要。在恐慌時期，最好的策略是想辦法去幫助客戶，而不是去擠兌他們。信心是一間銀行最大的資產。」

順便再說一件事，雷諾茲先生的銀行和許多鐵路和工業公司都有業務聯絡，但是，所有這些公司中，他並未持有任何一家公司的股份。他認為，只有當一名旁觀者才能時刻保持清醒，才能在做一些重大決策時，不會被某些東西蒙住雙眼。這樣既有益於自己的銀行又有益於客戶，也只有如此，才能夠讓他更好地服務股東。目前，他仍是自己剛進入銀行業時，那家銀行的總裁。

雷諾茲先生和他的妻子多年來都將自己收入的十分之一用於慈善事業。他很早就結婚了，每每說起生涯中的這個階段，他總喜歡這樣說：「這是我日常工作中最好的一部分。」

實際上，雷諾茲先生的成功，有一半要歸功於雷諾茲太太，她在幫助腿腳殘疾和流浪兒方面有不小的貢獻。此外，她還是一位極具天賦的音樂家。他們的獨子厄爾·H·雷諾茲已經算得上是父母的好幫手了。厄爾簡直就是他父親的翻版，同樣也是個十分成功的人。他拒絕在父親的公司裡工作，想要證明自己的能力。現在，雖然年僅29歲，不過他已經是人民信託儲蓄銀行的行長了，這是一家儲蓄總額達到8位數的銀行。

約翰‧戴維森‧洛克斐勒

　　約翰‧戴維森‧洛克斐勒，美國實業家、慈善家，因革新了石油工業和塑造慈善事業現代化結構而聞名。西元1870年創立標準石油，在全盛期壟斷全美90%的石油市場，成為歷史上第一位億萬富豪與全球首富。西元1914年巔峰時，其財富總值達到美國GDP的2.4%（9億美元，美國GDP365億美元），普遍被視為世界史上的首富。

JOHN D. ROCKEFELLER

約翰‧戴維森‧洛克斐勒

　　約翰‧戴維森‧洛克斐勒是我所見過最令人印象深刻、見識最為遠大、思想最有深度的男人。如果說拿破崙「有帝王的胸襟」，塞西爾‧羅茲「夢想囊括非洲和歐洲」，那麼，洛克斐勒就是一個能將整個宇宙都考慮在內的人。他衡量一件事情的準繩是整個地球和全人類。他自始至終的檢驗標準都是：它會給人類帶來怎樣的影響？他的目光和行為早已不再限定在某個地區、某個省，甚至是國家內。

　　例如說，他告訴我：「支持一間醫院是地方上的責任，首先應該由當地人來考慮。同時，醫院也只為當地人服務。可是，若能培養出一隊熱忱、聰明、頭腦靈活、專業知識豐富的醫療人員，使之能夠進行研究，最後研究出一種可以服務於全人類的全新醫療技術，那就不再是某個地區的責任，或是由什麼地方的人來考慮的問題了，這就成為一名富翁應該考慮提供幫助的事情。」

　　我問道：「能力所能帶給你最大的滿足感是什麼？」

　　當時，我們正在打高爾夫球，洛克斐勒先生在回答問題之前，用力打出了他擅長的直線式長球，然後，僅僅給出一個間接的回答。

　　「如果說透過我們的付出，培養出一批行事作風良好、醫術精湛、謙虛上進的醫生，這就證明我們所花費的財力和精力是值得的。就在一兩天前，我收到一份報導，說我們發現了一種方法，能夠治癒由戰爭引起的、叫做氣疽的可怕疾病。透過測試，科學家充分肯定，新研製出來的血清能夠在相當程度上，預防這種已經威脅和奪去數千名士兵生命的破壞性疾病。這不正是我們的醫生們做出的、及時而有價值的工作嗎？」

　　即使洛克斐勒先生一整天侃侃而談，也不會用到半個「我」字。他總是使用「我們」，除非是拿他自己的事情開玩笑。有一次，那還是在我不十分了解洛克斐勒先生的時候，他回答了我一個問題，這個問題和他早期職業生涯中一次事故有關。因為他總是使用「我們」，所以他的回答讓我

多少有點迷惑，於是我就問：「那麼『我們』是指誰？」他有點窘迫。我從報告中得知，這件事是他一個人做的。他頓了頓，拘謹地、含糊其辭地回答道：「啊，哦，後來我的弟弟威廉一起來了。」

還有一次，他在我的逼問之下只好承認，某件事情的確是他一個人，而不是「我們」完成的。洛克斐勒先生不太喜歡我這種問話方式。

他提醒我：「你一定要注意，如果你打算寫我的話，不要搞得多麼特殊，和你打算要寫的其他人一樣就行了。」

我之所以要提到這些小插曲，是想要闡明一下洛克斐勒先生留給人們的第一印象——他與生俱來的、毫不做作的謙虛；他的低調；他沒有一點點張揚感的談吐。幾年前，有人希望在他提供的資料幫助下，能夠寫出一部有關洛克斐勒的生平和工作方面的全傳記，這著實給他帶來了不小的壓力。

洛克斐勒先生用真誠的語氣說：「不，我從來沒有做過值得用一本書去寫的事情。」所以，迄今為止他的傳記還沒有出來。

我能夠聽到洛克斐勒先生親口講述，有關他早年的奮鬥和經歷，言談中還不時地折射出他對待生活的一些哲理，並且聽到他就「獲得成功」這個永不落伍的話題表達看法，真的是比其他人幸運多了。「不要讓我長篇大論」是洛克斐勒先生出於謙遜給我的另一個叮囑。他公開宣告自己不希望被人當成是愛擺架子、在各方面都獨斷專行的代表人物。「不要相信我兒子嘴裡的我，他對我有偏見。」是洛克斐勒先生的另一個勸告，這番話是他當著小約翰·戴維森·洛克斐勒的面，用開玩笑的語氣說的。

下面是這位商業史上最傑出的人物，他在打高爾夫球時、開車時或者在飯桌上，不經意間所流露出來的一些有意義的話語：

「對於剛進入社會的年輕人來說，最為重要的事情就是要建立信譽，也就是一種聲譽和品格。他必須獲得別人對他的百分百信任。

「在我的事業生涯中所碰到最困難的問題，就是沒有足夠的資金去做自己想做的事情。如果給我足夠的資金，我一定能將這些事情做到。在指望別人借錢給你之前，首先必須要建立起自己的信譽。

「我所獲得的第一筆貸款數額為 2,000 美元，那個時候，這是一筆數目不小的錢。銀行將款貸給我的原因，是行長熟悉我的生活方式，了解我的習慣和我的勤奮。他從我的前任雇主那裡得知，我是個值得信賴的年輕人。

「如今，年輕人和其他一些人總希望別人為自己多做點什麼，他們總希望能得到紅利和各式各樣的特權。

「年輕人要想出人頭地，就應該徹底了解自己從事的行業，認真、細緻、勤奮地工作，然後將錢積蓄起來，要麼買下公司的股份成為大股東，要麼另外成立屬於自己的公司。

「萬事都要靠自己，絕不能指望重要工作會無緣無故落到自己頭上。在認真完成好現有的分內的工作之後，你可以透過當一名有能力、有頭腦的工作者，建立起良好的信譽，盡可能地累積每一美元讓自身強大起來。

「就現在的公司經營方式而言，購買一定的股份相當容易，因此要積極參與並獲得利潤。

「說到機會，現在每個人擁有的機會是 60 年前的 10 倍。那個時候機會少，用來抓住機會、利用機會的手段更少。現在，我們周圍到處都充滿機會，充足的資金流和健全的信貸系統，可以幫助每個人抓住商機。」

我問洛克斐勒先生：「您是怎樣想到要成立標準石油公司的？」標準石油公司是美國規模最大的現代聯合企業。他對這個問題給出的回答，讓我又一次深深感覺到他總是刻意地歸功於別人，並將自己付出的努力輕描淡寫的這一特點。」

「我們並不是第一家採納聯合企業這種理念的公司。」他糾正了我（他

慣用的『我們』二字總帶給我一些理解上的麻煩），「西部聯合電報公司首先開始購買了兩三條電報線路，然後形成一間大型電報公司。標準石油公司在這方面其實並未達到應有的成果。當時的石油行業實際上非常混亂，所以幾乎每進行一次精煉，就會面臨著破產的危險。成品油的價格一度比生產成本還低。競爭一度是致命的，殘酷已經不算什麼了。我們吃過不少苦，有過許多辛酸，事情曾到了無法進行下去的地步。所以要想拯救這個行業，就必須要採取一定的措施。

「我寫信給自己最大的競爭對手，問他是否願意在某個時間、某個地點和我見一次面。儘管我們一年多沒有說過話，但他還是同意了。就像我告訴過你的那樣，那個時候的確是你死我活的競爭。我們討論了整個石油行業的情況，他意識到，有必要採取一些果斷的措施，來避免整個行業普遍性的毀滅。他同意以合理的價格賣掉自己的公司然後加入我們。隨後，我們又以同樣的方式收購其他幾家公司。」

我問道：「洛克斐勒先生，您從哪裡籌集到那麼多資金？您告訴過我，那時資金處於長期短缺狀態。」

這個靠超越常人的智慧，創立全球最大企業的商界元老笑了笑，眨眨眼睛說道：「這還真有它有趣的地方。我們合理評估一間公司後，就會確定一個雙方都滿意的價格，接下來，我們要麼就付給他們現金，要麼就給他們標準石油公司的股份。」說到這裡，洛克斐勒先生放聲大笑起來，他似乎不打算再多說什麼可是，我覺得他一定還有什麼有趣的事要講。

「是的，現在看起來這個問題有點可笑，但那時候對我們來說，卻是一個需要嚴肅考慮的問題。我會派頭十足地拿出支票簿，做出一副無所謂的樣子對對方說：『我是要寫一張支票給你呢？還是給你標準石油公司的股份？』結果就像我預料的那樣，大部分人都是明智地接受了股份。當然，對待那些個別的、不善於經商的買家，我們會盡力勸說他們，讓他們

明白,就算持有少量的股份,到頭來也會獲得更多的利潤,因為我們本身就非常有自信。」

我又問道:「當現金短缺而不是盈餘時,您又是怎麼做的?你那時一直處在嚴重缺乏資金的狀態中。」

「我們會想盡一切辦法湊齊資金的。到了這個時候,我們已經知道該如何來獲得銀行的貸款了。」這就是洛克斐勒先生的回答。

緊接著我又問道:「標準石油公司能夠取得令世人矚目的成就,這份成就要歸功於什麼呢?」

洛克斐勒先生給出了令人感到意外的答覆:「歸功於其他人。」

我請求他對這個回答給出準確的解釋。在連擊兩球之後,我們逐漸向發球區以外的場地走去。洛克斐勒先生停下來,把頭向我這邊傾了傾,用略帶機密的口吻對我說:

「來,我說幾件事給你聽。人們一直認為,我是個了不起的人,不顧嚴寒酷暑,起早摸黑地工作。實際上,我過了35歲之後,就成為一個現在被人們稱為『懶散』的那種人。每年夏天,我都會在位於克利夫蘭的家裡度過,把時間花在種植花草樹木、修路、做一些園藝工作上,我騎馬,享受和家人共同度過的時光,並透過私人電報管理我的企業。

「從我第一次進入辦公室的那一刻起,就從來都沒把自己全部的時間和注意力都用在工作上,我總是對主日學、教堂工作和兒童福利方面的事感興趣。或者也可以這樣說,我樂意為那些不太友好的、孤獨的、可憐的人做一點事情。對於那些偶然來到辦公室看看我,公司的事情全由自己包攬,忙到沒時間考慮其他任何事情,甚至都沒辦法過上正常人生活的企業家,我打從心底為他們感到難過。

「我們的成功,相當程度上要感謝公司匯聚了一批最具商業頭腦的人。

他們有才能、真誠、工作努力，他們有能力，而且很誠實，儘管每個人都有自己的個性，卻能為了共同的目標而合作，建立起一個健康成功的企業。雖然有時他們的觀點會有所不同，可是我們的政策是『沒有暗箱操作。如果必要的話，我們會在會議桌前坐上整整兩天，直到所有人都達成一致，最終形成一個計畫為止。公司一直都求賢若渴，沒有恐懼、沒有嫉妒，是我們這裡的真實情況。」

洛克斐勒先生稍作思考後，又補充道：「這麼多個性迥異、才能出眾的人，竟然能夠在一起合作這麼多年。若是你覺得他們是靠某種見不得人的勾當達到這一目的的話，那豈不是太可笑了嗎？假使這些人多年來都不是在做著榮耀體面的工作，又是什麼力量把他們牽在一起，長期以來都不出現裂痕的呢？」

在整個商業界，洛克斐勒先生遭到的謾罵與攻擊是最多的。當我仗著膽子向他提起這件事時，我還以為他會一改溫和友善的語氣，和他在談話中貫穿始終的寬容態度。沒想到我的問題，僅僅是把洛克斐勒先生性格中寬容、大度、豁達、博愛的一面，引向另一個高度而已。

他用平靜的聲音回答道：「是的，一直以來，我們在相當程度上被人扭曲，並因為一些子虛烏有的事情遭人譴責，其實這些事情我們連想都沒想過。儘管我承認，寫在媒體上和流傳在社會上的一些傳言，的確給我們造成了巨大的傷害，但是我從來沒有對此懷恨在心或為此痛苦，因為我知道，那些無法取得和我們一樣成就的人，會感到不滿或委屈，這是人之常情。所有這一切，我們都應該能夠預見得到，並作好承擔這一切的準備。

「我從來都不曾懷疑，當人們了解到事實真相後，自然會給出一個公斷來。整件事情在幾年內可能不會水落石出，不過，從現在起的 25 年後，人們最終能夠理解，去根據真正的事實，而不是被歪曲的事實來判斷我們，我就已經很滿足了。我從不懷疑公眾判斷力的公正性。」

有一天，我們之間的談話轉到了「給予」這個話題上，這時候洛克斐勒先生表現出相當大的興趣。我對他說起，我在和美國最知名的金融界和商界領袖交往過程中，發現他們總是強調洛克斐勒先生所取得的成就，和他的慈善行為所發揮的影響——他的行動深入到每一個能夠引起人類罪惡和邪惡的根源中，並且為根除這些現象不遺餘力地努力，而不是只考慮到如何緩解這個世界上的各種罪惡。

　　「正如許多人認為的那樣，給予對我來說已經不是什麼一朝一夕的事情了。」洛克斐勒先生帶著熱忱回答道，「我從每個月賺25美元的時候起，就經常性地將自己的部分收入捐獻出去，我從未停止過這種行動。我母親教會我要幫助別人，我也很幸運在這方面能夠得到妻子、兒子的支持與合作。倘若沒有全家人同心協力的鼓勵和支持，我們可能連最小的成果都達不到。因為我們一直認為，在如何合理地施捨錢財方面所做的研究和需要花費的精力，絲毫不亞於賺錢所需的精力。

　　「在我剛開始經商之時，我就在想，我要進入一個最好的、最大的領域，一個能為全世界提供有用的東西，從而能將全世界作為潛在市場的行業。所以，我們也在想，在給予的時候，應該把目光放在能為世界帶來好處的方面，也就是說，要把全人類看成一個整體。這一點向來是我們的指導原則，我們要盡可能為更多的人類帶來幸福。我們並不是只給乞丐一些施捨物，如果能做一些事情根除產生這麼多乞丐的原因，那麼我們就獲得了更為深刻、廣泛、有價值的成就。

　　「同樣的道理，若是為世界上最好的醫生提供設備，讓他能夠年復一年地進行實驗和研究，同時，為了能夠讓他的工作順利進行，花費經費前往世界的某個地方也是必要的。要是透過這種科學方面的研究，能獲取一種新的知識，從而研製出新的治療方法來根除某種疾病，那麼，這項工作所帶來的利益，也就會成為全人類的寶藏。」

洛克斐勒先生認為，教育是能夠解決許多世界性問題的靈丹妙藥。因為無知是世界上大多數悲慘和痛苦的根源，而用知識取代無知，是通往漫長的、消除各種悲慘狀況的必經之路。因此，推動教育是洛克斐勒先生做出的重大貢獻。

我提到美國教育總局正在醞釀，要取消各大學希臘和拉丁語課程的計畫，該計畫正在試行，並且引起了騷亂。

洛克斐勒先生饒有興致地回答道：「事情已經引起了軒然大波，但光憑這一點就能產生很好的效果。它會讓事情的每一方面都浮出水面，這樣一來，各方面都會有所收穫。我自己本身既不會希臘語也不會拉丁語，可是我的一個女婿卻十分喜愛拉丁語，總是用拉丁語和一位朋友通信。我之所以向你提到這些是為了表明，我對任何交流方式都不存在偏見。」

「在你認識的商人中，誰是最了不起的？」有一次，發生在前方路段的爆炸擋住了去路，我們不得不停止駕駛，這正是一次談話的絕好機會。我們把車停在一個小樹林邊，洛克斐勒先生立刻就對他最大的愛好——樹木來了興致。我建議性地說出一兩個人的名字，而洛克斐勒先生卻還在尋找適合用來當標本的樹木。

最後，他終於開口了：「前兩天報紙上刊登了一篇有關蓋茲先生的文章，你看過了嗎？」那篇文章我看過了。「那麼，從現在起，你在寫任何關於我的事情時，別忘了說明，蓋茲先生是我們一切慈善行為的天才指導者。他能夠成為我們中的一員，首先是因為他所從事的事業，需要具有層次相當高的天賦和傑出的經商能力，其次是他那顆善良的心，和他與生俱來的，能夠將好鋼用在刀刃上的金錢分配指導能力。我們都欠蓋茲先生很多，他的幫助應該得到普遍的認可。在我所認識的人中，他的經商技巧和樂善好施方面的整體能力，要遠遠高於其他人。」

從這一點上，我可以推論出弗雷德里克・T・蓋茲（Frederick Taylor

Gates）先生，這位曾經在洛克斐勒第一次為芝加哥大學提供捐助的協商中，發揮了重要作用的人，多年來和小約翰·戴維森·洛克斐勒，共同管理著洛克斐勒家族慈善事業的人，一直是洛克斐勒先生最有價值的一名私人助手。

對於「人」這個話題，洛克斐勒先生這樣說：「人，並非機器或植物，他可以形成一個組織。合格的商人應該能夠組織人們，以低成本生產出大量優質產品。有三件事情是成功的必然條件。他們應該採用恰當的輔助手段，來經營自己的生意；他們應該仔細儲存和利用全部的副產品來防止浪費；他們應該知道，如何以最為經濟有效的手段來推銷自己的產品。此外，他們還應該有足夠的實力來成功地管理員工。」

我又提到了「投機」這個話題。對此，洛克斐勒先生報以堅決的態度，並且情緒激動地表達自己的觀點。

「過去，每次華爾街發生什麼事情，人們總免不了把矛頭指向我們，說是我們投機造成的，然而事實並不是這樣。」洛克斐勒先生宣告，「標準石油公司從沒有控制過任何一家銀行、信託公司或鐵路公司，或其他任何一家與自己的業務無關的公司。我的某些個人投資並沒有獲得令人滿意的結果，但是，當股票下跌時，我們並沒有棄之不顧，作為個人投資者，我們透過注入更多資金和設法改進它的管理去挽救它，不讓它繼續下跌。這也就是我為何會持有某些礦產股的原因，當然，最後的結果就是我滿載而歸。

「標準石油公司的成功，相當程度上要歸功於一個事實，那就是多年來，所有和標準石油有關的人，都將自己的全部精力奉獻給它，讓它能夠不斷地在其他國家得到發展，建立起子公司。多年來，我一次次地否認標準石油公司在股市中有過投機行為，這讓我感覺到很累，所以，我不想再多說了。毋庸置疑，這件不幸的事，應當由那些抱著投機的目進入股市，

並進行投機操作的公司來負責任，標準石油公司從沒做過這樣的事。

「我向來反對讓標準石油公司的股票上市，就是因為我不希望他們成為那些投機者的玩物。讓員工們集中精力發展業務，要比花時間去盯著股票行情收錄機好得多。你是知道的，石油企業容易有突然的、幅度大的波動，像是一個新油田的發現，可能會導致油價大幅下跌，同時，老油田的枯竭也可能會導致油價上漲。如果我們的股票上市的話，可能會成為那些投機賭博者的頭號利用工具，所以直到今天，我們的股票也沒有在紐約股票交易市場上市。」

不管我們討論的是生活中的哪個方面，社會也好，宗教也罷，抑或是金融企業之類的話題，我發現洛克斐勒先生總是站在放眼世界的角度去看待它們，他總是那麼胸襟開闊、寬宏大量，從來不曾譴責過誰，總是盡量將自己的成就一筆帶過。

其實，洛克斐勒先生並不認為自己是一名優秀的建築師，親手建立了有史以來最強大的公司，他也不認為自己是世界上最富有的人。他對財富抱持一種超然的態度，每次談及它們時，總給人感覺這一切完全不屬於他。他會說「那些富有的人」，就好像他壓根不屬於這個階層似的。在他看來，從真正意義上來講，這些錢並不是他個人的，而是一筆基金，等待最有能力的人聚在一起，共同商定如何能將它們用在為最多人謀取最大的幸福上。

洛克斐勒一家包括父與子，連續幾個月來，生活方式都嚴格遵照戰爭時期的供應標準。這個世界上最富有的人，家裡的一日三餐比奢侈一些的平常美國人更簡單，花費更少。洛克斐勒父子並不認為，因為他們有錢就可以想買什麼就買什麼，想消費什麼就消費什麼。他們每餐最多三道菜。有一次在餐桌上，洛克斐勒先生這樣說：「我們必須力所能及地為幾百萬處在飢餓中的人節省糧食。」

在這裡，我要反駁時下那些說洛克斐勒先生只吃麵包和牛奶的謬論。我和洛克斐勒先生共進晚餐不止一次，我可以證明，他至少跟我吃的一樣多。

就洛克斐勒先生對各種問題給出的回答，我很想在這裡繼續寫下去，但是，由於篇幅有限，我接下來只能大致敘述洛克斐勒先生的職業生涯。

約翰‧戴維森‧洛克斐勒來自一個古老的法國（諾曼）家族。西元1650年，洛克斐勒家族的第一個人從荷蘭移民來到美洲大陸。洛克斐勒先生的祖父娶了康乃狄克州的著名英格蘭女王艾格伯特後裔家族中的露西‧埃弗里。他們的長子威廉‧艾格伯特‧洛克斐勒的妻子是伊萊扎‧戴維森，所以，約翰‧戴維森‧洛克斐勒是他們6個孩子中的老二，家中的長子。

洛克斐勒家族的孩子們在父母的教導下，從小就知道節儉的價值、勤奮工作的必要性，以及謹慎做人、三思而後行是一種智慧。父母用酬勞的方式鼓勵他們出色地完成自己的工作，約翰‧戴維森‧洛克斐勒在很小的時候，就展現出他的商業頭腦，家裡讓他餵養一窩火雞，這一窩火雞在大多數情況下能夠自己覓食，所以，當他把這些火雞賣掉後，所賺到的錢幾乎就是純利潤。然後，他將這部分收益以7%的利息貸出去。人生第一次完整的經商經歷，一直被洛克斐勒先生所珍藏著，這是他一生所獲得的寶藏之一。那時候，他還不到9歲，已經會替奶牛擠奶、看管牛羊、在田地裡工作，還會做普通的家事。

約翰‧戴維森‧洛克斐勒，西元1839年7月8日出生於紐約泰奧加郡的里奇福德，大約在他三四歲時，全家來到了摩拉維亞附近奧沃斯科湖的一座農場上。10歲時，又遷到奧韋戈附近的沙士克哈納山谷，14歲時，來到了俄亥俄州的克里夫蘭。他的小學學業是母親一手教他的，後來他上了中學，15歲時離開學校，然後又上過克里夫蘭商業學院的短期課程。

16歲時，他開始找工作。他先後去商店、工廠、辦公室應徵，但是都

以失敗告終。最後，一間名為休伊特──塔特爾的公司錄用了他，這是一間做期貨生意、代理商經紀人，以及生產加工的公司，公司安排他當一名辦公室的打雜人員，並兼職做助理記帳員。這一天是西元1855年9月26日，他在以後每一年的這一天裡，都要進行週年慶典。

公司並沒有和他定好薪資待遇，連續3個月來，他都在對收入不明底細的情況下工作著，而且公司所安排的工作，也不太符合他的能力。不過，有一件事始終令他感興趣，那就是他終於有機會為自己的雇主做一些事情了，所以他覺得報酬完全是次要的。年終的時候，他拿到了50美元作為這14週的酬勞，並且以每月25美元的薪資開始了新的一年。

第二年，一年薪資2,000美元的記帳員辭職了，年輕的洛克斐勒以500美元的年薪接替這一職位。到了第三年，他收到了550美元的年薪。到了第四年，他要求800美元的年薪，但是公司只付給他700美元。就這樣，他決定辭掉這份工作，自己開始做生意。當時他還不到20歲，但是，他已經利用這幾年時間取得了極大的進步。

洛克斐勒先生一邊回顧一邊對我說：「我盡可能地學會了公司的每一項業務。每一筆來到我這裡的帳單，我都要仔細核對，我一定要確保老闆沒有受到任何欺詐，我把這件事當作是自己的事情一樣認真對待。

我們除了生產以外，還經營各種進出口貿易，我記得有一名船主，他總會提出一些貨運賠償金，我決定要調查一下。我堅持檢查所有的單據和貨運，後來發現他一直以來提出的索賠，完全是沒有根據的。我抱著一個合作人的態度和興趣，認真對待每一件事情，從中學到了不少。我深入了解了如何處理業務、有系統地記錄帳目、辦公室管理的每個方面，當然我也看到了一間公司應該怎樣去融資。接著，我又有機會看到該如何對待客戶。」

與此同時，這位年輕人正在商業圈外，漸漸樹立起自己的威信。首

先，他成為主日學裡的熱情成員。16歲那年，他被任命為伊利街浸信會這個苦苦掙扎的教會執事，也就是現在的歐幾里德大道浸信會教堂。還不到18歲，他就被選為教堂理事會成員，他的弟弟威廉繼他之後成為執事。

由於這間小教堂的抵押貸款馬上就要到期了，因此面臨著關閉的可能性。約翰·戴維森·洛克斐勒決定要出手拯救。他把教堂的情況寫下來，貼在教堂大門上，然後與每位前來捐助的人傾心交談，或者向抵押保證人表示一定能還清債務。他還親自從自己的口袋裡掏出一定數量的錢，來為其他募捐人樹立榜樣。最後，他理所當然地獲得了成功，他成為主日學的領導者，後來又成為主管。

他繼續尋找那些孤獨的年輕人，把他們帶到教堂的大家庭中來，用自己微薄的力量幫助著那些窮苦的人們。當他日後進入商界，完全靠著自己時，他這種認認真真建立起來的聲譽，為他帶來非常大的支持和幫助。他的勤奮、充沛的精力、熱情、機警、能力和樂觀，都給與他共過事的人留下了深刻的印象。

西元1895年，洛克斐勒和比他年長10歲的莫里斯·B·克拉克合作，進入生產行業。洛克斐勒先生自己累積了800美元，他的父親以10%的利息借給他1,000美元，好讓他湊夠入股的資本。

「我去拜訪了附近一帶的農民和其他人，並和他們談天，告訴他們如果有機會，我們很高興隨時為他們提供服務，我們並沒有要求他們改變現有的購買對象，只是留了名片給他們，希望以後他們想要聯絡我們時能夠用得到。」洛克斐勒先生回憶道，「這種用個人的影響力來招攬生意的結果，大大超過了我們的預期。大量的業務湧向我們，僅僅在第一年，我們就做了50多萬美元的生意。」

洛克斐勒先生開始對石油業感興趣時，還不到22歲。那個時候克里夫蘭已經有幾家提煉廠，這些提煉廠主要生產照明用原油。而當時的洛克

斐勒也已經是一位精明老道的商人了，他一直在尋找著新的商機。他預感到，這個新興行業將孕育著無限的發展潛力。他做了調查和計算，最後明白了一個事實。這個世界上有一種物質，它很有可能會走進每家每戶的生活。

西元 1862 年，他馬不停蹄地幫忙成立安德魯斯——克拉克精煉油公司，並和克拉克共同出任公司的財務和業務經理。三年之後，他將自己在期貨代理公司的股份全部轉讓給 M・B・克拉克，然後又買下了他在安德魯斯——克拉克公司裡的股份，接著加入了塞繆爾・安德魯斯（Samuel Andrews），和他共同成立洛克斐勒——安德魯斯公司，繼續在石油行業發展。

「那個時候，我們就意識到，有一種東西是全世界都需要的。只是我們沒想到公司會發展到這麼大。」洛克斐勒先生謙虛地承認，「可以這麼說，實際上我那時一直忙於自己的理想，一直在努力工作，所以實際達到的總是比我想像的要多。那些和我一起工作的人以及我自己，只不過就是盡可能好地完成每天的工作，做一些看起來最為明智的事情，努力計劃一個更大的未來。

「我們並非一味地追求增加金錢，只是希望公司能夠穩固、安全地發展。就在公司剛成立、處境最艱難時，父親曾經替我上過一課。他來找我，要求我償還貸款。當然，他這樣做的目的是要測試一下我的智謀，以及我應對突發狀況的能力。在我匆匆忙忙為他籌到這筆錢之後，他笑著把它又還給我，說他並不是真的需要這筆錢，只是很高興看到我有能力還清債務。」

在公司尚處於築底階段的那幾年裡，如何弄到足夠的資金和信貸，來滿足洛克斐勒手頭上數量巨大的業務需求，是一個最難以解決的問題。銀行是有限的，它們所能提供的貸款最大限額，遠遠滿足不了公司迅速增加

的需求量。有一次,一間銀行的行長在街上碰到了洛克斐勒先生,十分嚴肅地告訴他,他的貸款數額太大了,他必須去和董事們親自面談才行。洛克斐勒先生回答道:「能夠見到董事會真是太棒了,我正打算申請更多的貸款呢!」洛克斐勒先生又加了一句:「他後來都沒請我去過。」

隨著公司的不斷發展,威廉——洛克斐勒精煉油公司與原來的洛克斐勒——安德魯斯精煉油公司合併後,於西元1866年成立了一間新公司。公司的股東為威廉·洛克斐勒、洛克斐勒和安德魯斯。後來,又在紐約設立了洛克斐勒公司,主要從事這兩家公司的出口業務。

大約在西元1867年,H·M·弗拉格勒和S·V·哈克尼斯來到了公司,於是,他們將先前所有的公司都進行合併,最後形成一個名為洛克斐勒——安德魯斯——弗拉格勒的公司。人們在石油行業已經大撈了一筆,因此,這個行業已經是過度飽和了。開採出來的石油大於市場的需求量,即使洛克斐勒公司不斷地開發國外市場,可仍然沒能讓國內的生產量限制在消費需求之內。石油的銷售價格降到了生產成本內,許多企業損失慘重,不少人因此而破產了。還有一些人只要能找到收購者,就會不顧一切地賣掉公司。整個行業面臨著一場毀滅性災難。

西元1869年,洛克斐勒——安德魯斯——弗拉格勒公司被兼併成立了標準石油公司,公司的資產為100萬美元,由洛克斐勒出任總裁。他對自己經過深思熟慮後選擇進入的行業,從來沒有失去過信心。大火可能會讓價值不菲的工廠毀於一旦,重要的油田可能會在一夜之間枯竭,令高價購買的設備一文不值,銀行可能會拒絕為這個不穩定的行業提供貸款,油價可能會下跌到災難性的水平,市場可能會膠著不前,外國油田可能會讓整個美國的產量相形見絀。然而這一切從來都沒令洛克斐勒先生動搖過。

30年前,摩根就領悟到了用鋼鐵公司所採用的一整套方式去做生意的

要領，並在自己的公司如法炮製。洛克斐勒是一位目光長遠、勇氣非凡、思維靈活的人，自然也會將這一系列經營理念引入自己的領域中。瀕臨破產的公司一個接一個被新成立的標準石油公司兼併，它的資產先是翻倍，隨後是幾倍的增長。公司的業務範圍一直在向東、向西、向南發展，打破了國界的限制，透過駱駝或人力的運輸，甚至將這種新型可以燃燒照明的材料，銷往了中國最邊遠的地區，並且為當地的人提供免費的油燈。

石油行業是一個高風險行業，一場大火在幾個小時內，就可以讓一座工廠化為灰燼，一個出油口會在沒有任何徵兆的情況下突然枯竭。所以，只有在全國範圍內皆開設工廠的公司，才有足夠的實力承擔這樣的風險；只有大公司才能夠花得起幾百萬美元來改進設備，不斷擴大原有的市場範圍，降低生產成本；只有像標準石油那樣的公司，才能夠鋪得起幾千英里的輸油管道，省去桶裝原油極高的運輸費。

也只有這樣的公司，才能建起那些隨時可能被丟棄的煉油廠；只有這樣的公司，才能造得起專供出口使用的、昂貴的油罐汽船，和負責國內運輸的油罐卡車；只有這樣的公司才能夠面對激烈的競爭，派代理商到世界各地，去建立新的市場；只有這樣的公司才能克服每間公司都有可能面臨的、突如其來的災難，定期準確無誤地提供大量的石油；只有這樣龐大的公司，才有能力在全國範圍提供設施，讓幾百萬個小型消費者直接從生產商那裡得到供應。

正如洛克斐勒先生在不動聲色中觀察到的那樣，「我們公司並不是自發地在增長。我們並非什麼都不做，就坐在那裡等著分紅。我們公司增長的理由，和其他成功企業的增長理由是相同的：我們基本的指導原則是正確的；我們公平地對待每一個人，並且能迅速應對突發狀況；我們研究事實；我們耐心等待機會，同時也創造機會；我們不遺餘力、不惜一切代價生產最好的產品；我們不會目光短淺到用高不可攀的價格縮小自己的市

場，相反，我們會不停地想辦法將價格降到最低限度，從而對更多的消費者產生鼓勵作用。

「我們絕不允許成功或者暫時性的挫折，令我們失去理智；我們總是異常謹慎地保持良好的財務狀況，抵制一切讓標準石油公司的股票上市的建議，因為它有可能會給投機帶來機會，或引起股市的波動。我可以用更輕鬆的姿態來談論公司後期的成就，近幾年來公司的規模，已經發展到了讓人無法想像的程度，但是，我個人很少積極參與其管理。因為在1990年代初，我55歲之前就退休了，從那以後我偶爾才會去視察一次辦公室。」

在這裡，我絕不是要描述標準石油公司的成長歷史，而是希望以個人微薄的力量，描述一下洛克斐勒先生的優良品格，讓大家了解到他是一名謙虛的人、大概講述一下他早期的奮鬥、異乎尋常的勤奮和把握機會的敏銳度、對全人類的同情心、對自己手中的金錢抱有一種代管人的態度、深邃的洞悉能力、用明確的態度揪出各種罪惡的根源，而不是僅僅去做一些緩解工作。我對洛克斐勒先生的評論，也只能限定在我對他的了解之內，我並不是要評判標準石油公司的每一件事或其中的某件事，也不想對那些遵循洛克斐勒先生諄諄教導的人說長道短。

然而，我卻可以說，而且我必須要說，在我所見過的、所有國內外的傑出人物中，沒有一個人像洛克斐勒先生那樣，在經商和慈善活動中擁有如此寬闊和深遠的見識；沒有一個人對如何利用自己的財富和影響力來造福人類，感到如此焦慮不安；沒有一個人表現得比他更具人道主義和同情心；沒有誰能夠像他一樣，總是度人以君子之心；在對待每件事情上，他都沒有一絲一毫的傲慢與居高臨下；沒有人比他更平易近人，隨時打算著為別人做一點有用的事情，或者對一個微不足道的人和孩子說一句鼓勵的話語。

洛克斐勒先生在他七十八歲大壽的前一天對我說：「雖然老天留給我

的日子已經不多了，不足以讓我做所有自己喜歡的事情，可是，不管走到哪裡，我都能發現令人感到幸福和心滿意足的事情。我的兒子對我們一直以來為之努力的事業，產生了濃厚的興趣，我們這個國度裡一些崇高的人，正在奉獻著自己的力量，他們中的許多人是一些商人，透過參與醫療機構、基金和其他一些機構的活動，不求回報地為這方面的工作貢獻心力，對此，我感到無比的欣慰。」

約翰・戴維森・洛克斐勒

朱利葉斯·羅森瓦德

　　朱利葉斯·羅森瓦德，西爾斯——羅巴克公司零售奇蹟的締造者。羅森瓦德基金創辦人，芝加哥科學與工業博物館的創辦人。

JULIUS ROSENWALD

朱利葉斯・羅森瓦德

現代最大的商業銷售奇蹟，開始於明尼蘇達州一位工作勤奮的車站站長，最初的時候，他透過信函的方式銷售幾只手錶。如今，這間公司每天售出的商品，需要有 70 節車廂來向外運輸。

它在西元 1916 年的銷售額超過了 1.4 億美元，也就是說，日銷售額幾乎達到了 50 萬美元。所有這些都是零售，比如說一雙鞋、一套衣服、一條裙子、一臺縫紉機、一只手錶、一磅茶葉、一架鋼琴等等。每天一大早，郵差就會將 7～14 萬封訂購信送往公司。

公司總部和各個工廠裡的直接雇員為 3～4 萬人次，而間接雇員的數量恐怕就更多了。22 年前，公司一半的股份價值為 7 萬美元，如今，在沒有任何擴股的情況下，公司股票的市值已經增加到了 1.4 億美元，這還不算每年幾百萬美元的分紅。

所有的商品都不是透過櫃檯出售的，每一張訂單都無一例外地附帶著一張支票或郵政匯款單作為結算方式。該公司的印刷品遍布整個美國，每年的印刷量遠遠超過了任何一家機構，就連《聖經》每年的銷售量也沒能超越它。西元 1916 年，《聖經》的銷售量為 4,000 萬本。

說到《聖經》，前兩天我在芝加哥聽到這樣一個故事，一名主日學的教師在課堂上問學生：「我們的『十誡』是從哪裡來的？」結果一個瑞典小女孩十分肯定地回答：「來自西爾斯──羅巴克！」

這下子好啦！小女孩一語道破天機，她所說的正是現代商業奇蹟──芝加哥西爾斯──羅巴克公司。

站在這個商業奇蹟背後的不是別人，正是朱利葉斯・羅森瓦德，他是該公司的總裁。

如果你稱羅森瓦德先生為「奇蹟創造人」，他會不高興，因為他並不覺得自己做了什麼特別的事，他打心眼裡拒絕認為自己獲得了什麼了不起

的成就。

當我向羅森瓦德先生表示，他有著斐然的成就時，他卻打斷我的話，說道：「一個人的力量是微薄的，他無法執行自己或他人的想法。那些處在最高層的人物得到的讚譽往往最多，然而令他受到誇讚的那些理念，常常卻是來自於其他人的腦海。假使沒有別人來實踐他或其他人的想法，那麼僅靠他自己又能做成什麼大事呢？真正在做事情的，是圍繞在最高人物周圍那些有能力、並且願意為他做事的人們。在建立西爾斯──羅巴克公司的過程中，我只發揮了渺小的作用而已。」

一天，一個朋友和羅森瓦德先生同駕一輛車子回家，此時正值西爾斯──羅巴克芝加哥主基地的下班時間，1.3萬名員工如潮水般湧出大樓。

這位朋友便問他：「羅森瓦德先生，有這麼多人為你工作是種什麼樣的感覺呢？」

他回答道：「為什麼問這樣的問題？我從來沒有覺得他們是在為我工作，我一直覺得他們是在和我一起工作。」

公司剛遷入現在這座宏偉的大廈時，有幾位行政人員看到他們總裁的地板上竟然沒鋪地毯，沙發前也沒有方毯，感覺很不習慣。所以他們幾個私下湊在一起，買了一塊非常華麗的東方地毯，然後走進總裁辦公室，表達了一番後，送上這份漂亮的禮物。儘管他感到萬分迷惑，但他仍然對員工表示極大的謝意，並努力做出一副開心的樣子。

這塊地毯就這樣緊緊地捲著，靜靜地立在牆角。一週又一週過去了，然後，地毯不見了！

芝加哥的一位傑出人物向我說起羅森瓦德先生時，說他是「芝加哥的最佳市民」。

朱利葉斯‧羅森瓦德最出名的地方，就在於他並不具有超人一等的經商能力，他也沒有敏銳的商業目光和嗅覺，身為一個經商的人，他也沒有什麼明顯的、超越常人的能力。羅森瓦德的偉大之處不在於他的企業，而在於他本人；不在於他有什麼，而在於他是什麼。他的個性、特徵、真誠、誠實、民主、善於思考、善良的心地、對眾生的憐憫、竭盡全力去幫助那些不幸的人們，不論膚色、種族與年齡。

在他的企業中，羅森瓦德先生十分注重並致力於正確的經商原則。西爾斯──羅巴克規定，商品目錄表上對所售商品的每一條陳述與描述，都必須跟實際物品完全一致，這些檢查對比工作由公司特別僱用的專家來完成。此外，公司還投入大量資金在各地設立實驗室，這些實驗室負責用科學和化學手段，來檢驗每一件運到的商品，只要是略有瑕疵的商品，就會被拒收並立刻退貨。這條規定令許多商家在發貨之前，都會再三考慮自家的產品能否通過這種最嚴格的檢驗。任何客戶只要對所購商品不滿意，都可以退貨退款，來回的運費由商家來負責。所以，銷售人員一定要時刻謹慎，因為承擔風險的人不是顧客，而是他。

每一種你能夠想得到的商品，大到平房小到鈕扣，都可以在西爾斯──羅巴克公司購買得到。平房也可以郵購？是的。

這些又是怎樣做到的呢？這家優秀傑出企業的成長歷程又是怎樣的？

35年前，明尼蘇達州的R‧W‧西爾斯（Richard Warren Sears）還是一名年輕的火車站站長時，他就有了透過信件銷售手錶的想法。他的廣告做得巧妙而機智，所以生意也相當好。他對自己許下諾言，等存夠10萬美元後就要退休，最後他做到了。不過連續半年的閒散，讓他明白了一個道理：理想的生活狀態應該是有事可做，而非無所事事。但是他已經決定了，自己的名字在3年內不會出現在任何一份郵購訂單上。

最後，他和一位名叫羅巴克的手錶製造商朋友簽訂合約，為新成立的

公司取名為 A · C · 羅巴克公司。到了第 3 年合約期滿之時，羅巴克這個名字已經具有一定的知名度，所以，羅巴克先生雖然不是合夥人，公司卻繼續沿用他的名字，並改名為西爾斯——羅巴克公司。西爾斯是一個敏銳、積極的商人，當公司遷往芝加哥時，他又在自己的業務範圍內增加了各種新品項，其中包括衣服。然而，所有的銷售依然是透過郵寄進行的。

當時，朱利葉斯·羅森瓦德在芝加哥從事服裝行業，他是西爾斯先生的一名供貨商。由於衣物的郵購需求量迅速擴大，沒過多久，當時只有西爾斯先生一個人的西爾斯——羅巴克公司的資金，就跟不上業務的需求量了。最後他提出來讓羅森瓦德先生入股。

羅森瓦德先生深知看到機會，並抓住機會的重要性。從很小的時候，他就表現出非同一般的創新精神、企業家精神和勤奮。還沒滿 11 歲，他便對商業萌生一種好奇心。他曾經在家鄉挨家挨戶上門推銷過一些小物品，他出生於伊利諾州的斯普林菲爾德，他的父親在當地的一家製衣企業工作。他最擅長銷售當時非常受歡迎的彩色圖片和彩色石印圖片。然而，羅森瓦德卻更願意老老實實去賺錢。比如說，他曾為教堂的管風琴充氣，好讓女管風琴手可以隨時使用。

說起自己的少年時光，羅森瓦德先生萬分感慨地說：「林肯總統紀念碑在斯普林菲爾德落成那一天，我的銷售宣傳冊賺到了 2.25 美元，這一切彷彿就像在昨天，格蘭特總統（Ulysses S · Grant）是我第一個親眼看到的總統，也是我第一個見過的戴著兒童手套的男人。」

那個時候，朱利葉斯已經不小了，他開始關注一些和服裝行業有關的問題。15 歲那年的暑假，他受僱於一家服裝店，這是他的第一份正式職業。

我問道：「你是怎麼花這第一筆錢的？」

他回答：「存起來了。」我注意到，他在回答這個問題時，略顯遲疑。

我繼續刨根問底：「那後來呢？你拿這筆錢做什麼了？」

「我用這將近 25 美元的存款，為母親買一套茶具，來慶祝她結婚 20 周年紀念日。」

16 歲時，他離開了學校，進入紐約一家名為哈默斯勞兄弟的服裝批發公司，這家公司是他的兩個叔叔開的。羅森瓦德生活過得十分節儉，21 歲時，就存下了一筆錢。父親給他一些援助資金後，他就在第四大道距離布羅考兄弟不遠的地方，開了一家服裝零售店。雖然這裡不是金礦，但透過他不斷地努力，這間商店的利潤還過得去。有一天，羅森瓦德先生和一名專門生產男士夏裝的服裝廠業主談話時，這個生產商無意中說起：「我們至少有 16 封訂購電報，可我們的產量卻滿足不了訂單的需求。」

羅森瓦德先生繼續講述道：「他的這番話留給我很深的印象，他的訂單竟然多到來不及生產！半夜裡，我醒來後再也無法入睡，就在那一刻，我突然意識到服裝加工是一個值得投入的行業，所以我決定賣掉服裝店，開始加工男士夏季服裝。」

羅森瓦德找到了同樣來自伊利諾州的朱利葉斯·E·韋爾來做合夥人，告訴他，在芝加哥還沒有服裝加工企業，所以這是最好做的一行。剛開始的時候，羅森瓦德和韋爾兩個人既是生產商又是批發商，作為初入行的人，他們需要克服許多困難，一兩年之後，他們的生意越做越大，並且有了極大的利潤。從西元 1885～1895 年這 10 年間，羅森瓦德先生投入了全部的精力來發展羅森瓦德 —— 韋爾公司。後來，他退出後重新組建了羅森瓦德公司，專門從事普通衣物的加工生產。到了這個時候，西爾斯已經成為他最重要的客戶。

西元 1895 年，羅森瓦德同意以 7 萬美元的價格，和另一個人共同買下西爾斯 —— 羅巴克公司的一半股份。一開始，羅森瓦德先生並沒有成為西爾斯 —— 羅巴克積極的合夥人，仍將注意力放在他自己的公司上。

這筆新注入的資金，使這家郵購公司的業務量，在不到一年的時間裡，擴展到了 50 萬美元。西爾斯單憑個人的力量已無法管理好這間公司，所以，西元 1896 年，羅森瓦德先生開始著手西爾斯——羅巴克的管理工作，他擔任公司的副總裁和財務總監。西元 1908 年，西爾斯先生退休後，他成為該公司的總裁，幾年之後，西爾斯先生去世了。

早些時期，西爾斯——羅巴克和其他郵購公司一樣，對自己的廣告措辭和商品目錄都不是十分挑剔，所羅列出的商品與實物也並非完全相符。那個時候全國上下的商業道德標準，普遍不如現在這麼高，羅森瓦德先生告訴自己，一定要提高商業道德標準。他的道德法典很快就轉化成了利潤，「誠實為上策」的原則在這裡得到了充分的證明。

蒸蒸日上的西爾斯——羅巴克，又引進一些改進後的經商方式，擴大了經營範圍，它開始自己設廠，現在工廠裡的員工已達到 2 萬人。它擁有最好的買家，並賦予他們幾乎是無限的機會。它延長了自己的郵購產品目錄單，尤其是全年供貨的商品，並增加一些季節性產品和特殊產品。它在不斷提高產品品質的同時，還採取了一項具有革命性的策略——不滿意就退款。這個讓人信心倍增的策略，令銷售量一次次創下新紀錄，從西元 1900 年的 1,100 萬，到西元 1906 年的 5,000 萬，到了西元 1914 年，銷售量一下子就竄到 1 億美元，僅在最近的 3 年裡，銷售量就提高了 40%。

又有誰曾想得到，鞋子竟然也能郵購？但是這個設想在不久前得到了實現，月銷售量很快就超過了 100 萬美元，這一數字大大超過了世界上任何一家零售商店的銷量，而且多數鞋子都是在他們自己的工廠裡生產出來的。

人們應該還記得西爾斯——羅巴克併購大英百科圖書公司的過程，以及它後來舉辦的一次圖書界規模空前的促銷活動。此次促銷活動為西元 1916 年的銷售額，貢獻了 500 多萬美元。想出這個主意的人，其實並不

是羅森瓦德先生，而是他的副總裁，另一位具有非凡能力的人艾爾伯特·H·洛布（Albert H·Loeb）。

西爾斯——羅巴克工廠裡的勞動力節省裝置、作業系統和機械設備，都是我所見過最好的，甚至一些最先進的汽車廠也無法與之相比。

羅森瓦德先生並不像許多總裁那樣，把所有的權力都握在自己的手心裡。西爾斯——羅巴克公司的部門經理權力範圍之大，是多數公司的部門負責人所無法想像的。公司鼓勵他們想出一些新的辦法來，並讓他們放開手腳去嘗試，直到取得結果為止。

羅森瓦德先生說：「我們要給別人做事情的機會。」

「我們對他們充滿信心，給他們足夠的後援來實現自己的想法。即使他們偶爾也會犯錯，結果也比總是由一個人控制著整間公司要好。」

羅森瓦德先生對雇員的舉止行為要求十分嚴格。他給予全廠幾千名女工父親般的關愛，並立下了鐵一般的嚴格規矩，任何企圖利用職權之便打破規矩的男性雇員，不管他是多麼重要的人物，一概不會被原諒。雖然西爾斯——羅巴克為職工提供的健身娛樂設備，是任何一家公司都無法媲美的，不過，公司卻禁止舉行能夠讓男、女工人互相熟悉的野餐或其他社交活動。實際上，當你走近西爾斯——羅巴克廠區時，首先看到的是壘球場、網球場和其他的運動場地，廠房前面還有一座座美麗的花園。公司的餐廳有精良的烹飪設備，以低廉的價格為工人們提供可口的飯菜，男工人和女工人在同一間餐廳吃飯，但不可以在同一張餐桌上用餐。

對於羅森瓦德先生而言，餐廳的飯相當豐盛，他也在餐廳吃午飯。有一天，一位參觀者和羅森瓦德先生一起吃飯，這時他注意到有一位男工人和一個女孩坐在一張桌子上吃飯，於是，這位總裁立刻就詢問事由。當他知道他們是同在公司工作的父女時，立刻找來餐廳經理，讓他另外安排一張桌子，這樣一來，像這種情況他們就既可以一起吃飯，又不破壞公司的規定。

幾年前，西爾斯——羅巴克公司的幾千名職工，就獲得了以發行價購買公司股票的機會，現在，他們手裡的股票價值已經翻了 4 倍多。或許，羅森瓦德先生在和同事們的關係上，最成功的地方就在於他的「雇員儲蓄和雇員利潤共享計畫」，專門研究這個專業的學生說，這是一項前所未有的好計畫。

簡單來說，若是某個工人將自己薪資的 5% 投入共同基金內，那麼他就有權享受到公司每年淨利潤的 5%。在一般的利潤基礎上，通常工人們投入的是 1 美元，而收到的將會是 2 美元。比如說，一個工人每週的薪資為 20 美元，每週向基金裡投入 1 美元，那麼 15 年之後，他投入的 780 美元，就變成了 3,428 美元。30 年後，他投入的 1,560 美元將會成為 10,566 萬美元。該基金對加入它的工人來說，是十分有利的。

此外，所有年收入在 1,500 美元以下的職工，都可以享受到「年度補助」。工人進入公司滿 5 年後，就可得到薪資總額 5% 的年度補助，以後每多一年，補助就上漲一個百分點，也就是說，等到進入公司第 10 個年頭時，就可以拿到占薪資總額 10% 的年終補助，從此以後每年都是 10%。打個比方，一個每週薪資為 25 美元的工人，如果有 10 年的年資，那麼他就可以得到 130 美元的補助。第一次拿到年度補助的工人，同時還可以得到一枚金質徽章，到了第 10 年年底，還有另一枚徽章，第 15 年、第 20 年都有相應的徽章。公司裡不論是資深工人還是辦公人員，均佩戴著表示自己年資的徽章，這份榮譽猶如佩戴著維多利亞十字勳章的英國士兵。

羅森瓦德先生在解釋引入雇員利潤共享計畫的初衷時說道：「奢侈是美國人根深蒂固的罪孽。我們的計畫將讓一些工人重新感覺到，將自己收入的一部分存起來是值得的，它鼓勵和幫助工人們累積一些東西，還可以讓他們摒棄一些沒必要的東西，對他們的個性也會產生良好的影響。幾年

後，要是他們想要取出積蓄是完全可以的，用不著等到頭髮白了。在這裡工作5年後，如果一個女工想要結婚，她可以連本帶利取出自己的積蓄，男工人在滿10年年資後，也可以自由取出自己的積蓄。」

「但是，不要以為我們為工人所做的一切，都是出於慈善的動機，至少不完全是。我們讓工人利潤共享，讓他們擁有股票，或者低價為他們供應午餐，提供醫療服務給他們，提供健身場所、假期等等，所有這一切都是因為我們認為它是一件好事，值得去做。」

羅森瓦德先生這一番話，聽起來有些公事公辦、冷冰冰的感覺，可是不知為什麼，也許是出於對他的尊敬吧？我總覺得這些勇敢的話語，不能代表事實或全部的事實。我認為這些富於人道的做法，是出自他的內心而不是出於經濟利益。換句話說，這其中也包含有一些感情因素在內。

羅森瓦德先生承認：「瀰漫在整個工廠裡的那種快樂氣氛，是能讓我繼續管理這間公司的巨大吸引力之一。」

在我參觀整個西爾斯──羅巴克公司的過程中，我深深地被工人們那種顯而易見的快樂打動了。我看到一位正在不停地往印刷機裡送紙的年輕女工，我想這樣的工作一定枯燥之極，沒想到她卻微笑著回答：「不枯燥，我覺得就像是在玩一樣輕鬆。」

「那妳的手不會痛嗎？」

「不痛，你看我的手指頭上面套著頂針呢！」

要是一間公司能夠擁有工人們極大的忠誠度和滿意度，即使是日復一日、年復一年地重複同樣動作往印刷機裡送紙，她都感到工作像玩一樣輕鬆，心滿意足地做著這份工作，那麼這間公司至少解決了勞資問題的其中一個方面。

讓我再來舉一個例子說明一下，羅森瓦德先生對待工人的態度，他認為從某種程度上來講，自己應該對職工的福利負起一定的責任。西元1906

年，當公司從芝加哥南部遷入現在的辦公大樓和工廠時，羅森瓦德先生非常擔憂周圍的沙龍會影響到工人們。有人以這種「家長式作風」不應干涉到自由成長的公民個人習慣為由，提出了反對。但是，羅森瓦德先生是總裁，他說了算。經過大家的同意後，公司最後頒布了一項規定，工人不許進入距離工廠8個街區內的沙龍，初犯者警告，再犯者開除。

有一個沙龍恰恰就在距離工廠的第8個街區上，為了吸引來來往往的工人，它豎起了一塊牌子，在對著工廠的這一邊寫著「第一次機會」，而在對著外面的那一面寫著「最後一次機會」。

西元1912年8月12日，羅森瓦德先生慶祝了他的50歲生日。這次慶生，他總共捐贈了70萬美元給各種有價值的機構，其中捐給芝加哥大學25萬美元，為芝加哥西區的猶太慈善機構捐助了25萬美元，5萬美元捐給了芝加哥附近的社會工作人員鄉村俱樂部，另外還捐給塔斯基吉的一些分支機構2.5萬美元，這些機構包括郊區黑人孩子的學校。在西元1911年年初，他提出來要在美國的每一區，都專門為黑人建立一座青年基督教協會會館，他個人出資2.5萬美元，在5年內透過公共募捐的形式，籌集到剩下的7.5萬美元。目前有十幾個城市取得了籌建資格。

西元1917年3月，美國猶太救援委員會宣布一項決定，各大報紙紛紛將這項決定描述成有史以來送給猶太人最大的禮物。在此次募捐運動中，羅森瓦德先生同意為委員會提供募捐額的10%。也就是說，委員會如果籌到了100萬美元，那麼其中就會包括他提供的10萬美元，所以，此次募捐的100萬美元中，有10萬美元是羅森瓦德先生捐贈的。

在過去的兩三年間，他已經在郊區社區裡設立了150所小學，主要集中在南部一些極為貧窮的地區。他的援助對象既不分種族也不分宗教信仰。羅森瓦德先生是塔斯基吉委員會的理事，晚年的布克‧T‧華盛頓了解到，只有他才是自己最忠實的支持者，這種支持不光來自經濟方面，而

且還幫他解決了許多管理和種族方面的問題。

在芝加哥時期的一個小插曲，讓我看到羅森瓦德先生樸實無華的做事風格，我認為這件事在這裡值得一提。芝加哥有一名教會的優秀領導人整天事務繁忙，工作任務繁重。一天早晨，一輛嶄新的汽車停在這位神職人員的家門口，司機走出來，他讓女傭告訴自己的主人，他的汽車正在門外等著他。他告訴女僕，一定是什麼地方弄錯了，他從來沒有訂購過汽車。然而司機卻堅持說，這輛汽車就是他的。調查清楚後，他才知道是羅森瓦德先生為他買下了這輛汽車，並且還全盤包攬了汽車的保養費用。

羅森瓦德先生是芝加哥猶太慈善協會的主席，還積極參與許多民政、慈善、教育實體舉行的各種活動。他還是芝加哥公共效率局理事會的主席，並在芝加哥和平協會裡有著重要影響。當威爾森總統選他為新的國防委員會成員後，他立刻將自己大部分的精力投入到華盛頓，日夜奔忙於為戰場上的美國官兵們配備物資。他對各種生產領域，尤其是服裝加工領域的詳盡了解和實踐經驗，對於美國政府來說，具有無法估量的價值。

芝加哥大學有一座朱利葉斯·羅森瓦德會堂，但這個會堂的命名沒有得到羅森瓦德先生的同意。他不會讓任何一座建築或任何一個機構以自己的名字來命名，就算它們是自己資助的也不行。可是芝加哥大學在命名時，他正好在巴勒斯坦，所以他捐獻的這座會堂，自然而然就變成了「朱利葉斯·羅森瓦德會堂」。

我向他提議道：「西爾斯──羅巴克公司其實應該叫做羅森瓦德──洛布公司才對。」

「不，不，不，」他立刻反對道，「我可不希望在墓地的裡面和外面都豎起一塊墓碑，人一旦離開這個世界後，馬上就會被遺忘。」說到這裡，他停頓了一下，然後繼續說：「或許，這樣最好不過了。」

我在羅森瓦德先生的辦公室期間，碰巧看到了溫馨美好的一幕。電話

鈴響起時，羅森瓦德先生拿起聽筒，臉上立刻綻開了笑容，然後，他興奮地告訴我：「是我母親打來的電話，她馬上就會來。她已經 4 年沒有到這裡看我了。」然後，他就一直不停地朝窗外張望，就在母親出現的那一瞬間，他像個孩子般立刻迎了上去。那一刻，他不再是西爾斯──羅巴克公司的總裁，而只是那個朱利葉斯，所有公司的一切事物都被他拋到了九霄雲外。

後來，他的一名同事透露說：「每天早上上班前，他首先要去看看自己的母親。不論他在辦公室有多忙，每天從郊外廠區下班回來後，第一件事也是去看他已 85 歲高齡但身體仍健康的母親。有一次，他這樣對我說：『上帝讓她多留在這個世上一天，就是多給我一份禮物。』」

朱利葉斯・羅森瓦德是我所見過的、最優秀的美國公民。

朱利葉斯・羅森瓦德

約翰・D・瑞安

　　約翰・D・瑞安（John Denis Ryan），實業家，銅礦業寡頭，阿那康德銅業公司的總裁、蒙大拿電力公司的建立者。

JOHN D. RYAN

「是他臨危受命，接管了這個企業。當時，政治腐敗猖獗，兩大礦業大廠之間硝煙瀰漫，隨時會爆發一場更大的戰爭。企業之間充斥著競爭與敵對，個人小企業和勞工均不受任何法律的管束。他首先擊敗了自己的政治對手，然後又買下生意對手的全部股份，接著，他消除了各個分公司之間的嫉妒和分歧，最後建立起世界上最大的銅礦企業，日產紫銅100萬磅。不僅如此，他還將這間公司發展成為一個綜合性工業企業，其中包括許多重要的鐵路、煤礦、木材和日用品公司，同時它還幾乎是世界上最大的鉛礦、鋅礦開採企業。」

以上所總結的人就是約翰·D·瑞安，他是阿那康德銅業公司的總裁，該公司銅的產量占了全世界的六分之一。此外，他還是蒙大拿電力公司的建立者，以及許多鐵路、工業、金融公司的負責人，這其中就包括了美國國際公司。光是他的各種頭銜，就在《美國企業名人錄》中占了整整一頁。

這位目睹了蒙大拿州日新月異變化的商人繼續總結道：「後來，他又全心全意地投入電力行業中，建造今天美國效率最高的水電站，蒙大拿95%的電力都是由這個電站供應的。因為他生產的電價格低廉，可以說是全美國最低的價格，所以，這一點在相當程度上，促進了蒙大拿州的整體發展。

「雖然人們並沒有意識到這一切，但有一個事實卻是不容忽視的，在美國鐵路電氣化的普及過程中，他比其他任何個人或組織付出更多的努力。他率先徹底實現了自己公司的鐵路電氣化，它讓聖保羅出色地完成整個洛磯山脈路段的鐵路電氣化專案施工，這也許是他對人類文明和進步做出的最大貢獻。

「他是怎樣成功做到這一切的？他透過各種辦法，小心謹慎地達到目標，並且能夠做出正確判斷。他完全是依靠個人的人格魅力，激起各個階

層和團體的信心，勞工也不例外。他堅定不移地用公平合理的原則對待每一個人。」

我認為自己對約翰‧D‧瑞安在業績等各方面的了解，還是較為全面的，所以，希望他能夠說點什麼，也好給予那些一心向上的年輕人們一些鼓勵或指導。

「不，」不料，瑞安先生卻舉雙手反對，「我沒做過什麼值得去談論的事情，也不值得年輕人去仿效。你不可以隨便用一個栩栩如生的故事，就把我描寫成一位在礦井裡穿著工作服、揮汗如雨的工人，因為我從未當過礦工。在學校裡我也不是什麼神童奇才，我也沒有比其他人更努力。」

「那麼，我是不是應該認為，你之所以能有今天，是因為自己的影響力……」

「影響力？」瑞安先生打斷了我的話，「影響力對於一個年輕人來說，是最大的不便之處，會讓他覺得自己不需要盡全力去做事情，這樣只能給他帶來壞處。當其他工人得知，某個人上面有人時，會用輕蔑的眼光看待他，這對其他人造成的影響也是不好的。而且他的工頭或其他主管要麼偏袒他，要麼就會把他放在他無法勝任的位置上。

「而且，若老闆是個與眾不同的人，那麼他會不想提拔你，就算這種提拔是你應得的，他也會猶豫再三，因為老闆不願意其他工人有看法，認為老闆在優待你。所以說這種影響力對整個公司來說都是不利的。有些年輕工程師、大學畢業生或其他人來找我，讓我寫一封信，好讓他在我的工廠裡得到一份工作，這時候，我就會把以上對你說的話講給他們聽。」

本篇有關約翰‧D‧瑞安的人物特寫，與其他類似的東西大不相同，這其實是有原因的。在此之前，瑞安先生從來沒有在出版品中提過他的職業生涯，這導致了許多有關他的文章，都是些杜撰和虛假的東西，根本就不是事實。通常，他被人們描述為一個在礦井下幹活的、了不起的年輕

人，由於他具有擺平西部礦區所有牛仔和礦工的能力，所以很快就在礦區聲名大噪。

也正是由於他的這一特殊能力，他才被紐約的一些資本家看中，作為最佳人選，派他去管理那些動盪不安的煤礦。他在那裡很快就施展出自己的才能，所以，沒過多久就成為煤礦的經理。當政治家表現得不那麼守規矩時，他又用同樣的辦法漸漸制服了他們。後來，他又徹底戰勝了一度曾是蒙大拿銅業大王的F·A·海因策（F·A·Heinze）。因此，這位年輕的「烈騎」被任命為標準石油公司礦產企業的總負責人。這就是那些想像力豐富的作家們筆下的約翰·D·瑞安。

要戳穿這個傳奇故事似乎有點遺憾，然而約翰·D·瑞安的職業生涯中，並非沒有真正的傳奇元素。一個沒有任何經濟、技術、金融背景，只有一些旅行銷售經驗的年輕人，憑藉著堅持不懈和正確、正當的才智，在尚未步入中年之時就擁有好幾家銀行，並成為世界上最大的銅業公司總裁，建造美洲大陸最有影響力的電站，甚至被選為多家大型的金融、鐵路以及工業公司的董事會成員，其所獲得的財富或許已經達到了8位數，難道這一切本身不就是件傳奇性質十足的事情嗎？

但是，千萬別把這一切只看作是奇蹟，畢竟一切有因必有果。

我告訴他，人們常常把他說成是一個十足的食人魔王、一個力大無比的「參孫」，只需要伸出一根小拇指，就能將那些不聽話的礦工全部擺平。他，瑞安是勇氣的化身，是男子氣概的出色典範。

「荒謬至極！」他再次打斷我的話。「我在礦場的時候，從來沒有和誰吵過架，我這輩子也從沒使用武力來征服過別人。」

那些為雜誌寫稿的作者，筆下所塑造出來的瑞安先生與他本人簡直截然相反，他其實並不具備其中任何一種英雄特質。下面我來講一下故事裡真實的一面。

約翰・D・瑞安出生於一個採礦世家，他的父親是蘇必略湖區銅礦分布區的發現者。約翰出生於西元 1864 年 10 月 10 日，在他出生後不久，他們就舉家從他的出生地密西根州漢考克，搬遷到卡魯梅 —— 赫克拉礦區。

然而，採礦行業對他來說，並沒有什麼特別的吸引力，他的父母希望他去上大學，而他寧願開始工作。他的叔叔在密西根銅礦礦區擁有數家日用品商店，17 歲時，他進入了其中的一家。連續 8 年來，這位未來的銅業巨人就這樣待在櫃檯後面稱白糖、量布匹、打包，按照當時的習慣，每天工作 12 小時。他的叔叔是當地商業界的一位領頭人物，瑞安從他那裡多多少少得到一些商場資訊，了解到一些經商的本質。但那時，他還沒有想過要成為一個元帥級別的人物。

由於健康問題，他的一個弟弟和妹妹都被迫去了丹佛，並在那裡生活。當時 25 歲的約翰決定也要留在丹佛，試試自己的運氣。可是，他的好運並沒有來得太快，兩個月過去了，他仍然沒有找到一份適合自己的工作。

對於生命中這段灰色的經歷，他是這樣描述的：「我在丹佛整整待了 6 個月才找到一份適合自己的工作。不過，我的適應能力還是很強的。」那個時候，他是一名沿街推銷潤滑油的旅行銷售人員。從蒙大拿到墨西哥，他走遍了整個落磯山地區，連續幾年來都不曾體會過家庭生活的滋味。

我試探著問道：「當時的生活一定是艱難、沉悶的吧？」

「那是當然。那絕對不是一條安逸之路，也不是一種稱心如意的生活。但那時我還沒有結婚，所以對我來說，生活要比其他年輕人容易一些。再加上許多礦工都認識我父親，礦工們的來來往往也相當頻繁，我碰到了不少父親的朋友，這一切都對我的事業有所幫助。

「在那段日子裡，我結識了一位名叫馬庫斯・戴利的好友，當時他的

阿那康德銅業公司正處在成立階段，他是我的客戶，我在賣潤滑油給他的同時，漸漸與他熟悉起來。」

和人們的普遍印象正好相反的是：瑞安先生未曾為戴利工作過一天，在戴利有生之年，他也從來沒有在阿那康德銅業公司工作過一天。實際上，戴利不止一次讓這位來回奔忙的銷售員來阿那康德公司工作，但是都被瑞安拒絕了。所以，在瑞安30歲時，月收入仍然在100～150美元之間徘徊。

32歲那年，瑞安和自己的同鄉內蒂·加德納小姐結婚。婚後的瑞安顯然有了更大的志向，因為當馬庫斯·戴利去世後，這位昔日的潤滑油業務員竟然產生了一種要擁有戴利銀行股份的想法。他拿出自己全部的積蓄，又向朋友借了一部分，買下了所有小股東手裡的股票，這讓他的能力得到了全面的發揮。

身為赫赫有名的戴利公司麾下金融機構董事會負責人，瑞安來到了蒙大拿州，這讓他有機會接觸到這一地區各個階層的人。他必須承認，在那段劍拔弩張的日子裡，他的確做得相當出色，因為還不到3年的時間，約翰·戴維森·洛克斐勒最勇敢的合夥人亨利·H·羅傑斯，就要求瑞安負責蒙大拿州聯合銅業公司的所有事務。

在美國，這樣的工作在哪裡都不好做。當時的聯合銅業公司有過幾次嚴重的黨派鬥爭，所以，迫切需要與佛里茲·奧古斯塔·海因策做出了斷，工人們的情況也不穩定，隨時都有罷工的可能性。整個州處在動盪不安中，每個人都被劃分了陣營，要麼是站在聯合銅業這邊，要麼就是在海因策那邊。

令人感到不解的是，瑞安在石油行業的所有行為，都是在和標準石油公司的人對著幹，他後來的一些行動也是如此。

西元1904年，瑞安成為聯合銅業公司的最高管理人員，負責管理所

有子公司。他的工作既包括管理銅礦業務，也包括管理工人。瑞安接管後的第一次選舉來臨時，海因策陣營大敗而歸。瑞安總結道，不管怎麼說，海因策是一位光明正大的鬥士，他意識到自己已經一敗塗地，因此也就有心情坐下來用和平的途徑解決問題。

所以，瑞安就公開和海因策談判，要求收購他在蒙大拿的全部企業。而此時的海因策也無心戀戰，迫不及待地想要出售，可是，他希望此次交易能夠留給人們這樣一個印象：他之所以同意將公司賣出，完全是對方妥協的結果。

聯合銅業公司決定徹底根絕一切與海因策有關的事情，並且不會接受任何可能會產生漏洞，而給日後的管理帶來不便的談判。海因策和聯合銅業之間的這次交易，在美國礦業史和金融史上留下了引人注目的篇章，所以，我一定要說服瑞安先生講述一下，當時這件事情的具體情形。

瑞安先生說道：「由於海因策強烈反對這次交易讓自己看起來像是被收購，而且他堅持要讓自己看起來是兼併人，所以，要想找到一個將海因策公司連根拔除的談判方式，著實很難。情形一度極具幽默色彩。海因策曾經鄭重其事地向工人們承諾過，如果能夠得到他們的支持，他願意為他們戰鬥到最後一刻，所以，他十分害怕巴特的工人們知道他打算將整個銅礦都賣掉，簡直怕得要死。他永遠不會和我見面，除非是在最不正規的場合之下。

「我們從來沒有從同一個門裡進入同一個房間，他從來沒來過我的辦公室，我也沒去過他的辦公室。每次見面，要麼是在律師的辦公室裡，要麼就是在朋友的家裡。我們最重要的一次會議，竟然是在羅德島的普羅維登斯舉行的，因為他當時住在紐波特，而我則住在紐約。不論是在紐波特還是在紐約，他都不願冒這種被別人看到我們在一起的風險。

「從談判剛開始時，我和海因策之間就十分友好。雖然有幾次差一點

就談不攏，不過我們之間仍然以誠相待，他在言詞上從來沒有冒犯過我。

「經過了 6 個月的協商之後，我們最終在一個晚上談妥了一切。那天，我們從晚上 9 點一直談到凌晨 3 點，終於在價格問題上達成一致。」

西元 1906 年，除了列克星敦銅礦以外，海因策在巴特地區的所有銅礦企業，都被聯合銅業公司買下了。由於列克星敦銅礦當時的債券尚在發行中，所以，海因策無權將其出售。海因策抽身離去後，各個銅礦內部的黨派騷動也就漸漸平息下去，在這種情形之下，瑞安就可以從黨派運動中脫離，然後專心去發展聯合銅業公司裡新增加的企業。

我問道：「工人們有何反應？」

「一直以來，工人問題就沒有間斷過。但是，我總能把這個問題處理好，我們從未發生過罷工或工廠停工關閉事件。我們的銅礦沒有因為勞工問題而耽擱過一天，我們支付的薪資很高，工人們的服務也很好，我們的勞資關係是最令人滿意的。實際上，在我經營銅礦的那段時期，我所處理的事務中幾乎沒有收到什麼不滿、投訴事件。」

後來在蒙大拿州的確發生過嚴重的勞工暴力事件，但這件事是發生在世界產業工人組織和西部礦工聯盟之間，起因是為了爭奪巴特礦工工會的控制權。這次衝突引發了嚴重的混亂和無序，暴亂期間，礦工工會的大廳被炸毀，最後在動用軍隊力量的情況下，才使該地區重新恢復秩序。這次暴亂銅礦公司並沒有參與，矛盾雙方是兩個工會組織。聯合銅業公司最終解決了這個問題，他們拒絕承認任何一方的合法性，並公開設立一個機構，這個機構到現在已經執行了 35 年，是有史以來持續時間最長的一個。

作為對瑞安先生工作效率的褒獎，他被選為阿那康德銅礦公司的總裁。

西元 1907 年的那次「大恐慌」，約翰・D・瑞安是美國極為少數的、全然不知的商人之一。那一年的 8 月，他得了嚴重傷寒，發著高燒，連續病了好幾個月，直到第二年的 3 月才重新回到自己的職位上，所以外面發

生了什麼事,他一無所知。瑞安這個聯合銅業公司的棟梁剛剛恢復健康,另一位更重要的人物 H・H・羅傑斯卻病倒了。當時羅傑斯對自己在西部的這一「重大發現」十分滿意,開始對瑞安委以重任。他將瑞安召回紐約,讓他幫助管理自己在聯合銅業公司的一些重要日常事務。第二年羅傑斯去世,瑞安接替他的工作,成為聯合銅業公司的總裁。

瑞安的強項之一,是將聯合銅業公司所有分散的企業集中起來,實行統一管理。這樣做提高了效率,也可以有足夠的資金來使每間公司得到進一步的發展和擴張。他有做大事的能力。

只管理一家綜合的、強大的公司,要比同時操心六七個弱小的企業更容易、也更划算。瑞安先生堅信:團結就是力量。

將幾個小企業合併成一個大企業是有特別原因的。在蒙大拿,每個小企業各自擁有一小塊可以開採的領地,就像一塊塊田地一樣,所以相鄰的銅礦之間,不時會發生因侵犯對方的地盤所導致的糾紛。阿那康德持有幾個銅礦大量的股份,由於每個公司股東不同,所以沒有摩擦根本是不可能的。有一次,一件涉及 2 億美元的經濟糾紛被訴諸法律。

這個時候,瑞安的公正、能力和個人魅力,已經留給礦區工人深刻的印象,當他著手開始想辦法理順這種混亂不堪的局面時,完全有能力讓各式各樣的企業全部歸阿那康德所有。這項工作需要用極為高超的策略技巧來完成。將海因策排擠出去後,瑞安嚴格禁止對先前的鬧事者採取任何形式的報復行為,他的寬宏大量在當時就贏得了全體礦工們的信任和尊重。假如在那次事件中,他表現出狹隘或者報復心理,那麼他永遠也不可能將各種公司統一在一起。

西元 1910 年,聯合銅業公司的所有子公司,都被併入阿那康德公司,西元 1914 年,聯合銅業公司最終解體。

如今,阿那康德生產的銅礦占了全世界總產量的 15%,此外,它還

是全球最大的銀生產企業。它出產的鋅在品質上是全球最好的。公司的冶煉加工過程，是人們一致公認最先進的，這在很大程度上，要歸功於公司近年來利潤的顯著成長。更為重要的是，阿那康德公司也大量投資其他礦產公司，現在，美國各大公司它都有股份，同時它還在西非和智利也有所投資。在所有海外子公司中，智利的公司最為突出，它也是一家工商業企業。

西元1912年，瑞安在美國西南部進行了一次業務大考察，其中「啟示銅礦」給他留下了最為深刻的印象。當時它才剛剛建成，瑞安對其大量的投資，如今，它已經成為世界第三大銅礦。對於這個銅礦的投資，瑞安可以說是撿了個大便宜，因為這個銅礦第一年的利潤，就大大超過了全部的投資成本和設備成本。

要想說明瑞安先生所承擔的責任和取得的全部成果，以上的敘述是遠遠不夠的，他還是其他幾間重要金屬公司的負責人。

如果說一個人多種了一棵草、多栽了一棵樹，也被人們稱為樂施好善的人，那麼，一位對整個州的資源發展做出了重大貢獻的人，絕對可以稱得上是慈善巨星了。雖然這種情況都是出於賺取利潤的動機，並不是以慈善行為和為公眾考慮的精神為出發點。瑞安先生的家在紐約，大部分時間都在那裡度過，但他的心還在蒙大拿州。他建立了蒙大拿電站，花費6年的時間將它發展成一個高效率的大型電站，為蒙大拿的工業、鐵路和商業，以低於美國其他州的價格供電，這無疑會為他們帶來很大的優勢。也許這就是讓瑞安先生感到最為滿意的事情吧！

有關跨越洛磯山脈全長440英里的聖保羅鐵路電氣化的故事，人們也許早有耳聞，不過只有鐵路工人和電氣化工人才真正明白，這個奇蹟到底是怎樣被創造的。

約翰·D·瑞安是它的始創者。

蒙大拿電站建成並順利發電後，為了方便位於巴特和阿那康德各銅礦之間的運輸，他決定要實現巴特、阿那康德和太平洋鐵路的電氣化。儘管這段鐵軌路程只有大約 100 英里，但是卻承擔著極大的噸位。因為這段鐵路是自有鐵路，所以，可以拿它來自由實驗。當電氣化任務完成後，事後的實驗證明了任務合格。其成本被降到最低，效率被提到最高。聖保羅鐵路尤其有趣，因為要想讓火車拖著貨物越過洛磯山脈的坡度，幾乎就是一道無法踰越的障礙。現在，透過瑞安公司所提供的電力，這個問題已經解決了。

　　如今，蒙大拿電站為長達 550 英里的鐵路提供電力，而且蒙大拿幾乎所有的礦井用電，都是從這裡來的。它還差不多是整個州照明用電的來源。

　　事實上，蒙大拿電力公司所發揮的效用，甚至超過了蒙大拿公用事業公司，因此兩年前，國會將這個事實擺到瑞安面前，並命令他說說看，他是否壟斷了整個州的供電行業。

　　「是的。」瑞安的回答令調查人員大吃一驚。「它的確占據了整個州電力服務的 95%。可是，這種壟斷並非對水力資源的壟斷，而是對市場的壟斷。它之所以壟斷，是因為它能夠以最低的價格提供最好的服務，所以，其他的水電站或其他形式的電站，才會沒有了生存空間。」

　　還沒等調查結束，調查人員就發現，蒙大拿州的人均用電量，要比其他州或其他國家的人均用電量高出許多。這一切都是瑞安企業為他們帶來的福祉。

　　「水力發電的發展、鐵路電氣化、透過不同方式提高金屬冶煉工藝，這三個方面日後產生的進步，是今天人們所無法想像的。」瑞安先生的樂觀讓我難以忘卻，對於這方面的話題，他倒是十分健談。在他的概念中，他早已將冶金、工業、運輸與人類文明視為一體。一個商人，若不是多年

來一直比普通人站得更高、看得更遠，他絕不敢做出這樣的大膽預測。

在美國國際公司的世界影響力和海外市場日益擴大之際，我向美國國際公司的某位創始人提出一個問題，為什麼瑞安先生會被選為董事會成員？我想知道他的特別之處在哪裡？他回答道：「約翰‧D‧瑞安是美國最優秀的人之一。當然，他也是礦產行業裡最了不起的人之一，他適合從事國際性的交易。但更為重要的是，他有非同尋常的經商頭腦。他不是個刻板僵化的人，總是處在一種工作狀態下，考慮著新的計畫，然後就去實現它們。在他身上具備西部人典型的那種進步迅速和積極樂觀的精神，他將這一點和東部人擅長的金融和企業經營經驗緊密地結合起來。」

西元 1917 年年初，美國政府需要購買幾百萬磅的軍事用銅，政府代表後來透露，他們第一個找到的人就是約翰‧D‧瑞安。這位代表說，他的態度十分令人滿意，所以，他們只需要另外再找一個人，也就是丹尼爾‧古根海姆就能夠解決這個問題，後來，戰爭部門得到了肯定的答覆，他們將以低於當時市場價一半還多的價格，為政府提供足夠的銅。這位代表對他們兩個人的評價是：「所有的榮譽都應歸於他們兩人。」

這就是 35 年前還在推銷潤滑油，如今仍未滿 53 歲的銅礦名人的故事。怎麼樣，他的故事還算不錯吧？

雅各布・亨利・希夫

　　雅各布・亨利・希夫（Jacob Henry Schiff），德裔美籍銀行家、慈善家。曾經以鉅額貸款資助日本軍隊擊敗沙俄國，贏得日俄戰爭。被譽為樂善好施的金融家。

JACOB H. SCHIFF

雅各布·亨利·希夫

雅各布·亨利·希夫是個非常古怪的人。

他從來沒有僱用過私人祕書,每封信都是由自己親自回覆,通常首先引起他注意力的,並不是商業信件,而是慈善信件。

他從不剪輯報紙,而且也不看那些和他本人以及他的各種活動有關的文章。

當我發現,他已經被列入「美國最優秀50人」的行列時,我對希夫先生說:「我希望能看一下有關您個人的報刊剪輯,還有那些有關您個人職業生涯的最佳速寫。」

希夫先生回答道:「我從來不保留那些和我有關的文章,我兒子或其他人那裡也不會有。」

我向他表明,這些東西會有錦上添花的效果,如果沒有,我也只能表示遺憾。

希夫先生卻評論道:「你要寫一篇有關我的文章很容易,你不需要報刊剪輯,更不需要採訪我,我們本來就認識多年,你了解我的一切。」說著,他向我眨了眨眼,「如果你願意,我保證一定會讀你寫的文章。」

希夫先生能夠在美國商業名人大廳裡占有一席之地,這也是以無懈可擊的事實為依據的。

西部地區向來只有兩家最有影響力的私人銀行,在過去的30多年來,希夫先生都是其中一家銀行的行長,他上任以來,做出的最有價值的貢獻,就是建立完善了美國運輸系統,運輸系統對整個國家的發展和富強效果不言而喻。

他的銀行為許多運輸和工業企業提供了大量的資金,華爾街上流行著這樣一種說法,比起別的美國銀行來,庫恩洛布公司做出的有益投資要多得多,投資失誤要少得多。這種說法還是比較真實的。

然而，身為金融家的希夫，在慈善事業上的成就，卻大大超越了金融上的成就。對於慈善工作，他不僅投入和奉獻了幾百萬美元，而且還投入了自己生命的一部分——他的精力、智慧、心思、時間，或許還有無數個不眠之夜。

當華爾街上北太平洋大恐慌的程度到達最高峰的時候，庫恩洛布公司的合夥人曾發瘋般地四處尋找希夫先生。那天，他沒有去辦公室，也不在家裡，更沒有和希爾曼先生一起去開會。最後，他們發現希夫先生竟然在蒙蒂菲奧里中心參加一個會議。當這位情緒激動的合夥人滿腔怨氣衝到希夫面前時，希夫先生冷靜地回答：「這裡的窮人比你們這些人更需要我。」

但他的崇拜對象，並非是人們普遍認為的猶太教，而是一種公民意識。他的信條是：一個人從始至終必須是一個良好的、忠誠的市民，要帶著熱情，時刻準備著負起一個公民應有的責任。在他的帶動下，市民精神到達了一個更高的境界。他認為，只有一個有價值的市民，才可以成為一個有價值的猶太教徒或天主教徒。公民精神高於一切。他為公眾提供那麼多服務，為教育做了那麼多貢獻，並一直堅持慈善捐助，也努力促進自己種族文學事業的發展，但他所做的這一切在他看來，都是一個合格公民應該做到的事情而已。

希夫先生的另一個特點是，他對朋友忠誠不渝。他不是那種只在你風光時才會和你結交的人。那些曾經和他有過業務往來的運輸、金融、商業、鐵路鉅子們，始終都和他保持著堅定、密切、深厚的友誼。希夫先生是愛德華·H·哈里曼早期的財經支持者；隨著時間的推移，詹姆斯·J·希爾與他的關係越來越密切；紐約人耳熟能詳的賓夕法尼亞鐵路建造者亞歷山大·J·卡薩特，把希夫先生視為一個全心全意的支持者。

其他一些和他患難與共的、經得起考驗的朋友，還有塞繆爾·雷、馬文·休伊特、查爾斯·W·艾略特以及詹姆斯·斯蒂爾曼。後來，就連銀

行業中最大的競爭對手Ｊ・Ｐ・摩根也承認，希夫是一名影響力巨大的金融家，因此，每當金融界出現一些風吹草動時，他都能發揮積極的、穩定人心的作用，他是位值得信賴的人。

希夫是所有美國金融家中，參加過葬禮最多的一個。不論哪裡有弔唁活動，他總是第一個跑去提供安慰的人。當然，他也從不會錯過向別人表示衷心祝福的機會。

雖然雅各布・亨利・希夫已經70歲了，但你可能不會相信這是真的。他騎單車快得能達到法定限速，他走起路來就連韋斯頓都不會覺得失望，希夫先生從來沒有想過，要在高爾夫球場上打破紀錄，也不想為此而拚命，他不打高爾夫球。他把自己健康、靈活的身體，歸功於適量的運動、大量的新鮮空氣和每天的「腿部運動」。

他出生於法蘭克福猶太人社區，這個地方算得上是金融家的搖籃，也因此而出名。他的父母既不是特別富有，也沒有特別窮，而且他們都與銀行業無關。不過他的家族裡還有另外一個分支，這個家族從事銀行業。所以，雅各布在很小的時候，就被帶到了神祕的金融世界。然而當他步入成年後，卻顯得有些不安分。內戰結束後，他來到了美國，因為這是一片孕育著無限機會的土地。那一年，他18歲。

他得到了一份銀行職員的工作，可是，他的才能和積極進取的心態，絕不允許他就這樣長時間被固定在那裡。他很快就成為巴奇 —— 希夫證券代理公司的初級合作者，透過自己努力的工作和學習，他的腰包很快就鼓起來了。其實在那個時候，年輕的希夫就潛力十足，被人們公認為是未來的華爾街金融家。為了拓寬自己的經驗，希夫去歐洲待了一段時間。

回來後，他加入庫恩洛布公司。當時的庫恩洛布已經是一家富有威望的銀行了。不久後，他與該公司高級合作人所羅門・洛布的女兒特里薩・洛布結婚。那一年，他28歲。10年後，洛布退休，他的女婿這時已成為

金融界名聲顯赫的新秀，於是希夫先生順理成章地填補了這個位置。30 年來，希夫先生一直以高超的技巧、準確的預見力和誠實守信，帶領著庫恩洛布銀行，在經歷了金融界的風風雨雨之後，終於躍上了美國乃至世界上最優秀的私人銀行行列。

當券商愛德華·哈里曼（Edward Henry Harriman）開始涉及鐵路建造時，他既沒有資金也沒有經驗。但他卻擁有一貫正確無誤的判斷力、政治家的胸襟、藝術家的熱情和斯巴達一般的意志。是雅各布·亨利·希夫看到了這位鐵路界的拿破崙闖入了競技場，成為第一個在經濟上為他提供幫助的金融家。

當時的太平洋聯合鐵路在連續的打擊之下破產，幾乎成了一堆擺在枕木上的破銅爛鐵。沒有金融家敢對這樣一個企業抱有信心，只有希夫先生對美國的未來充滿信心，那時候他就看到了今天的美國。於是，他參與了重組太平洋聯合鐵路的工作中。當哈里曼意識到他是一名真正的天才，前去敲門時，希夫將資金和洛布庫恩公司的傳統和聲望一併交給了他。要是沒有他的支持，像太平洋聯合鐵路這樣的大型企業能否起死回生、鐵路沿途城市的經濟能否像現在這般繁榮，這還真是個值得懷疑的問題。

當時太平洋聯合鐵路的股票廉價出售，哈里曼和希夫都大量買進，該股票在 10 年之內，就為當初購買股票的那些人帶來了大筆財富。實際上，僅僅是每年派發的分紅，就相當於當初的買入價。後來，南太平洋鐵路也被它併購，哈里曼 —— 庫恩 —— 洛布聯合企業成為美國歷史上最強勁、最有開拓性、最成功的企業。世界歷史上空前絕後的鐵路王國馬上就要形成了。

晚年的哈里曼每年的收入為 1,000 萬美元。西元 1909 年哈里曼去世後，他留下了 7,000 萬美元的遺產。其他的銀行家估計，希夫先生的財產要比他多出不少，雖然他為各種慈善事業捐助的錢已多得無法估計。

俄羅斯對待猶太人的暴行，早已激起了希夫先生無法遏制的怒火，所以，日俄戰爭爆發之時，他積極支持日本，承銷日本戰爭債券。在他的大力幫助之下，將近1億的戰爭債券被美國人購買。

作為賓夕法尼亞鐵路公司的資助銀行，庫恩洛布公司一次就發行了1億美元的債券。正是這家銀行提供了足夠的資金，才能使賓夕法尼亞的鐵路最終通往紐約，才能建起像賓夕法尼亞車站這樣的現代奇蹟。希夫先生十分欽佩卡薩特先生這位大膽的夢想家，他用鋼筋混凝土最終將夢想變成現實。順便再說一下，在賓夕法尼亞鐵路公司和庫恩洛布公司長達數年的交往中，從來沒有過一次哪怕是一點點不正當利潤，也不曾有過造成巨大損失的財經建議，更沒有過任何證券操作上的失誤。

是希夫先生的公司，將5億美元的賓夕法尼亞鐵路股票帶到法國，在法國證券交易所正式上市。這是一次困難重重的談判，但最終還是取得了互利於雙方的結果。戰爭爆發後，美國方面要求贖回這部分股票，最後大部分股票都被贖了回來。

庫恩洛布銀行還大力支持過其他的鐵路，其中有巴爾的摩——俄亥俄鐵路、芝加哥——西北鐵路、特拉華——哈德遜鐵路、伊利諾中部鐵路、太平洋聯合鐵路、南太平洋鐵路等。

希夫先生有幾個最有頭腦的搭檔，在這一點上，他真的是非常幸運。這幾個人分別是：奧托·H·卡恩、保羅·M·沃伯格（他的女婿）、傑羅姆·J·哈諾爾和莫蒂默·L·希夫。莫蒂默不愧為名門之後，大有青出於藍勝於藍之勢。

對於希夫先生的慈善工作，我也有所了解。雖然希夫先生在捐助方面不惜一擲千金，可是在日常生活中卻不會浪費一分錢。他的習慣也是他與眾不同的一個方面，每次開啟信件時，他總要把沒有寫字的空白信紙留下來當便箋簿。毫無疑問，大多數年輕人讀到這裡的時候，會忍不住被他這

種行為逗樂。但是，仔細想想，在如今奢侈浪費已成習慣的日子裡，這難道不是一種美德嗎？就連一位百萬富翁都沒有瞧不起節儉的習慣，那些不會太富有的人，又有什麼資格嘲笑節儉呢？也許正是因為希夫具有小心翼翼地將每一分錢都存起來的能力，才能讓他累積到幾百萬資產吧！

希夫先生是巴納德大學的第一任財務負責人，他還為哈佛大學建造了「閃米特文學」博物館，在紐約設立猶太人技術學院。他是赫希男爵基金的副會長，是美國猶太理事會成員。他還是蒙蒂菲奧里中心慢性傷殘人協會的主席。

在強烈的公民責任感驅使下，他成為費城政治組織「七十委員會」、紐約市民組織「十五委員會」、維吉尼亞政治領導組織「第九委員會」的重要成員。因此，在後來的幾年裡，他又被紐約市長選為市長特別委員會成員。他還被阿姆斯壯市長任命為教育委員會成員。他是紐約商會的副會長，擔負著商會內部重要的職責。他一直計劃要建立一所商業學校，如果其他人也像他一樣肯為我們的城市做一點貢獻，那麼，紐約恐怕在幾年前就有了這樣的學校。

大學、醫院、圖書館、慈善組織、紅十字會以及商會，都得過希夫先生慷慨大方的餽贈。他的捐贈並不是像潑水那樣沒有明確目的，他的捐贈往往是一場及時雨，有的時候這些捐贈是以每年一部分的形式給出的。為了紀念他來到美國 20 週年，他為巴納德奉獻了一座價值 500 萬美元的建築。

接下來，我要講的是一段悲劇性質的故事。

希夫先生認為美國的猶太人，不應該將自己隔離在整個社會以外，他譴責一切有潛在可能的種族隔離行為。他敦促猶太人首先要把自己看成是美國人，其次再把自己看成是猶太人。

西元 1916 年，他在一次演說中帶著強烈的感情，反駁來自部分猶太

同胞的批評：「我們和我們的父輩是一樣的，從沒有忘記過自己是猶太人。但是我們必須清楚，我們同時還是美國人。我們希望自己的後代能夠成為美國人，融入美國的社會。我們希望自己的孩子能夠讀懂我們的文字，懂得我們的律法和準則。可是，我們同樣也希望他們能夠用英語去思考，能夠讀懂英語，並接受美國的方式。」

希夫先生被其中一位忘恩負義的猶太教同胞所說的話，傷得實在太深了，他覺得有些話已到了非說不可的地步，於是，他聲稱從今往後，自己「不會參加任何帶有猶太教性質的活動，包括猶太復國主義、國家主義、國會運動和猶太政治家的活動」。

不了解雅各布‧希夫的人，永遠無法明白他心中所受的傷害究竟有多深。說這些話的人本應該感激希夫先生對他們的幫助，然而，此時他卻成了他們批評、譴責的對象，這種無情深深地傷害了希夫先生。

他的這段經歷讓人不由得想起晚年的 J‧P‧摩根。在當時的「紐黑文鐵路大幹線案件」中他被人告發有密謀嫌疑。當時的摩根就像現在的希夫，都已經是 70 歲的人了，卻要經歷這場難以撫慰的傷心與難過。他病倒了，並且不由得放聲大哭，傷心欲絕地哽咽道：「想想看，我活了這麼一把年紀，卻被政府視為罪犯，一個該去蹲監牢的人，這是什麼道理啊……」當年若不是查爾斯‧S‧梅林挺身而出，將責任全部承擔，真不知道摩根這位上了年紀的金融家，是否還能夠恢復過來。

他們給希夫先生定的罪名是：紐約的猶太人該怎麼做，希夫不應該太過干涉。我很難肯定，希夫先生是否認真考慮過，用正確的方式去做一件正確事情的必要性，或者，他是否曾經想到過，他所擁有的權力足夠讓人們誤以為他是個獨斷專行的人。說實話，我覺得他對新聞媒體和公眾所採取的這種不多見的態度，不是十分明智。也許他從未想過這樣做會引起人們對他的誤解。

但我可以肯定的是，他是美國猶太人最好的朋友之一，多少年來，他為美國猶太人付出的心血，幾乎和自己的銀行一樣多；歐洲最傑出的猶太人，都將希夫先生視為全世界猶太人的最高領導人，視他為現代摩西（Moses）（《聖經》中率領猶太人擺脫埃及人奴役的領袖）；若不是希夫先生多年來為他們出謀劃策、為他們出錢出力、規勸他們，美國猶太人在教育、慈善和設施方面，根本不可能到達今天的水準；他默默無聞地用自己的錢幫助了無數貧窮的猶太人、非猶太教徒、黑人以及白人；有相當多的人熟知他的慈善活動，這些人對他有無限的熱愛。

簡言之，我可以肯定的就是，任何種族都會因擁有像雅各布·希夫這樣的人而感到驕傲。

西元1916年6月，紐約大學授予了雅各布·希夫工商理科博士學位，在頒獎典禮上，副校長斯蒂文森總結了希夫先生的貢獻：

「雅各布·亨利·希夫，在這片接納並養育你的土地上，你已在金融和商業活動中取得了有目共睹的成就，成為這個領域中的佼佼者。為你的雄材偉略和膽識、為你的正直誠實和貢獻、為你忠於知識、為你信守自己種族與宗教的傳統、為你超越國界與種族界限的無私奉獻，紐約大學決定授予你工商理科博士學位，你的名字將被列入我校校友名單。」

西元1917年1月10日是希夫先生的七十大壽，猶太人、市政、商業和其他一些組織，都在為這一天的到來精心地準備著。但是以他的個性，是不會參加任何紀念宴會的。為了避免一切因他而起的忙亂，他在生日的前一天夜裡悄悄離開了紐約！

正當他打算溜之大吉之時，我恰巧來到他的辦公室。我當然會問清楚為什麼他會留下那些等著為他祝壽的人們，獨自離開，他給出的回答充分表明了他的個性。

「有的人希望能夠像我一樣一生做這麼多事，可他卻不具有像我一樣

的能力。是上帝賜予我力量，讓我能夠為其他人做一些事情，所以我毫無理由為我應盡的職責，接受別人的讚揚和慶賀。」

在他七十大壽這一天，他的支票飛向了若干個組織。希夫先生到底捐了多少錢，他不肯透露。不過事後據被資助單位稱，總數達到 500 萬，其中有 4 筆每筆都是 100 萬。

身為一位有影響力的人物，在希夫先生生日這天，來自各行各業的人都向他表達了慶祝和讚譽，引用米切爾市長的話來說，就是「城市的進步最主要來自於過去 25 年間的公眾運動」。《美國先鋒報》幾乎整版都登載了來自歐洲和美國傑出猶太人對希夫先生的讚賞和感激。《以色列贊格威爾》報用這樣的語言，貼切地表達了人們的感情：「藉此生日之際，首先要祝賀這個世界能夠擁有希夫先生，其次要祝賀他本人來到這個世界上 70 週年。」

美國財長麥卡杜對希夫先生的評價是，「金融家和利他主義者極為稀有的結合」、「既是哲學家又是慈善家」、「一個有進取心的愛國者，總能將國家利益置於集體利益之上，有價值的事業中總少不了他」。另外還有一句話說的也很不錯，要想對希夫先生做出正確的評價，那恐怕就意味著要寫一部有關猶太人近 40 年慈善史的書了。

歐洲戰爭的爆發給希夫先生帶來很大的震撼，同樣讓他震撼的還有另外一件事，希夫先生聲稱：「俄國革命可能是猶太歷史上最重要的一個事件，因為從此猶太人便擺脫了俄國人的奴役。」這件事也改變了他對猶太人民的未來所持有的看法。

俄國革命過後，希夫先生對聽眾說：「這幾週來發生的事情讓我想了很多，我感覺到，猶太人至少應該有一個自己的家園。這句話也許會讓許多人大吃一驚。

「我說這樣的話，並不是要讓猶太人擁有自己的國家。我認為在這樣

一個首先是充滿自我主義、其次是不可知論、無神論和其他意識形態的制度下，根本就不可能建立一個猶太國家。我只希望猶太人能夠完成自己的使命，在這個世界上能有一方淨土，好讓猶太學術、文化得到進一步發揚，不要掉進物質主義的染缸裡，要讓全世界的人民都了解到它的美好。

「當然，最理想的地方就是巴勒斯坦。就算真的會有那麼一天，那也不是一兩天或一兩年就能實現的事情，雖然說目前俄國的這場戰爭將這個目標又推進了一些。那麼，我們的職責就是要讓猶太文化的火種永遠延續下去。」

當美國猶太救濟委員會為戰爭中的猶太受害者，發起一項1,000萬美元的籌資運動時，希夫先生向幾百名猶太人中最優秀的人物發出了晚宴邀請，他用打動人心的呼籲、用自己捐贈1億美元的示範作用，當場就籌到了250萬美元。他強調，為了慶賀俄羅斯「承認猶太人透過革命獲得解放」，他要將自己這筆捐贈用於醫院的建造。

西元1917年夏天，希夫夫婦在R‧I‧紐波特度過。為了表達對他們的熱愛，當地的發言人說了這樣一番話：「許多尊貴的客人曾來過紐波特，對此我們深感榮幸。今天，又有兩位終身致力於慈善事業的客人來到這裡，他們的蒞臨讓我們再一次感到了無上的光榮。」

那麼，就用以上的這段話，作為雅各布‧亨利‧希夫這篇簡短個人特寫的結束語吧！

雅各布·亨利·希夫

查爾斯‧邁克爾‧施瓦布

　　查爾斯‧邁克爾‧施瓦布，鋼鐵業鉅子，在他任伯利恆鋼鐵公司總裁期間，將公司做到了全美第二大鋼鐵生產公司。

CHARLES M. SCHWAB

查爾斯‧邁克爾‧施瓦布

這個世界上只有一個人會將自己年薪百萬的聘用合約撕個粉碎。

當美國鋼鐵公司接手卡內基鋼鐵公司之時，作為責任之一，同時也接過了一紙合約。根據這張合約的規定，每年要付給查爾斯‧邁克爾‧施瓦布這個希有人才的底薪，正是這個令人咋舌的數字。

J‧P‧摩根不知道該怎麼辦才好。有史以來最高的年薪也不過就是 10 萬美元，他感到進退維谷。

最後，他把施瓦布找來，給他看這張合約，然後吞吞吐吐地問，這張合約該怎麼辦？

「這個嘛……」施瓦布說著，抓起合約將它撕了個粉碎。

這張合約已經讓他在上一年得到了 130 萬美元。

施瓦布先生對我解釋道：「我並不在乎他們付給我多少薪水，我認真做事的動機不在於錢，我相信自己所做的一切，並且期待看著它們帶來成果。我毫不遲疑地取消了那張合約。」

後來，摩根對卡內基說，施瓦布的所作所為是多麼的寬宏大量啊！卡內基評價說：「查利是我認識的人中，唯一能做到這一點的。」

他立刻按照那張未到期的合約，全額償付給施瓦布應得的薪水。

從此，卡內基公開宣布：「我的財富主要歸功於兩個人，比爾‧瓊斯和查利‧施瓦布。」

讓我再補充一點，施瓦布多年來都對卡內基的合作者精挑細選，實際上，這個精明的蘇格蘭人唯一肯將公司的管理大權全權授予的只有施瓦布一個人。

儘管他的財富超出了人們的想像，但是，施瓦布仍然是鋼鐵行業中工作最為努力的工人。原因何在呢？我來做出回答。

「我為什麼要工作？我工作是為了什麼？我的錢可以說是多得花不完。

我沒有孩子,這些錢不知道要留給誰,我的妻子也不需要它們,因為她自己也很富有。我工作是因為我在工作中能找到樂趣,在工作中有所發展和有所創造能帶給我滿足感。工作中所產生的人際關係也是一個原因。一個不是因為熱愛工作,只為了錢去工作的人,既不會賺到太多錢,也不會在生活中找到太大的樂趣。」

關於這件事,報紙上淨是些愚蠢的猜測。在這裡讓我,不,是讓施瓦布先生來澄清一下。三年之後,他為什麼辭去了鋼鐵公司總裁的職位?

其實真正的原因很簡單,從不說假話的施瓦布先生告訴我:

「我這一生從來沒有和摩根先生有過任何分歧。一直以來我們都是還算可以的朋友,我辭職的原因,是因為我無法再繼續放開手腳按照自己一貫的方式做事。我受到了一些董事和分公司的干擾,他們讓我無法發揮全部的能力。如果我覺得應該在匹茲堡建一個廠,我絕不希望某位重要的董事告訴我,這個廠應該建在芝加哥。如果工廠裡出現了罷工情況,涉及了某個重要高層,我不想被告知因為怕影響到股票而去解決它。所以,我退出了。」

還有更重要的事情等著他去做。如今,施瓦布排在了美國工業中最有創造能力的人中,而且他也是美國最受歡迎的商人。在當下的美國人中,他得到的頭銜最多,比如說,「最偉大的鋼鐵製造商」、「最成功的業務員」、「身價百萬的人」、「鋼鐵托拉斯的創始人」、「最年輕的總裁」、「年輕人的培養者」、「美國克拉普戰鬥機的創造者」、「美國的守護神」、「無可救藥樂觀主義者」、「有著最迷人的微笑之人」、「為伯利恆創造奇蹟的人」。

或許我們應該把這篇文章叫做「真實的施瓦布」。他富有傳奇色彩的職業生涯,導致了太多有關他的杜撰故事,若能驅散這些「故事」,直截了當將他的陳述記錄下來,未嘗不是一件快事。

施瓦布一家來自於賓夕法尼亞的威廉斯堡,西元 1862 年 2 月 18 日,

查爾斯‧邁克爾‧施瓦布

查爾斯‧邁克爾就出生在那裡。當這位未來的鋼鐵之王還是個10來歲的孩子時，他們一家搬到了賓夕法尼亞艾倫蓋尼斯高原，拉瑞多的一個風景如畫的小山村。在當地的學校畢業後，他在聖弗朗西斯大學度過兩年時光，就像其他一些注定要成大器的人一樣，他迷上了數學。同時，他覺得化學也極有魅力，他還喜歡研究一些工程方面的問題。

不過，他並沒有按部就班地找到一份白領階層的職位，充分發揮他的知識和天賦，16歲時，他被迫坐在父親的長途大巴駕駛員座位上，開始了往返於拉瑞多和克勒松車站之間的司機生涯。但是他絲毫不覺得氣餒，一邊開車一邊不時地從嘴裡蹦出些俏皮話來。

其實，他第一份真正的工作，是在一間雜貨店裡當打雜小弟，雜貨店位在布拉多克的司佩琪邁爾，這間商店的店主是施瓦布爸爸的一位老朋友。從他在商店裡繫上圍裙的第一天起，他的眼睛就盯住了那裡的大型鋼鐵廠，那是卡內基兄弟公司名下的埃德加‧托馬森工廠。

與此同時，儘管他不喜歡這份工作，也依然努力地讓那家商店活躍起來。他用微笑面對客戶，和他們攀談，他跑在客戶面前鞍前馬後，幫他們拿包裹，為他們跑腿，盡可能地取悅客戶。晚上，在斯派爾伯格家裡，他彈鋼琴，為他們唱歌，教小孩子音樂，讓這個家充滿歡樂。「他很上進，也很聰明，什麼都想學。」這是雇主對他的描述。數學並不一定就比管理一家雜貨店更高深。他開心地賺著自己每月的30美元（不包括食宿）。

有一天，鋼鐵廠的總監，安德魯‧卡內基最得力的助手，全美國最著名的鋼鐵製造商威廉‧R‧瓊斯來到商店裡。

「我當時請求『比爾』讓我去他工廠裡幹活。」施瓦布先生講述道，「他問我：『你會開平板拖車嗎？』我回答：『我什麼都會開。』於是，第二天早上我就去工廠裡開平板拖車了，薪資為每天1美元。」

6年後，當年這位每天1美元的平板拖車司機成為工廠的總監時，這

間工廠在當時已是全美國最大的鋼鐵廠！

「人們都說是你的鋼琴聲吸引了卡內基。」我試探地問道。

「根本沒那回事。」施瓦布先生略帶激動地說，「我這輩子都沒替卡內基先生彈過琴，是『比爾』有一天把我帶到卡內基面前說：『安迪，這裡有一名年輕人，他和我一樣了解這間工廠。』」

卡內基也和「比爾」一樣，喜歡上這名年輕的工程師。工人們也喜歡他，只要「查利」在場，每個人都會覺得開心。他的熱情、開朗、勤奮感染著周圍的每一個人。他克服困難的能力被人們津津樂道。施瓦布繼續學習化學和工程學，為了測試金屬在經過不同條件處理後的韌性和特徵，他做了無數次實驗。正如卡內基後來承認的那樣，「他比世界上任何人都了解鋼鐵」。

他的下一個臺階是整間卡內基公司的工程部負責人。在這裡他為整個行業提供了一次技術革新。他醞釀著一個新計畫，打算建造一間比現有工廠都大的新廠，霍姆斯蒂德鋼鐵廠。他要引進現在各行各業都普遍採用的生產線作業，也就是說，一頭將原材料送入設備，在經過連續的加工流程後，另一頭就會有成品鋼鐵出來。那個時候，他手下已經有六七千名工人了。

當時，施瓦布年僅24歲！

西元1892年大規模的罷工過後，卡內基在管理上遇到了前所未有的難題，工廠方面根本無法和工人交涉，霍姆斯蒂德工廠的再次開工面臨著困難。最後，他們只得求助於年輕的施瓦布，任命他為工廠總監，看他有沒有辦法解決這個問題。

行動起來！施瓦布只有一件事可做，他將每位工人變成工廠的熱情支持者，將工廠變為這個世界上最令人感到愉快、最有錢可賺的地方。施瓦布的微笑、真誠、容光煥發、熱忱、熱情再加上天才的能力，贏得了工人

167

們一致的擁護和愛戴。小皮特可從來沒有表現得這麼有一套、這麼會和人打交道、這麼有領導才能。

作為回報，他被選為卡內基公司的總裁，這是整個鋼鐵行業最高的獎勵，是他應得的。從他第一次以每天1美元的平板拖車司機身分出現在卡內基的公司裡，到登上總裁職位，其間也不過就是15年的時間。他透過對金屬和對人本質上的研究；透過用意志和微笑努力工作；透過開發各種方法，讓鋼鐵生產更快、成本更低、產量更大；透過讓工人開心地工作，更加忠於自己的任務後，他獲得了這一切。35歲時，他站在了鋼鐵行業的最高點。

他的名譽是國際性的。當他還是平板拖車司機時，英國就已經是世界鋼鐵市場的主宰了，現在，在他的努力之下，這種狀況改變了許多。在他的精心策劃下，儘管霍姆斯蒂德工廠付給工人的薪資是歐洲工廠的3倍，也仍然能夠應對來自歐洲的激烈競爭。實際上，美國已在相當程度上，削弱了英國的市場影響力。

英國最大的鋼鐵製造商阿瑟·基恩，責備這位年輕的美國天才，說他不應該為工人提供過高的薪資──而且還遠遠超過全世界任何一個國家、任何一間工廠的薪資範圍。施瓦布告訴他，什麼都不可能讓他離開自己的恩人和朋友卡內基，經過了這麼長的時間後，他對待卡內基早已如同父親般孝順、親密。施瓦布從未對任何人提起過這件事。

後來，基恩和卡內基在英國鋼鐵協會的晚宴上碰面後，向卡內基講述了這件事。

當時卡內基的回答是：「如果他對你能有這麼大的影響，那麼，他對於我就更重要了。」

卡內基剛剛返回美國，就找到施瓦布，告訴他自己最看重的就是他的忠誠，然後和他簽訂了一紙底薪為每年100萬美元的長期合約。

但是,查爾斯‧邁克爾‧施瓦布有著更大的夢想。為什麼不讓美國成為全世界最大的鋼鐵生產國呢?這樣在國外市場上就可以挑戰並擊敗英國。

在充滿創造力的大腦裡,他勾勒出一幅誰也想像不到的景象——世界上最大、最有實力的工業公司,營運協調而統一、原材料能夠自給自足、資金充足、人才濟濟並且在全球都設有子公司。

既然想好了,就開始行動。他的第一次提議遭到了摩根及其他一些人的反對。但是正如卡內基總喜歡說起的那樣,「施瓦布能越過一切障礙。」

在西元 1900 年 12 月為他舉行的一次晚宴上,他帶著滿腔熱情將自己的宏偉計畫展示給全美國最大的金融家們和企業家們。他就像一位威風凜凜的預言家,為人們描繪出一個波瀾壯闊的全新鋼鐵時代。

他口中描述的、令人神往的鋼鐵托拉斯設想,俘獲了摩根的注意力。幾個月之內,價值百萬美元的美國鋼鐵公司成立了,由施瓦布出任總裁,並且擁有價值為 2,800 萬美元(公平價)的股票。那年他 39 歲,是名副其實的「最年輕總裁」。

在這間巨大的鋼鐵工廠建成,並平穩執行了 3 年之後,施瓦布出於健康原因決定辭掉總裁之位。辭職之際他對公眾宣布:「我打算將全部的精力放在恢復身體上,康復之前,我不會再出任任何職位。」

即便沒有完全閒著,不過在重新進入商業圈之前的兩三年間,他都在賓夕法尼亞的南伯利恆靜心休養。

全世界都知道,伯利恆鋼鐵廠一直在創造著奇蹟。全世界的人都在想,一定是施瓦布創造了它們,可是,他們都想錯了。這個奇蹟是被其他人創造的,是 15 名年輕的合夥人創造的。所以,施瓦布先生勇敢地將它公布於眾。

當我提起這個問題時,施瓦布先生表示:「我的職業生涯並沒有什麼值得一提的。我不相信天才,當所羅門說:『比賽不是為了更快,戰爭也

不是為了更強壯」時，我相信他是對的。在人的一生中，環境、機會都對成功有著巨大的影響。

「當然，真正的成功還是取決於一個人的本質。一個人一定要有他自己的個性，這一點非常重要。他必須勤奮、專心、有判斷能力，要是一個人生來就沒什麼聰明才智的話，他是不會有所作為的。他的聲譽必須來自於完整的尊嚴，他必須誠實，必須獲得人們的愛戴，必須是其他人可以託付和信賴的人，樂觀開朗、能夠鼓勵、激勵別人也很重要。

「只要一個人肯去做，那麼，別人能做到的，他也一定能做到。

「我何其幸運，正好來到一個處於發展階段的行業，這個行業為我們提供了數不清的機會，就這些。另外，我還肯冒風險。」

「怎麼個冒風險法呢？」我又問。

這讓施瓦布先生說起了伯利恆工廠的建立。當施瓦布先生最後一次接手伯利恆鋼鐵廠時，這間工廠已經破產了。此前，他曾經購買過一次該廠的股權，後來，到了鋼鐵公司後，他就把這些股份賣給了運氣不佳的美國造船公司。美國造船公司破產後，他又重新將這些股份買回來。

「當我第二次接過伯利恆鋼鐵廠時，我並沒有從外面請著名的鋼鐵界人物來管理，我從工廠內部挑選了 15 名年輕人，讓他們當合夥人。我相信利潤共享原則，我相信他們最終能夠幫我解決工人問題。安德魯·卡內基是這國家利潤創造能力最強的人，他將一半的利潤以紅利的形式分給了他的員工。

「如果你想要讓自己的事情被做得很好，那就不要把它交給名氣太大的人去做，而是要找一位有潛力的人去做，他會全心全意地投入，不遺餘力去做。

「我所選擇的這 15 個人中，沒有一個是失敗的。我為此而感到驕傲，

也為他們感到驕傲。其中有一名年輕人是吊車司機，當時每個月只賺 75 美元。他現在的收入是其他鋼鐵行業中任何一個員工的 5 倍，是一個百萬富翁。這個人就是尤金‧G‧格雷斯，是現任伯利恆公司的總裁，也是為公司的成功做出貢獻最大的人。他比我當初強 50 倍。」

我笑了。

「是這樣的。」他肯定道。

施瓦布先生並沒有提到，他離開位於曼哈頓環河路富麗堂皇的家，隱沒在賓夕法尼亞的一個小村莊，卸下名人的盛裝，整整 8 年來頂著各種資金和其他方面的壓力，夜以繼日地工作，一直到破產的伯利恆鋼鐵廠起死回生，步入穩定的發展為止。

「我帶著自己全部的錢和可以借到的錢回到伯利恆，」施瓦布先生繼續講述他的冒險，「我在每一張釋出的重要文件上，都簽下自己的名字，當時，我還帶去了格雷發明的結構鋼技術，許多公司都拒絕這項技術。但是，我認為自己是正確的，我花了 1,500 萬美元來證明這項技術的正確性。這難道不是在冒風險嗎？可是它卻讓我們在整個美國和全世界結構鋼領域裡，都處於領先地位。一直以來，東部地區沒有什麼太成功的鋼鐵企業，不過，我堅信伯利恆具有邁向成功的每一項要素。能夠證明我自己的判斷是正確的，我感到非常滿足。」

我在這裡並不打算詳細描述施瓦布先生近 10 年來，是如何起早貪黑地待在自己的工廠裡，鼓勵他的工人們；他是如何研究出高效率「目的性花費計畫和「利潤共享計畫」的，從來不曾有哪個大企業採用過這種計畫；他是如何一次次地來到太平洋和大西洋彼岸，最終拿到比別人更多、更大的訂單；當戰爭爆發之際，他是如何直接找到基秦拿，告訴他幾個有用的事實，然後帶著足夠的業務返回伯利恆，從此讓它步入了繁榮之路。對於伯利恆鋼鐵公司，我只能說得上幾件事和他的幾次活動。

查爾斯・邁克爾・施瓦布

施瓦布已將超過 1 億美元用在了公司的發展和子公司的收購上。

西元 1916 年通過了對此後幾年的預算計畫，總額為 1 億美元。

公司的工人總數（包括子公司在內）為 7.5 萬人。

他的年薪資支付總額超過 8,000 萬美元，每個月將近 700 萬美元。

戰爭時期，他不光和德國人合作生產克拉普戰鬥機，而且還是生產軍用發動機的製造商。

現在，隨著子公司的不斷增加，以及在智利和古巴建立分廠，它的規模僅次於美國鋼鐵公司。

它包攬了兩個海岸沿岸所有造船公司 40% 的業務。

據非官方統計，戰爭期間，來自盟軍的訂單為 5 億美元。

今天，伯利恆鋼鐵公司是美國的保障。西元 1917 年 7 月，施瓦布先生說：

「現在，伯利恆鋼鐵公司每年投入 2,000 萬美元，完全是出於政府的使用。在和平時期，這樣的工廠會毫無價值。但是更多的時候，我們不能只站在商業的角度看問題。我知道，我們應該這樣做，而且我們正在這樣做。」

「我認為，伯利恆鋼鐵公司的軍工廠、鋼鐵加工廠、船舶器械廠在這樣一場危機中，是一項可觀的民族資產，因為整個美國的船隻中，我們生產的船隻占了近 40% 的噸位。我們的理想是，讓這份資產能夠最大限度地發揮其功用，從而確保我們國家、我們的盟軍在這場偉大的戰爭中，取得壓倒性勝利。」

「一家企業要想持續獲得成功，就必須有利潤可言。而企業的榮耀就在於將企業經營成功，以便有實力去做那些有責任必須去做的事。我們伯利恆鋼鐵廠也在盡量經營一些有利潤的生意，但是，不管有沒有利潤，伯

利恆鋼鐵廠甘願為美國政府服務，我們甘願奉獻出在自己支配範圍內的一切人力物力資源。」

同樣在這一次銷售人員會議的談話中，施瓦布先生也說了這樣一番話，他的人品由此可見一斑。

「我可能會說服你從我這裡購買大量的商品，但條件是我能夠說服我的企業，下至每一個普通的工人，願意經濟有效地生產這些東西，否則，我的推銷技巧毫無用處。」

「在伯利恆工廠，我們所付出的最大努力，就是要讓每個工人都充滿信心和熱情。」

「伯利恆工廠繁榮昌盛了。不過，最令我感到欣慰的事情是，工廠裡的每個工人也富裕了。西元 1915 年，工廠裡每位普通的雇員收入是 900 美元多一點，然而到了西元 1916 年，每位工人的平均收入超過了 1,200 美元，一年就增加了 30% 多。從西元 1917 年 1 月 1 日開始，我們給工人的薪資又上調了 10%。」

「之所以能夠實現這些高薪收入，原因就在於工人們盡一切可能地得到利潤共享機會，這些利潤是他們幫助創造的。這也就是我們的工人不僅富裕，而且對工作充滿熱情的原因之一。」

「勞工問題遠遠尚未解決，但是，如果整個行業中的管理者，能夠制定出一條統一的法規，使工人們不僅報酬豐厚，並樂意去積極工作，那麼它將無疑是一條造福於人類的福祉。」

伯利恆總股本為 1,500 萬的普通股，每股從戰前的 25 美元漲到了西元 1915 年的每股 600 美元，這讓許多施瓦布的追隨者成為百萬富翁，令其他的戰爭概念股黯然失色。公司現在每年的股息為 30%，總市值增加到了 6,000 萬美元。

戰爭初期，施瓦布持有價值為 5,300 萬美元的股票，據說大概是 9 萬

股優先股和 6 萬股普通股，10 年之內保持第一大股東的地位不變。

他對這些股票沒興趣，錢也不是他的目標。他的理想是打造一個他在西元 1900 年那次晚宴上就夢想過的公司，一個能幫助美國步入世界強國之列的公司。

和卡內基一樣，施瓦布是一名慷慨的慈善家。在他的捐贈紀錄中，最大的幾項包括：在拉瑞多建造一座美麗的天主教堂；在克勒松建造一間修道院；將他駕駛大巴時年久失修的道路，改建成一條標準公路；在布拉多克建造一座教堂；開設霍姆斯蒂德工業學校；在韋瑟利建立一座學校和禮堂。所有這些都在賓夕法尼亞州，另外在史坦頓島還建了一座健身公園和學校。據報導，不久前，他捐助 200 萬美元給拉瑞多聖弗朗西斯大學。他未被記錄在案的捐贈數量可能更多。

施瓦布太太在西元 1883 年結婚前叫埃瑪·丁奇（鋼鐵大師 A·C·丁奇的妹妹），她也因慈善和音樂藝術方面的成就而出名。她幫助施瓦布先生一起做實驗，幫助他獲得鋼鐵方面的知識，從而為他早期的成功奠定了基礎。

約翰・格雷夫・謝德

　　約翰・格雷夫・謝德（John Graves Shedd），馬歇爾・菲爾德百貨公司董事局主席及總裁，被譽為世界上最大的紡織及日用品批發零售商。

JOHN G. SHEDD

「一直以來，您所遵循的策略是什麼？」我向眼前這位世界上最大的紡織及日用品批發、零售商發問。

他回答：「我們沒有策略，只有一些固定的原則。當原則正確時，也就談不上策略之類的東西了，一切將會按部就班。」

說這番話的人是誰？你也許連他的名字都沒有聽說過。為什麼呢？那是因為在他身上，謙虛是唯一超過遠見的一項優點。

有一天，一個自幼在漢普郡偏遠落後農場長大的年輕人，走進了芝加哥最大的一家百貨，然後對負責人說：

「菲爾德先生，我能在您的百貨裡工作嗎？」

「你都會些什麼？」這位老闆問道。

「我能夠大量地銷售百貨裡的任何一種商品和貨物。」這名年輕人自信地回答道。

「那好吧！我可以給你一份工作，每週 10 美元。你現在就可以開始了。」

許多年之後，多數美國人心目中最偉大的商人馬歇爾·菲爾德（Marshall Field）被叫到參議員委員會，要求他出示「丁力關稅法案」裡的必要證據，於是，芝加哥最了不起的商業巨人，就以這樣一種有趣的方式浮出了水面。菲爾德先生開始講述：「我手裡拿著一封信，我相信，寫這封信的人將會成為美國最優秀的商人。」

每個人都驚訝得睜大了雙眼，難道說眼前站著的這位，並不是美國最優秀的商人嗎？難道還另有其人？

人們帶著種種疑問將這封信從頭讀到尾，想看看信的結尾署名到底會是誰？署名是：

John G. Shedd

　20多年來，馬歇爾・菲爾德百貨真正的、實際意義上的領導人，就只有寫這封信的人。所有知情者都一致聲稱，馬歇爾・菲爾德百貨的業務能夠不斷成長、不斷發展，最主要是歸功於約翰・格雷夫・謝德非凡的預見力、無盡的創造力、突出的實踐能力和首屈一指的想像力。雖然在西元1906年公司的創辦人去世之前，他在名義上並非該公司的負責人，然而在此之前的12年來，公司內部的實際事務全都是由他來管理。他的工作方式一直保持低調，所以，除了公司內部人員之外，很少有人了解事情的真相。

　這位新漢普郡的年輕人到來之前，百貨的年銷售總額還不到1,500萬美元。

　如今，在謝德總裁的帶領下，馬歇爾・菲爾德百貨的年銷售額，已超過了一億美元。每年，他們要銷售100萬件商品，做2,500萬次交易。在特價銷售的日子裡，從早上8點半～下午5點半，每天前來購物的顧客多達30萬人次。百貨的樓層面積超過了55英畝，鋪在地板上的地毯長達30英里。它的用電量相當於15萬戶人家的總耗電量。

　在銷售旺季，商店裡的82部電梯10小時內運送的顧客，比芝加哥南部和西部大都會鐵路24小時內運送的乘客都要多。每天都有350輛卡車和貨車運送貨物，如果平鋪開來，這些貨物的覆蓋面積可達到350平方英里。若是在假期忙碌的時候，還得另外再加50輛卡車。在12月分，光是零售商店每天要運送的貨物就多達10萬件。

　在謝德總裁的手下，總共有2萬名雇員。其中包括零售店1.25萬名，批發店4,000名。

當時，公司在北加利福尼亞設有工廠，加工生產棉花和木製產品，從事各種布料的零售。同時他們還在伊利諾州的錫安城開有生產蕾絲、蕾絲窗簾、手絹、床罩的工廠；在芝加哥的工廠主要生產各式各樣的日用小商品。

正是謝德先生的預見能力，使得公司看準了商業趨勢，才能使馬歇爾·菲爾德百貨勇於大量生產自有商品；正是由於他的這一革新，才讓該公司一直保持穩定、健康的發展，而其他大多數大型零售公司則因缺乏這份遠見而紛紛破產。

幾年前，謝德先生就意識到，中間商的好日子快要過去了，所以他宣布，「我們的座右銘應該是『從工廠到客戶』。」或許，正是這位商業天才的這一舉措，才使馬歇爾·菲爾德百貨擺脫了和其他零售商相同的命運。他追求無止境的創造天賦、原創的獨特設計、不斷地朝著馬歇爾·菲爾德「完美品質」的目標理念前進。

同時，它也為謝德先生實踐自己的發明天分，開闢了一條新渠道，因為對他來說，一位生來的商業領袖在經商活動中，參雜一些富有創意性的東西，就好比是一名藝術家在繪製一幅傑作中的想像力一樣，都能給予人真正的愉悅與滿足。我還從沒見過哪個雕刻家或畫家，對待自己的大理石或油畫布就像謝德先生那樣，用令人感動的熱情和愛，去對待每一款貼有馬歇爾·菲爾德的商品。

這些商品極為普通卻極為重要，比如說由公司設計的方格條紋布和其他棉織物等。對於大多數人來講，一碼的棉布就是一碼棉布而已，沒有其他。但對他來說，一碼棉布展現著思維、藝術和創造力，它是全體工人為之驕傲的產品。很明顯，和這些色彩鮮豔的棉織物一起織入的，還有熱情與智慧。

謝德先生不太愛講話，但是過了一會，他開始對這本介紹名人成長歷

程的人物特寫產生興趣。在我們的談話過程中，他妙語連珠，給出一些頗具睿智的話語。

「你看牆上這些照片，」他指著自己私人辦公室牆上掛著的、一幅幅看起來神情嚴肅的人物照片說：「他們都是菲爾德先生的合夥人。並不是每個人都是跟著他從基礎開始的。其中有兩名十分成功的部門經理，一個是從每週4美元開始，另一個是從每週2美元半開始。他們沒有接受過太多教育，卻極為聰明，非常有洞察力，他們理應獲得這一切。他們帶著創新精神、奉獻精神和強烈的慾望去工作，工作的目的不僅僅是為了自己能夠取得進步，而且還是為了整間公司的進步。他們將企業的利益放在第一位，所以公司繁榮了，他們自然也就賺錢了。

「絕大多數的年輕人總是在考慮自己怎麼開始，很少考慮自己最終要到達什麼位置，這差不多是大學畢業生的通病。多數大學生剛開始就希望得到高薪職位，卻從來沒有考慮過自己的最終目標。他們很少願意從起點低但終點高的方面去考慮。

「大自然的法則早已規定好，人無法剛開始就到達頂部，一定要從底部爬起。正是因為有這種從底部做起的必要性，我們才會給那些很棒的年輕人一個超越普通人的機會。

「你若突然把一個人放在高層管理的位置上，那他必然會摔下來，摔得頭破血流。

「馬歇爾·菲爾德的合夥人都有一個明顯的共同點，他們之中學歷最高的也不過就是高中畢業，沒有一個是大學生。我嚮往高等教育，如果可能的話，我會選擇去上大學，雖然說當初若是上了大學，我可能就不會像今天這樣，在商界獲得一點小小的名氣。現在問題就出在，多數年輕大學生進公司時，心裡總想著自己是大學生，臉上的表情也不斷在提醒別人『我是大學生』，這樣一來，他就不願做那些髒活累活，也不願意從做生意

的基礎部分學起。他們剛開始就盡可能去找賺錢最多的工作，而不是在一個極具潛力的公司裡從起步階段做起。

「和過去的眾多小企業比起來，如今的一些大企業為年輕人提供更多的機會，讓他們能賺更多錢。在過去，一間資產為10萬美元的公司，每年能付給你一萬美元就算是很好的回報了，而如今，一間大的企業往往會有好幾個年薪在1～5萬美元之間的職位。

「像我們這樣的公司最大的優點就是，它已經有50年的經營歷史了。在過去的50年中，沒有一位工人因為不認真工作被開除過，也沒有一位工人因公司不景氣被裁員。長期穩定的收入，要比頻繁變換工作更有利於儲蓄。

「如今這個世界並不缺乏機會，缺乏的是效率和對機會有所準備的人。一個效率高的公司，在內部就可以找得到全部的辦公行政人員。

「然而，另一個事實是，好的商店都是好的管理呈現出來的成果。

「蒸汽機壞了就會影響到整列火車的運行，同樣的道理，任何一個環節的效率低下，都會影響到整間公司的經營。

「一個企業光有規模是不行的，重要的是一間公司的發展速度。倘若企業只是依賴著誠實、有效的經營，服務於一方社區，那麼最好不要規模過大。

「對於我們來說，只有一個中心思想，只有一個為之努力的目標。我們把它叫做馬歇爾‧菲爾德理念，這就是我們的理念——」

謝德先生說著，指了指掛在牆上的一幅畫框，畫框裡寫著：

馬歇爾‧菲爾德公司理念

在恰當的時機，用正確的方法做正確的事；做事情一定要比別人做得更好；杜絕錯誤；看問題要全面；要充滿勇氣；要當別人的榜樣；因為熱愛，

所以工作；主動達到別人的要求；開源；堅信沒有戰勝不了的困難；要占據天時地利；做事情要出於情理而不是出於不得已；只有達到完美方可感覺滿意。

「我們一直反覆灌輸這些理念給雇員，那些無法接受或者做不到的人，是無法在公司待下去的。每天都按照這些理念行事，對個人和整個公司都有好處。所以，『服務』就是我們的全部目標。

「每一間靠不懈的努力逐漸擴大的公司，都在不斷尋求效率最高的人來擔任公司的要職，所以一間公司最主要的任務，就是要找到合適的人才，並將其安排在合適的位置上。如果一間公司能夠在公司內部培養、訓練出一些雇員來，讓他們擔當重要職位，那麼全公司的員工就都有升遷的機會，這無疑會讓全公司上下的雇員，都覺得自己在這間公司的價值能夠得到發揮。

「有時候，十分有必要跟一個雇員講明理由，他現在的工作很適合他，要是給他更高的職位，他很可能無法勝任而成為一個不稱職的人。」

約翰・格雷夫・謝德的職業生涯，沒有絲毫碰運氣的成分，也不是隨意就走到了今天這一步，他的成功完全不是機會使然。從一開始，他就制定了各種計畫和原則，朝著完美目標堅定不移地前進。他在出海航行之前，就為自己選好了一個目的港，然後駕駛著帆船直接駛向那裡。

他出生於西元1850年7月20日，出生地是在新漢普郡阿爾斯特德的一座農場上。他很小的時候就不得不在田地裡和穀倉裡做力氣活。他所在的農場地理位置偏遠，幾乎與世隔絕，而且處在半赤貧狀態。他沒見過世面，沒有開發智力的機會，也沒有得到進步的機會，所以，生活對他來說並不是十分美好。在那個時候，農場上沒有汽車，洗手間沒有浴盆，家裡也沒有其他一些現代家用設備。

這個在農場上長大的孩子，認真嚴肅地思考自己的未來生活之路，最後

他決定要成為一名商人，一名誠實、勤懇、了不起的好商人。還不到 17 歲，他就離開了父親的農場，前往佛蒙特州貝洛斯福爾斯的一間商店去工作，每週 1.5 美元包食宿。從一開始，他就覺得自己賣起東西來十分得心應手。

謝德先生告訴我：「我把第一年所賺的 75 美元，幾乎全部存了起來，有一種有錢的感覺。」後來，他在自己家鄉的一間綜合商店，又找到了一份每年 125 美元的工作，但是，這一次他每週還得出 2 美元的食宿費，交給一名照顧他日常生活的新英格蘭主婦。2 美元雖然不多，他卻被照顧得很好。後來商店裡發生了一場大火，迫使他不得不重新找工作。還好上帝保佑他，他被一間原來是競爭對手的商店，以每年 175 美元的薪資僱用。

謝德先生這樣評價道：「那個時候，我覺得自己已經走上了康莊大道。」等他 20 歲時，能力已經非常突出了，佛蒙特州拉特蘭的一家紡織用品店，以當時最有誘惑力的價格得到了他。他的年薪為 300 美元，包食宿。

然而，拉特蘭最好的紡織用品商店的老闆是班傑明·H·伯特，這位聲名遠播的商人，早在那時就已在經營原則與實踐方面，遠遠超越了普通人。謝德，這個來自花崗岩之州的新人及其能力，並沒有逃過他銳利的目光。為了得到他的服務，伯特先生開出了雙倍的薪水，並且還同意給他銷售提成。這裡的環境很適合謝德先生，他發現自己在心智上和經濟上都得到了發展。

然而他有更遠大的目標，拉特蘭這個地方並不是自己尋找的終點。他並不想做小地方的大人物，他要到更大的地方去檢驗自己的能力，一個能夠在激烈的競爭下，將他的全部智慧與能力發掘出來的地方。他勤加研究各種紡織品，顧客的滿意能為他帶來最大的快樂，他生來就是一位優秀的業務員。此外，他還有另外一件替他帶來足夠自信的武器——他存了一筆錢。

最後，他帶著極大的遺憾道別了導師以及恩人伯特先生。直到今天，伯特先生的照片還擺在他辦公桌上。芝加哥是他的目的地。

謝德先生回顧職業生涯中轉折性的一步時，這樣說：「我決心要在這座城市最好的商店裡找一個職位。我早就聽說過菲爾德的公司，我發現這家公司是全芝加哥最好的，也是最大的一家商店。於是，我就做了這家公司的店長和銷售員，瞧，我現在還在這裡。」

談到他是如何在這個世界上最大的紡織品企業裡，從底層漸漸爬到頂層的話題時，謝德先生說得最多的，就是他在 5 個月後的那次加薪。他是從西元 1872 年 8 月 7 日開始工作的，5 個月後，合約中規定的每週 12 美元變成了 14 美元。謝德先生解釋說，這次加薪是出於他出色的工作。謝德先生補充道：「在我的整個職業生涯中，這次加薪帶給我的愉快，超過了以後的任何一次升遷。」

「它讓我覺得，能為菲爾德先生這樣的人服務是件開心的事。」謝德先生說。他不大願意談論自己，倒是十分願意談論菲爾德先生。

進入公司後，謝德先生被直接安排在亨利·J·威林手下，這對他來講是一件幸事。威林先生是馬歇爾·菲爾德最有能力的一位合作人，從他那裡，謝德學到不少優秀的品格和先進的經商方法。謝德精力旺盛，還不到 4 年的功夫，就成為蕾絲和刺繡日用品部門的負責人，那一年他才 26 歲。

他所表現出來的種種才能 —— 分析情況、看準趨勢、高超的銷售能力，誘使菲爾德先生將 6 個部門託付給他。不久後，他被任命為整間公司的銷售總監。這是一個責任重大的職位，因為他要負責管理全公司每年價值幾百萬美元商品的採購和銷售。他從一名每週薪資僅為 10 美元的職員成為頂級合夥人，擁有王子般的收入，其間只花了 21 年。

西元 1901 年，謝德先生在公司的地位僅次於馬歇爾·菲爾德本人，前者為副總裁，後者為總裁。大量的工作就落在了這位副總裁頭上，而總

裁本人則感覺多年來身心疲憊，他讓自己沉浸在放鬆休閒中，享受旅遊去了。幾年來，謝德先生一直是公司真正的負責人，一直到西元1906年菲爾德先生去世為止。所以，他被選為總裁是情理當中的事情。菲爾德先生的職業生涯，幾乎和他的繼任人謝德先生一模一樣，同樣是來自農場，同樣是由新英格蘭的商店裡開始做起，同樣是去了芝加哥成為紡織品銷售人員，兩人都遵循同樣的理念。菲爾德先生曾經說過，他選合夥人要的是才幹，不是資金。實際上，他的合夥人沒有一個為公司帶來過任何資金。

我問謝德先生：「那麼一直以來，您的一些主要原則是什麼呢？」

他回答道：「提供實用商品，盡可能在品質上領先其他商家。要不惜一切代價、克服一切障礙讓顧客滿意，這樣，他就會為你的產品做宣傳，這是最好的廣告方式。業務中盡可能嚴格執行現金交易，這樣會避免壞帳。努力了解新發展趨勢，並相應調節自己的經營模式。還有一點也很重要，要盡量為員工考慮，這樣會激起他們對公司的忠誠度。」

謝德先生是芝加哥第一個引進週六半天假期的管理者，他還倡導雇主和員工都要從事有益健康的娛樂活動。「我認為高爾夫球是現代社會最大的一件幸事。」謝德先生對我說，「高爾夫運動可以讓那些身負要責的人，從繁重的公務中解脫出來，人們在這種露天運動中不單可以恢復精力，還可以結識新朋友，擴大社交圈。這一切可以讓人的大腦得到放鬆，還能促進他們的博愛精神。」

從下面幾個方面，我們不難看出馬歇爾·菲爾德的員工擁有的優厚待遇：某專有樓層的一大部分僅供內部員工使用；員工有專門的閱覽室，公司裡設有芝加哥圖書館的分館；公司還有醫務室和護理人員等；音樂、休息室、介紹紡織品加工生產過程的教育宣傳片等一應俱全；午餐廳和自助餐廳每天為3,000名工人提供午餐服務。公司有一個150人的合唱團、一支棒球隊和一間健身房。公司還為商店裡的年輕人提供高等教育機會，並

頒發相當於高中畢業的文憑。每年夏天，每名員工都有一次帶薪休假機會，假期為兩週。公司鼓勵年輕人加入民兵組織。用一句話來說就是：馬歇爾・菲爾德公司提供的待遇，足以令其他公司的員工感到羨慕。

另外，謝德先生還是幾家鐵路和金融機構的董事。他並沒有逃避自己身為一個公民的職責，在這個問題上，他是這樣認為的：「現代社會的情況比較複雜，所以對於那些忙忙碌碌的商人來說，充分參與到公眾和公民活動的機會相對就少了一些，這難免讓人覺得有點遺憾。任何一個放任自流的公司，都會走上下坡路，然而，我們卻採用了這樣一種組織方式，盡量讓那些有能力的年輕人多做一些，好讓年紀稍大些的工人們免於加班。

「20年前，下午不上班簡直就是一種犯罪，然而現在不同了，下午的時候偶爾騎車去郊外，或是打一場高爾夫球並不是什麼辦不到的事情，也不會被人看成是愚蠢的行為。」順便說一下，謝德先生不僅擅長高爾夫球，而且還很會騎馬，在他著手開小汽車前，曾熱衷於騎腳踏車。

謝德先生大量捐贈芝加哥青年基督教協會、醫院、其他機構，但是他在做這些事情的時候總是悄悄進行，因此，一般的公眾沒有多少人知道這些事情。謝德先生是一個極為謙虛低調的人，他從小酷愛讀書，卻苦於得不到書籍。這段回憶一直留在他的記憶裡，為了彌補這一缺憾，他為自己的故鄉阿爾斯特德捐贈了一座圖書館，整座圖書館是用漢普郡花崗岩建造的。

謝德先生在事業穩定、尚未找到適當的終身伴侶之前一直保持單身。西元1878年，他和同鄉的瑪麗・R・波特小姐喜結連理。雖然他們沒有兒子，卻得到了「幾乎是最好的東西」，他們有兩個女兒，大女兒勞拉・謝德嫁給了伊利諾州芝加哥市森林湖的施韋普先生；另一個女兒海倫・謝德嫁給了芝加哥的里德。謝德在芝加哥的家建築結構獨特，就連建築學院的學生都嘆為觀止。

我將自己心中的疑問告訴謝德先生：「為什麼您始終沒有把公司的名字更改過來？」

　　他回答道：「我一直認為，像我們這種歷史比較長一點的公司，其名字本身就已經成為一種無形的資產。如果能夠管理良好，每年都加強維護公司的形象，那麼就算繼續沿用原來的名字又有什麼關係呢！」

　　不知你注意到了沒有，做得最多的人往往正是那些最淡泊名利的人。

愛德華·C·西蒙斯

愛德華·C·西蒙斯（Edward C·Simmons），西蒙斯五金公司總裁，是幫助客戶取得成功的五金公司傳奇人物。

E. C. SIMMONS

愛德華・C・西蒙斯

「請問,您這裡是不是需要一位雜務人員?」

「你會做什麼?孩子。」

「和我一樣大的人能做什麼,我就能做什麼。我的帽子應該掛在哪裡?」

「哦,我的孩子,如果你做事就像你說話一樣麻利,那我們就用你。」

這個男孩名叫愛德華・C・西蒙斯,故事的地點是聖路易斯的一家五金商店,時間是西元1855年的最後一天。

當年的這個小傢伙的確是做得不錯,他讓聖路易斯成為世界上最大的五金生產中心,業務量超過了紐約、芝加哥、費城和波士頓的總業務量。他的五金店在24小時內平均每分鐘就能賣掉三把斧頭、兩把摺疊刀和好幾把鋸子,全年如此。它為美國提供了大量的五金工具和刀剪工具,在此之前,這些工具基本上都要從歐洲進口。和平時期,每年都有價值幾千美元的刀剪工具,銷往英國、法國、德國、俄羅斯、亞洲、澳洲、南美洲、南非和世界上其他文明及半文明國家。

他的事業十分成功,沒過多少年,就僱用了全美國最多的旅行銷售人員。為了解決發貨問題,他在公司的主基地建造一個最大的鐵路運輸站,一次能裝60節車廂。伯利恆鋼鐵廠並非只依靠查爾斯・邁克爾・施瓦布一個人的精力和智慧發展起來的,標準石油公司也不是洛克斐勒一個人的功勞,然而,西蒙斯五金公司卻完全是愛德華・C・西蒙斯一個人的成果。

他又是怎樣做到的呢?

他將自己全部投入到公司的醞釀和發展中,親自上陣。他的全部活動都是以人為本的,他還將這種理念灌輸給自己的銷售人員。他總能激起同事們對他的熱愛,更能得到顧客對他的尊重,甚至是某種超越了尊重的東西——愛。

50年前,他就是一位相當有遠見的人,那個時候,有遠見的商人並不

多。他敏銳的目光能夠看到需求方的變化趨勢，同時也能感覺到賣方的微妙變化。那個時候他就明白一個道理：顧客的滿意度是一筆財富。他也是第一個用這種理念來培養銷售人員的商人，這個理念具體來講就是：對於顧客，永遠不要只把興趣停留在「我能賣給他多少東西」上，而是應該盡可能地幫助客戶獲得成功。西蒙斯的銷售人員常常為零售商提供幫助，尤其是那些剛剛開始經營的零售商，這種幫助的價值往往是無法用金錢來衡量的。

他還首創了一句格言警句：「業務員的首要任務，是要幫助客戶取得成功。」這已經成為他公開的經商原則。他能夠看到未來的發展趨勢，他樂觀、機敏、積極，能夠為人類不斷進步的文明和商業趨勢開闢新的道路，充當先驅者。

我對西蒙斯先生早期打基礎時的事情比較感興趣，因為這些事情往往更能說明問題，所以我問西蒙斯先生，誰是較為了解他早期經商方式的人，沒想到他反倒問了我一句，你認為會是誰呢？

一個在他手下做了許多年，然後變成他最強勁、最成功的競爭對手的人。

一個生命快要走到盡頭的人，竟然選擇讓最大的競爭對手，來描述自己的性格特徵和早期經歷，那這個人一定是一位問心無愧、一生清白的人。

對，西蒙斯先生就是這樣一個人。

不要以為老早以前商業道德標準和經商的實際做法，就已經到了今天的高度，也不要以為西蒙斯先生是在假裝聖潔或膽子太小或者思想境界過高，所以才沒有參與到當時那種混亂不堪、氾濫成災的商業欺詐中。

他絕不是個沒有魄力的人。那個時候人們唯一知道的經商原則和座右銘，就是「能抓多少就抓多少」，而且，當時像「不滿意退款」、「公平交易」之類的改良型經商理念還頗為新潮。西蒙斯先生早在二十幾年前就為

這種理念最終占據上風做出貢獻。他的職業生涯跨越了新舊兩個時代。

西元 1839 年 9 月 21 日，他出生在馬里蘭州的弗里德里克，10 歲前和上一代人一起從費城遷到聖路易斯。他對口袋摺疊刀情有獨鍾，他周圍的親戚或朋友沒有一個像他那樣，不斷地擺弄摺疊刀。因此，當他 16 歲離開家去找工作之時，自然而然就去了能夠看到心愛之物的商店──出售摺疊刀的蔡爾茲──普拉特公司，然後就引出了開篇時的那段話。

這間公司是聖路易斯最大的五金商店，他第一週的工作是將貨架上所有的貨物都拿下來清理乾淨然後再擺上去。他的薪資是每週 3 美元，具體來說，他的合約是這樣定的：第一年為 150 美元，第二年為 200 美元，第三年為 300 美元。他的打掃工作做得十分徹底，所以老闆常常誇獎他，就讓他當跑腿打雜的。每一次機會都能讓他加深對這一行的了解，再加上他對刀剪一類的工具生來就特別感興趣，所有這一切，都為他日後建立全世界最大的摺疊刀工廠──西蒙斯五金公司，奠定了基礎。

等到他學徒期滿時，他已經在另一間名為威爾森──利弗林──沃特斯的五金公司找到一份更好的工作了。他這樣做的理由是，在這間規模稍小的公司裡，他可以更快、更有效地將能力和個性展現出來。下面是他剛去那裡不久和老闆之間的一段對話：

「利弗林先生，您能不能讓我來負責商店的鑰匙？」這把鑰匙是那種舊樣式的鑰匙，將近一英尺那麼長。

「你拿那把鑰匙做什麼？」老闆沒好氣地問道。

「因為看門房的來得晚，我就是想多做點事。」

「看門房的什麼時候來？」

「7 點半。」

「那你什麼時候能來？」

「6點半。」

「好吧,如果你願意這樣做的話,那你就拿著吧!不過你很快就會感到厭煩的。」

他並沒有厭煩。相反,年輕的西蒙斯感覺到機會正在悄悄來臨。那個時候,並沒有業務員把貨送到顧客手上,只有顧客去找賣家。當時也沒有鐵路。商人們乘坐的輪船到達聖路易斯的時間正好是半夜,他們投宿在幾家大一點的旅館裡,這幾家旅館離公司只有三個街區之遙。幾名因城市噪音而睡不著的商人,經常在早上五、六點鐘就起床了,起來後喜歡四處走走,而這位時刻保持頭腦清醒的年輕職員,本身恰好起床時間也很早。西蒙斯算準了要是這個時候開門做生意,可能其中一兩個會順便進來看看。早起的鳥兒有蟲吃。

就在第一天早上,有一位密蘇里人進來商店,他停下來看了看堆在門前的一堆碎石子。西蒙斯走上前去,禮貌地說了聲:「早上好!」這位密蘇里人也很願意和他說話,於是,這位敬業的年輕人巧妙地告訴密蘇里商人,這是他第一次嘗試這麼做,迫切地希望能有點收穫。

等到看門人和其他人前來上班之時,威爾森 —— 利弗林 —— 沃特斯早已和這位密蘇里商人做成了一筆大交易,在以後的許多年裡,他們一直保持著貿易關係。

門口牌子上的公司名稱,很快就改成了沃特斯 —— 西蒙斯公司。這就是西蒙斯五金公司的前身。

而如今,西蒙斯五金公司的建築物,加起來超過了紐約最高的勝家大樓。這家剛開始默默無聞的公司,到底是如何發展成為今天這種規模的?這已經成為這段歷史的主要話題。

從很早開始,西蒙斯先生就學會了掌握各種五金工具。與此同時,他

還學會了掌握人的心理，他知道如何才能夠牢牢抓住同事和顧客的心。第一個將專門的旅行推銷人員引進公司的人是他。連續多年來，他僱用的銷售人員超過了全國任何一家公司，現在已經超過 500 名。他如何教育這些銷售人員，如何影響他們，如何激起他們的興趣，如何培養他們，如何給他們合理的回報，這一切都反映著他的個性和智慧。

一直以來，西蒙斯先生都是一位樂觀主義者。他從未間斷寫鼓勵信給他的銷售員，每週都要親自與他們進行一次長時間談話。西蒙斯的「每週一信」成為美國商業史上第一份公司內部雜誌，它字裡行間流露著樂觀、言語間迸發出智慧的火花，它為銷售人員提供了跟客戶「閒聊」時的素材，列舉了銷售時可能會碰到的種種分歧，並向銷售人員建議，要有良好的生活和道德準則。這些話語從來沒有虛偽的腔調，也不是一份冷冰冰的商業文件，而是一封溫暖人心的家書，讓人感到親切、為之興奮，就好像是一位關懷備至的父親，幫助孩子在這個世界上找到一條屬於自己的道路。

一位前銷售菁英告訴我：「我們是多麼盼望他的每週一信啊！因為我們早已習慣這些信件了。就連西蒙斯先生自己也不曾想到，這些信對那些連續半年，甚至一年都在外工作的銷售人員，究竟有著什麼樣的功效。在他的勸告之下，許多人戒了酒。他還教會我們，靠小聰明耍手段是不會長久的，每一次較量，最後勝出的總是誠實。

「他用別出心裁的辦法激勵著我們。西元 1837 年大恐慌過後，整個貿易系統都毀掉了。我們這些銷售人員都失去了信心，甚至覺得就此放棄算了。我還清楚記得西蒙斯先生在給我們的信中講了一則古老的故事，有兩隻青蛙掉入裝有牛奶的臉盆裡，怎麼爬也爬不出去。有一隻放棄了，最後就淹死了，另一隻始終不放棄，不停地踢這個盆，最後終於將它打翻，這下子，牠不費吹灰之力就跳了出來。這個故事當時真的是深入每個人的心。」

「每逢聖誕節，他都會在自己家裡為我們舉行晚宴，那個時候，我們有將近 500 人。這也是一次讓我們聚在他周圍的機會。他從來沒有老闆的架子，就是我們中的一員，就像我們的兄長一樣，迫切希望幫助我們進步。」

銷售人員一直都和西蒙斯先生保持聯絡，告訴他客戶方面的消息。他在信中有時會告訴大家某間公司破產了，這樣的信雖然是非正式的，卻是出自內心的，西蒙斯先生是世界上最會寫信的人。他總是抽出時間來思考，很大一部分原因是他就像自己所說的是「一隻早起的鳥兒」，另外，他還是一名伯樂，十分樂意將機會給予那些有能力在任何方面獲得成功的人。

在早些年，按照當時的習慣，商人們總是親自跑到聖路易斯去做季節性採購，西蒙斯先生也總是親自出馬，歡迎他們來到西蒙斯五金公司，並且對他們示以適當的友善。他的桌子上總是擺滿各種新奇小禮物，通常都是從巴黎或歐洲其他城市買來的。當商人們啟程返回時，每一位光顧西蒙斯五金商店的人都會收到一份紀念品，當他開啟禮物時，將詫異地發現，自己的名字竟然被鐫刻在紀念品上！就在他們談話之際，西蒙斯先生悄悄將顧客的名字和一些資料寫在紙上，這種方法幾乎是百分百奏效。

時至今日，他仍然在不停地動腦筋、花心思，取悅前來參觀的商人，他了解他們中大多數人的喜好、品味、興趣。他一定要確保，前來參觀的客戶在逗留期間過得合意、有收穫。和那種例行公事的宴席和客套話比起來，客戶們往往更喜歡那種「心靈的大餐和推心置腹的交談」。西蒙斯先生是個很好的聆聽者。

在別人還沒有想到時，西蒙斯先生就在自己公司引進了利潤共享計畫。每年年終，銷售人員都要將自己的業績報告單交給西蒙斯先生，這時候，按照銷售比例，他們將得到一份慷慨的回報。每年年終，每位銷售人員的

業績報告將被仔細核查,然後再根據核查結果發給他們額外的一些補助,銷售人員將這筆補助叫做「意外之財」。一位年紀稍大一點的員工告訴我:「第一年剛開始時,『意外之財』幾乎和我的薪水差不多。我當時簡直吃驚得目瞪口呆,但是,我很快就決定,自己一定要再接再厲得到最高的獎勵。」

為了更方便實施利潤共享計畫,公司於西元1874年實行股份制。這是整個美國歷史上第一家實行股份制的公司。員工有機會購買公司的股票,並獲得豐厚的利潤。公司的資本從原來的20萬美元,一下子就增加到了450萬美元,後來又增加到600萬美元。這樣的數字足以令當地最有實力的銀行感到嫉妒。

西蒙斯先生時刻掛念著員工和客戶的福利,這也讓他在另一個方面又一次充當了先驅者的角色。他是第一個有系統地安排公司的銷售人員,住在自己所在的銷售區,融入當地社區生活的人,這樣一來,銷售人員就不再是常年流浪的人了。而且比起那些今天在、明天就可能會消失的業務員來,當地的商人也更願意與自己所了解的、長期穩定的銷售人員打交道。

西蒙斯公司今天的一整套運作系統就是在此基礎上演變而來的。它將整個國家劃分為若干個銷售區域,並安排銷售人員住在那裡,熟悉當地的環境和居民,這其實是最合理也是最有效的銷售方式。每個銷售區域的總部都有一個銷售經理,銷售經理了解當地的商情,並且能夠講當地的語言,他負責親自接待當地的客戶,並處理一些訂購郵件。

西蒙斯公司的銷售人員,對他們所在區域的農業、工業和社會情況十分了解,他們定期向公司彙報當地的收成情況、貿易趨勢和政策傾向等,所以彙總起來後,整個國家哪裡發生了什麼,諸如此類的資訊和情況都可以從中獲得。

在聖路易斯總裁辦公室的牆上,掛著一幅美國地圖,上面布滿了彩色

的圓圈。在圓圈中間貼著銷售人員的照片。圓圈所在的地方，表示銷售人員的所在地點，圓圈的顏色表示該銷售員屬於西蒙斯的哪間分公司。圓圈後面的彩色箭頭則表示，該銷售人員的業績情況。因此，這幅地圖能夠帶來一目了然的效果。

公司總是不吝鼓勵員工的主動精神。有時候，這位公司創始人即使不太同意一些人的意見，也會給他們一次嘗試的機會，他會這樣說：「我不完全同意你的看法，但你可以試一下，也許你是對的，我是錯的。」然後他會全力配合員工，努力使這項計畫獲得成功。而且一旦取得成果，他定會給出獎勵。

37年前，西蒙斯就有勇氣花3萬美元，來完成第一本五金工具目錄的編纂，這本目錄為他日後的銷售帶來了100萬元的利潤。現在，公司每年都要發行一本2,500頁的工具目錄，裡面包含7萬種商品，2.2萬張插圖，以及詳盡的工具分類、描述和價格，以便零售商為顧客提供簡潔明瞭的資訊。

「兵貴神速」是西蒙斯先生一向推行的方式。他希望能夠在收到訂單的當天，就能結算、發貨。為了達到這一目的，他幾乎動用了所有可能的設備和方式，從開封、密封的機器，再到機械傳送設備，將裝有貨物的箱子直接從包裝工廠送到鐵路貨運站。實際上，確保發貨的及時性是一件十分關鍵的事，只有這樣才可以確保他的客戶在與郵購公司競爭時獲勝。西蒙斯公司不僅在聖路易斯自備批發部，而且在費城、明尼蘇達、蘇城、托萊多、衛奇塔也設立了類似的批發中心。

後來，西蒙斯發現自己所購買的商品，無法達到他要求的品質，於是，西元1870年，西蒙斯先生宣布他要自己建立整條產線，生產品質最好的五金工具，所有的工具都採用統一品牌。他為自己的產品取名為「基恩庫特爾」（Keen Kutter）並將它作為註冊商標，現在「基恩庫特爾」已經

成為全球聞名的一個品牌。

在此之前，五金行業有許多欺詐行為，產品的價格高於其實際價值。那個時候西蒙斯做出的這個決定，具有劃時代的意義，它為整個行業帶來一場革命，為人們帶來了誠實經營的全新理念。

有一名生產商提供給西蒙斯先生的斧頭品質不是特別好，可是，他卻用十分粗魯的語氣回敬西蒙斯先生的責問：「你買也得買，不買也得買，你根本買不到比這更好的。」西蒙斯先生可不喜歡被逼到死角，他喜歡將自己晚上思考的東西在白天變為現實。

他講述道：「那天晚上，我怎麼也睡不著，就用木頭削了一把漂亮的斧頭模型，然後用鉛筆在上面寫下幾個字『基恩庫特爾——E‧C‧西蒙斯生產』。這就是我們的註冊商標和以品質取勝策略的由來，公司也是建立在這個理念之上。」

我們的註冊座右銘是大家眾所周知的，「時間會讓我們忘掉價格，卻讓我們記住品質。」引進這樣高品質、相對價格也較高的產品，需要勇氣和很大的決心，但西蒙斯先生最後勝利了。正如他常常提到的那句話一樣，「最終的結果是檢驗智慧的標準」，要建就建一個堅如磐石的企業，而不是在沙灘上建起一座城堡。

由於篇幅有限，我只能將西蒙斯先生的格言警句和座右銘，選一部分在這裡列出，透過這些充滿智慧的語言，我們也許能夠對他的經營之道略知一二。

「做生意其實就是在執行一種理念。」

「不論做什麼生意，速度是關鍵。」

「失敗與成功之間的界線，就在於我們是在做基本正確的事情，還是在做完全正確的事情。」

「團結就是力量，分散必然虛弱。一旦選定了一行，就要一直走下去。」

「每天臨睡前花 15 分鐘時間回顧當天的事，然後為明天做個更好的計畫。」

「永遠為顧客著想。」

「一分勤奮相當於兩分聰明。」

「經商中，個性有著決定性作用。」

「最讓我感到開心的事，是讓原本貧窮的人在成為我的銷售人員後，過上了富裕的生活；讓平庸的人變成銷售明星。」

「經商永遠要持有鼓勵的態度。」

「有爭端就要立刻解決。一個只肯占便宜不肯吃虧的商人，永遠也難成大器。」

「如果有哪位同事或客戶陷入困境，能幫就盡量幫他一把。」

「產品的品質、企業的自信和你自身的自信、人的預見能力和適應能力，這一切都是一個企業能否成功的關鍵。」

大多數靠白手起家獲得成功的企業家，就算是後繼有人，也會在自己身體條件允許下，能做多久就多久。然而，西蒙斯先生卻不是如此。他早在西元 1879 年就從公司的管理中退下來，把這一切交給他的三個精明強幹的兒子。他們分別是瓦蘭斯・D・西蒙斯，現在擔任總裁；愛德華・H・西蒙斯和喬治・W・西蒙斯，他們都擔任副總裁的職位。雖然如此，西蒙斯先生仍然要給他們一些建議，與他們合作，並不時提出些看法。最近，他說過這樣一段話：

「我工作是因為我熱愛工作。工作讓我有機會將自己 60 年累積的經驗傳授給年輕人，讓他們少走些彎路。」

愛德華・C・西蒙斯為美國和美國的發展豎起一道豐碑，他的幾個兒

子也正在不斷朝這個方向努力中。如今，各種日用品價格都在上漲，而西蒙斯五金的價格卻始終沒有改變，這無形中就已經是一種降價了。他在這一點上比其他任何一名現有的商人都做得好，因此，他這一舉動著實為人們帶來了好處，尤其是那些五金零售商們，他們一直將他的建議和忠告，當作在夜晚指路的北極星。

在企業經營過程中，他們每天都按照西蒙斯所建立的原則去管理公司，同時，也在使用著西蒙斯為他們創造的設備，這些設備在如今複雜的經濟環境中顯得更為便利、更加經濟划算。當然，最終得到好處的還是終端使用者，還是我們消費者。

西蒙斯先生將對人類的熱愛和幫助別人的慾望，用最實際的形式表現出來，我們每個人都能夠在每天的日常生活中感受到。

詹姆斯·斯派爾

　　詹姆斯·斯派爾（James Speyer），叱吒風雲的華爾街銀行家，一生熱衷慈善事業。

JAMES SPEYER

詹姆斯・斯派爾

宴會主持人正在介紹紐約的國際銀行家、熱心公益事業的公民——詹姆斯・斯派爾。他詳細描述了斯派爾公司、他們的歐洲家族，以及這位年輕的金融家如何用數千萬美元支持科林斯・P・亨廷頓，以使我們的西部帝國結出纍纍碩果——使之橫跨中央太平洋鐵路和南太平洋鐵路——的過程中所產生的積極影響。

他回顧了斯派爾和他的同事們，是如何令歐洲慷慨地將大筆資金投入這個年輕國家的發展事業上。他評論了斯派爾先生長達一個世紀之久的保護當事人利益的聲譽；他讚揚了斯派爾先生所從事的公共福利活動，並對斯派爾先生與生俱來的民主思想和人類同情心，發表意味深長的評論作為結束語。

斯派爾先生起身反駁道：「這位尊敬的主持人雖然對我讚譽有加，卻忘了提及我曾經做過的最明智事情。」

所有人都目瞪口呆。儘管他們中的大部分人都認為，主持人的介紹已經概括得相當全面了。

斯派爾先生稍作停頓，接著說道：「我曾經做過的最明智的事情，就是選擇紐約作為我的出生地。」

接著，斯派爾先生繼續講述一個來自西部的美國人，第一次在歐洲旅行的經歷。他和許多英國人一起乘坐在一輛前往凡爾賽的馬車。他想讓所有人知道他是一名美國人，這種心思是如此之急切，以至於他從口袋裡掏出一面美國國旗，並在雙膝上將之舒展開來。坐在對面的一位英國人被此舉深深激怒了，他高聲譏諷地說道——所有人都能夠聽到——「某人看起來不可一世，就只因為他碰巧出生於一個特殊的國家。」這位美國人隨即回答道：「我並不是因為生於美國感到特別自豪，而是為所有無法在美國出生的那些人感到遺憾。」

過了四分之一世紀時，美國的各公司開始吹噓它們那個令人肅然起敬

的時代。幾個世紀前，斯派爾家族就開始在法蘭克福贏得聲譽。到了 17 世紀，詹姆斯・斯派爾的一位曾祖父就已經是一位非同尋常的人物了。歷史紀錄顯示，帝國宮廷銀行家伊薩克・米切爾・斯派爾被法國扣為人質，以確保向法蘭克福這座自由城市的人民所徵繳的戰爭稅得以支付。

斯派爾家族在美國建立之前，就具有慈善精神。法蘭克福有以 18 世紀的斯派爾家族命名的慈善性建築。這個長長的紀錄並沒有中斷，最近，斯派爾家族成員又捐獻了數百萬美元用於教育和科學事業。因此，金融和慈善事業就深植於詹姆斯・斯派爾的骨子和血液裡了。

「金錢能確保幸福嗎？慈善家的生活就是幸福生活嗎？」我問斯派爾先生。

斯派爾動情地回答說：「不管你做什麼事情，都不要叫我『慈善家』或此類的稱謂。在美國有數百萬男人和女人正做著同樣的事情；事實上，有許多人比我們做的還要多。我相信這些人從慈善事業中獲得同樣多的幸福與滿足。那些有資格，同時又擁有比樂於花在自己身上更多金錢的人們所具有的一大優勢 —— 或許是最重大的優勢 —— 就是，他們有更多的時間和金錢可以用於其他目的。在這方面我做的所有事情，在相當程度上都歸因於我夫人的激勵和榜樣作用。」

全世界都知道，斯派爾夫人對於值得支持的事業不但奉獻了金錢，還親身參與其間。她的同情心和所從事的活動不光惠及兒童、窮人、失業者和其他不幸的人們，而且還擴展到不會講話的動物。身為紐約婦女動物聯合會主席的她，在建立動物醫院的過程中功不可沒。許多窮苦的人在動物醫院為他們的馬求醫問藥，馬匹可是其家庭的麵包和奶油的主要來源。

在所有繼承了財富的人當中，詹姆斯・斯派爾有著我所知道的、最民主的理想。他厭惡帶有矯揉造作、偽善和虛偽意味的任何事物。當時，他對勞動者的支持，令華爾街的某些巨頭感到震驚。那些獨斷專行、心胸狹

窄的領導人，其肆意的態度常常引發人們詬病。

不過，大量事實證明了詹姆斯・斯派爾所持立場的明智。他的信念不是源自任何廉價的施捨，而是源自於其深刻的洞察力，和異乎尋常的遠見卓識。他比某些同行更能理解和掌握人類的本質。他的視野非常寬廣，足以看到問題的兩個方面。而他與生俱來的正義感，促使他義無反顧地為自己認為正確和公平的事情打拚。比如，在州際商業委員會設立之時，他要求各鐵路不要抵制聯邦的監管。他支持郵政儲蓄銀行和包裹郵寄業務，因為他相信這兩種業務都將惠及整個美國，以及所有生活在美國的人們。

西元1915年，他以一名普通騎兵的身分在普拉茨堡服兵役，用實際行動展現了其民主思想，以及樂於和各階層的公民同胞們並肩戰鬥的願望。正如一些新聞記者喜歡報導的那樣，在斯派爾從一天極為繁重的工作中回來時，他為此付出的代價不僅僅是出些汗水的問題。他認為普遍兵役制是讓我們的公民團結起來的巨大力量，並讚賞伍德將軍的觀點，「機會平等意味著義務平等」。

斯派爾先生並不認同美國高高在上的金融業的孤立做法，因為他認為銀行家是半公共僕人。他也不認為透明度已經夠好了 —— 他是令金融業提高透明度的早期堅定支持者。他認為最重要的是，要將所謂的人民群眾和所謂的各個階級團結起來，透過相互融合、相互了解和相互學習，來增進相互理解。他為實現使富人與窮人、受過教育的人和未受過教育的人、外國人和美國人團結起來，幾乎傾盡全力奮鬥著。

斯派爾先生在大學社區服務中心發表的一次演講中說：「人們需要相互了解和理解，以便能夠正確地看待並同情相互間的環境和目標。一位著名的法國人曾經說過『Tout comprendre c'est tout pardonner』，意思是理解任何事情就是諒解任何事情。當你充分理解了導致另一個人提出其觀點的思想、環境和條件時，哪怕你不同意他的某些結論，也會更多地去同情他的

感覺，更少地去對他橫加指責。衝突往往是由誤解所致。」

斯派爾先生認為，紐約人，尤其是紐約金融家們與大眾過於疏遠了。比如，他認為鐵路建設的監督員，應當樹立一種考察鐵路所覆蓋疆域的觀點。前不久，當巴爾的摩＆俄亥俄的監督員聚首巴爾的摩時，他們在晚宴上受到傑出公民的讚譽。斯派爾先生應邀發表談話時，還說了下面的話：

「我們意識到，從某種意義上說，我們這些生活在紐約的人都是外鄉人，因為我們不怎麼外出旅行，也不怎麼去觀察我們的國家，以及生活在這個國家的男男女女的狀況。不幸的是，對於紐約存在著一種錯誤的印象，而紐約人對美國其他地方的情形也是一無所知。像我們現在這樣拜訪你們，就是最好地消除這種情形的辦法。我發自內心地感覺到，當紐約之外的美國人，透過私人交往對我們了解得更多，就會發現我們既沒長角也沒長蹄子；就算我們這些紐約銀行家是惡貫滿盈的動物，我們也有著和所有美國人同樣的心靈與感覺。」

西元 1902 年，斯派爾學院被贈予師範學院，這是美國第一個將拓居工作與教育連繫起來的實際計畫，並使校舍成為社區的社會中心。斯派爾先生於西元 1891 年幫助組建的大學社區服務中心社團，是此處建立的、最早的定居點。其目標當然是讓各階層的人們團結起來以幫助所有人。西元 1894 年組建的互助儲金會，也是出於相同的想法。斯派爾先生幫助籌集到第一筆 10 萬美元，他現在是該協會的主席，該協會的工作資金有 1,100 多萬美元，它發放貸款，使 550 萬人平均每人獲得 33 美元，自從其建立以來，共發放貸款 1.85 億美元。

正是斯派爾先生於 12 年前，和德國建立了羅斯福教師交流專案，其目的同樣是要增進國際友好與理解。後來，斯派爾先生還出資維持柏林的美國研究所，以充當在德的美國學生與在美的德國學生們的嚮導、學者和朋友。

詹姆斯・斯派爾

美國安全設備博物館、美國平民基金會以及經濟俱樂部（他是該組織的主席）等組織，在讓勞工和資本連繫得更加緊密，並讓大家相互了解得更加深刻方面發揮了功效，這使得斯派爾先生對於這些組織保持濃厚興趣。

詹姆斯・斯派爾並沒有在豪門望族中尋找伴侶，而是和埃林・L・洛厄里結為連理。她當時在紐約經營一家茶館。她是威廉・R・特拉維斯的姪女，她的聰明才智、才華橫溢、機智幽默，以及那顆對所有人都充滿善意的心，贏得了斯派爾先生的愛。在那以前，埃林除了從事其他社會活動外，還在組織和幫助職業婦女俱樂部方面有著重要影響。多年來，斯派爾夫人一直是紐約最受愛戴的女性之一。

美國比德國具有更廣大的自由空間、更寬鬆的民主實踐環境、更大程度的機遇與平等，恰恰是這些因素，讓斯派爾先生決心在德國生活了21年後——從3歲到24歲——返回美國生活。美國的斯派爾銀行奠基人是菲利普・斯派爾。他於西元1837年來到紐約，後來他的弟弟古斯塔夫斯・斯派爾，也就是詹姆斯・斯派爾的父親也加入其中。美國內戰爆發後，對戰時經費的需求急遽膨脹。和羅斯柴爾德（歐洲銀行家族）不同的是，菲利普・斯派爾公司狂熱地將寶押在了北方，並在歐洲為美國政府債券開闢市場方面發揮了無法估量的成效。

這種舉動可謂名利雙收，既展現了愛國主義情懷，又為其公司以及海外的大批代理人贏得了鉅額利潤——按美元計算，該公司購入債券的價格僅為36美分，這些債券後來重新漲到與票面價值相等的水準。正是西元1861年這個時候，詹姆斯・斯派爾在紐約市降生了。他在法蘭克福接受教育，後來又在倫敦和巴黎的國際銀行，以及斯派爾家族生活的小鎮裡歷史悠久的銀行內，接受了全面訓練。

雖然斯派爾先生的父母親已經返回德國，而人們也想當然地認為，詹

姆斯會留在德國，但是他卻下定決心要生活在星條旗下，因為他的父親在去世時，已經是一位忠誠的美國人了。23歲的時候，詹姆斯乘船前往美國，加入紐約的斯派爾公司，並很快成為其領導人。

和斯派爾先生一起來的還有他的果敢。剛開始的時候，紐約有影響力的金融家們，很少注意或者根本沒有注意到這位乳臭未乾的年輕人。他們認為他不過是個富人的兒子，不必去工作以增加其財富，而且對美國金融業的錯綜複雜也不甚了解。那時，金融界的主要人物是J·P·摩根和傑·古爾德（Jay Gould），以及偉大的鐵路建設者詹姆斯·J·希爾（James J. Hill）和科林斯·P·亨廷頓，這些人都在穩步向前發展，雖然後者沒有得到好的、普遍的財政支持。

一天上午，一名看起來只是個孩子的人前來造訪，這令傑·古爾德大吃一驚。這位來訪者精心制定了一份對當時正處於困境的聖路易和西南鐵路的重組計畫。傑·古爾德控制著初級債券，而斯派爾公司則被選為委員會成員，以保護德國持有的首批抵押債券。訪問還沒有結束，古爾德，這位幹練的退伍軍人已經對這位年輕的訪客有了更多的尊敬。長話短說，斯派爾先生的計畫最終獲得通過；順便說一句，計畫的措辭令這位年輕銀行家的代理人們完全滿意。

亨廷頓很快就認可了這位年輕人的能力與勤奮。這位初來乍到的年輕人同時也斷定，亨廷頓本人以及他的南方太平洋鐵路和中央太平洋鐵路，非常值得繼續給予財務和道義方面的支持。這兩個人成為親密無間的朋友和合作夥伴。斯派爾家族不但從德國，還從其位於阿姆斯特丹和倫敦的分支機構中，提取數百萬美元投入亨廷頓的產業當中，以使其具有堅實的金融基礎，並滿足其對政府的完全償債能力需求。在當時，這被認為是了不起的事情。那時，聯合太平洋鐵路顯然要將其債務合併入美國政府當中，不過斯派爾家族和C·P·亨廷頓認定，中央太平洋鐵路應全額償還債務。

詹姆斯・斯派爾

當時麥金利總統被國會指派為委員會的主席，以解決這些鐵路債務。斯派爾向總統保證，中央太平洋鐵路一定會找到完整的解決方案。美國與歐洲間有著千絲萬縷的連繫，這份必須在一定時間得到總統正式簽署的協議，到最後一刻還沒有準備好。斯派爾先生在所有東西都準備好的那一刻，立即帶著文件前往華盛頓──他沒有機會疏忽大意了。當他在路上時，一場暴風雪席捲而來。他的火車中途被困，克服種種艱難險阻後，斯派爾先生終於在關鍵時刻來到首都。

除了勇氣外，斯派爾先生還具有判斷力。他對國際資本的駕馭能力，使其對美國交通運輸設施的發展做出了重大貢獻，斯派爾公司因此很快被公認為美國三大最具影響力的國際銀行之一。

「支持你的代理人，」斯派爾先生將之當成家族箴言，諄諄教誨著後輩。西元 1896 年。當 B&O 公司不履行協定之義務時，斯派爾公司透過購買他們出售的息票，在美國銀行界引入一項新政策。此舉後來被其他高階債券發行公司所仿效。在隨後的時間裡，部分地區發表了嚴格的法律法規，美國鐵路可謂禍不單行，這讓美國營運里程的六分之一破產了。斯派爾公司不遺餘力地捍衛那些投資人的利益，並取得最終成功。

斯派爾的朋友們都叫他「吉米」，他是個樂觀的人。他對同事以及國家充滿信心。有時候，當他的許多銀行家兄弟們因為某些事情──比如在銀幣自由鑄造之爭，以及對鐵路公司和其他公司制定更嚴格的法律法規這類事情上──而灰心喪氣，並對未來感到絕望時，斯派爾先生則一直保持著信心。

西元 1912 年，身為經濟俱樂部的主席，在一次題為「我們的鐵路受到公正對待了嗎？」的辯論中，他說道：「美國人民熱愛公平競爭，並希望受到公平對待。讓他們了解所有事實，我相信我們能夠高枕無憂地信賴他們的判斷力和幽默感，最終做出正確和公平的決定。他們一直是這樣做的，

因此他們在這件事上也會一如既往地這樣做。」

一有機會，斯派爾先生就渴望做其分內之事，將事實擺在公眾及其代表們面前。

譬如說，當聖路易和舊金山鐵路進入全國範圍的破產程序時，斯派爾先生是如此熱切地使其投資人受到公正的對待，以至於他放棄了每年的休假，親自來到密蘇里鐵路委員會爭取國家圓滿的解決辦法。他的行動非常成功，這令他的股票持有人在這次危機中全身而退。當有人對斯派爾公司在羅德島事件中所採取的行動提出質疑時，斯派爾先生則直接前往華盛頓，堅持去州際商業委員會，對所有關於其公司的誹謗予以堅決反擊。

不論其對手多麼強大，當其代理人受到威脅時，斯派爾先生不會尋釁滋事，但也不怕戰鬥。他堅持認為，對於銀行家和其他處於信託位置的人們而言，對不公正的攻擊忍氣吞聲是最不明智的，哪怕有時候保持沉默也是一種「尊嚴」的展現。不過，當他認真地承擔起責任與職責時，又以良好的幽默感和打破危機四伏的僵局技巧而名聞遐邇。

據記載，在一次關於非常重要的外匯上提出解決方案時，另外一方講了不少有關渴望「和諧」的話。可是，所列出的條款並沒有保護斯派爾的當事人利益。因此，當有人請他發表意見時，他回答說，只有將「傷害」從「和諧」中清除掉後，他才會支持「和諧」方案。

斯派爾公司曾經是，現在也是完全意義上的國際銀行家。他們在資助南美洲專案方面處於領先地位，在玻利維亞和厄瓜多的情形也是如此；在迪亞斯（Porfirio Díaz）和利曼圖爾（José Yves Limantour）統治時期，他們向墨西哥政府提供了數百萬美元，在墨西哥這個有開發潛力但政治上卻不幸的國家建設鐵路；西元1906年，當羅斯福先生任總統、塔夫脫先生任國防部長時，他們資助菲律賓的鐵路建設，後將這些鐵路賣給了菲律賓政府。他們還為新興的古巴共和國提供首批3,500萬美元貸款，以建立該國

的信用。

　　後來，也是靠著斯派爾家族所籌集到的資金，才讓倫敦地鐵系統發生了革命性變化。這個家族在美國的領袖兄弟埃德加・斯派爾爵士，是這個龐大專案的金融後盾，並成為整個企業的董事長。當要尋找一位能力出眾且足以承擔起複雜、涉及面廣泛專案的務實之人時，詹姆斯・斯派爾透過一位克里夫蘭的朋友，物色到了合適的人選。此人最終為倫敦的董事們接受。他不是別人，正是底特律有軌電車公司前任經理，後來成為紐澤西公共服務公司經理的阿爾伯特・史坦利。他現在是阿爾伯特・史坦利爵士，並且成為勞埃德・喬治的左膀右臂之一，在英國內閣中擔任商業部長和貿易委員會主席。斯派爾先生為這一「發現」感到驕傲。

　　由於斯派爾先生所具有的寬大、博愛之胸懷，他不分種族、信仰或膚色方面的差異，因此在政治上是明顯無黨派傾向的、獨立的。西元1892年克里夫蘭大選時，他是德美改革聯盟的副主席和財務主管，還是西元1898年出席印第安納州合理貨幣會議的商業代表團成員、市民聯盟特許成員、七十人執行委員會的活躍成員，並且是斯特朗市長領導下的紐約市教育委員會的成員。

　　最近20年來，他沒有擔任政治職務，並將其大部分時間投入教育和其他半公益的商業。在他們簡約卻環境優雅的、靠近斯卡伯勒——哈德遜河的鄉間宅邸，斯派爾夫婦經常招待成群的職業婦女、教育協會的人士，以及其他活躍於人類服務的人們——西元1914～1915年的冬季，斯派爾夫人任職米切爾市長的失業委員會婦女分會主席，這些光彩照人的實踐活動，使得其在這些事情上的興趣愈加濃厚。

　　斯派爾公司是紐約第一家為其員工繳納養老金的私人銀行。加入斯派爾的銀行是金融街一半工人們的夢想，這在生活費用高昂的歲月裡尤其如此。或許是因為斯派爾先生坐在他父親曾經坐過的椅子上，這件事與他為

工人們著想一事有些關聯吧！斯派爾大廈是紐約首批低層辦公大廈，也是建築傑作。它是模仿位於佛羅倫斯歷史悠久的潘多爾費尼宮建造的，該宮殿由著名的拉斐爾（Raphael）建築師設計。

　　在斯派爾位於紐約第五大道的家裡有一些精美的繪畫，它們當中有一幅或許是人工痕跡最輕微的作品受到了特別優待。這是一幅斯派爾先生的畫像，此畫作並非由哪位大師所繪，而是出自一位在埃爾德里奇社區大學上藝術課的東部男孩之手，當成禮物送給斯派爾先生的，以代表該機構及其孜孜以求渴望知識的人，紀念斯派爾先生 20 年來所做出的貢獻。

詹姆斯・斯派爾

詹姆斯・斯蒂爾曼

　　詹姆斯・斯蒂爾曼（James Jewett Stillman），國家城市銀行的董事會主席和總裁，花旗銀行的締造者，被譽為金錢之王。

JAMES STILLMAN

「糖果先生」為全歐洲特別是法國南部的孩子們所熟知。他是孩子們的朋友，他的使命就是讓孩子們快樂。

他是位熱情奔放的汽車旅行家。他在駕車方面的樂趣，隨著駕車一路前行，在年輕人們的內心播撒快樂而大大增加。他的汽車主要是為了這個目標組裝起來的。車上安裝了一幅架子，上面有一個大大的籃筐。每天籃筐內都裝滿特別製作的、最優質的巴黎夾心軟糖。還有一些地方可以放其他許多小禮物。

當「糖果先生」的汽車從馬路上駛來時，位於里維拉鄉村的孩子們就會歡快地尖叫起來。汽車停下來，糖果先生就大方地分送他們好玩意——叫做「糖」的小東西。

有時候，偏遠地區的孩子們對「糖果先生」並不熟悉，對於這位陌生人把車停下來，分送他們別緻禮物的做法難以理解。即便分析不出這個陌生人向他們慷慨地分送糖果及其他禮物的動機，他們仍然歡欣鼓舞地收穫新生活的瞬間。

教區牧師、學校教師以及眾多貧困孩子的家長們都知道「糖果先生」，並找機會對他給許多年輕人的生活帶來明媚陽光表示感謝。

「糖果先生」不是法國人，他是美國人。「糖果先生」就是詹姆斯·斯蒂爾曼。多年來他一直是美國最具影響力的國家銀行家、花旗銀行直布羅陀——萊克基金會的締造者，共同和摩根一起開啟了大商業時代，並且是在19世紀最後幾年和20世紀第一個10年期間，在改變美國的金融命運方面發揮的作用僅次於摩根的巨人。

美國公眾從未將詹姆斯·斯蒂爾曼看成是一位感情豐富的人；一位讓成千上萬的孩子們幸福快樂，藉此來尋覓其主要樂趣的人；或者是一位出於愛國主義的動機創辦銀行，並使其祖國成為世界上前衛的金融與商業國家。斯蒂爾曼先生被那些對其不甚了解的人們，看成是一個冷酷無情、生

活儉樸、剛正不阿、對社會活動不感興趣、慈善事業方面名不見經傳、一心只為賺錢的人。

然而，實際情形是，他幾乎是我所遇到過的、感情最為豐富細膩、渴望未來祖國及其機構的發展，而非為一己之私利而去做事情的人。我從未見過任何比他更加兢兢業業地使自己隱姓埋名，同時給其周圍的人們帶來聲譽的人。

的確，公眾對於斯蒂爾曼先生的誤解，在相當程度上是由於這種躲避媒體的追捧、避免任何形式的拋頭露面、一直默默無聞、深居簡出、事事不張揚的工作作風。這是其整個職業生涯所恪守的一貫作風，並且自從他將美國花旗銀行總裁一職交接給弗蘭克‧Ａ‧范德利普以來就不曾改變過。范德利普是幾年前由斯蒂爾曼先生遴選出的副總裁。

他的一位退休同事說，「斯蒂爾曼先生在工作時間穿著一件外套。他的穩重、明顯的冷漠、矜持、霸道，在那時看起來是必不可少的。若是他敞開大門，就不會有時間投身於他所從事的偉大建設性工作了。真正的斯蒂爾曼是一位非同尋常的人物。他是討人喜歡的夥伴，在工作之外的時間，活躍得像個學生。他並非如公眾所想像的，是個具有鐵石心腸的人，而是總在體貼地為其他人做著事情。他經常幫助年輕人，但做得是那樣低調，以至於沒有人知道。」

像斯蒂爾曼先生這樣一位成就卓越的人，結束其職業生涯時，都沒有給公眾足夠的機會去熟悉其真正的自我，及其真實的品格，還有那顆在外殼下搏動的心 —— 據認為出於事業需要，帶著這樣的外殼是不必要的 —— 似乎是件憾事。

當我謀求勸說斯蒂爾曼先生，認為他應當扔掉商業偽裝，讓公眾像我一樣地去了解他時，他回答說：「我樂於讓工作來證明自己。從商業意義上講，我在 8 年前已經去世，現在不再是公眾感興趣的目標了。你要寫

的人,是那些正在努力打拚的人。我不再是積極上進的員工;唯一的願望是,當追隨我的那些人感到需要建議時,我就會將自身的經歷告訴他們。」

最後,我勸斯蒂爾曼先生再談一點。

「我關於銀行業的概念是,銀行的資源應當像將軍對待士兵那樣加以對待。」他就我的問題回答說。「你必須在儲備金方面處於強勢地位,必須隨時準備好向任何有需求的地方派出增援部隊,必須將你的美元士兵投送到任何能夠創造最大利益的地方。」

「銀行對於國家的作用,相當於心臟對於身體的作用。銀行必須透過經濟命脈將資金灌輸進來,使這個機體有效地運作起來。如同身體要依賴心臟的正常工作一般,一個國家的商業依賴於銀行的良好運轉。」

「我並不認為銀行無足輕重,也不認為銀行只是賺錢的工具。我把銀行看作是實現人民福祉和國家繁榮昌盛所必需的某種東西。」

斯蒂爾曼先生已經預見到19世紀最後25年,工業的大發展和合眾國在國際金融事業領域注定要占有的地位。他開創了銀行業的新時代。

當其他銀行紛紛減少資金時,斯蒂爾曼先生卻大膽地增加了花旗銀行的資金,先於西元1900年從100萬美元增加到1,000萬美元;又於兩年後增加到2,500萬美元。沒有大型銀行就沒有大型商業。擁有鉅額資本的銀行,並非是與擁有數十億美元的公司相伴相生的。

斯蒂爾曼先生的大膽舉動在銀行界引起了震動。其他銀行家並沒有看到,一場工業與金融革命即將來臨。斯蒂爾曼有著其他銀行業競爭對手無法比擬的預見性、洞察力和判斷力。他敏銳地覺察到,大型商業組織需要類似規模的銀行。一定要有足夠強大的銀行以支持這種產業結構。

斯蒂爾曼所開創的先河,當然為其他銀行家所仿效。一個接一個的銀

行連續增加而不是減少資本金。

斯蒂爾曼的成功舉措，連同其無與倫比的資本與商業連繫，使其公司衝在了最前線。雖然斯蒂爾曼先生執掌該公司時期，規模還不及其他公司的一半——其西元1891年的存款額，只有區區1,200萬美元——但是兩年後，它成為紐約最大的銀行，存款額超過3,000萬美元。

和其他歷次經濟恐慌一樣，西元1893年的經濟恐慌，令許多儲戶轉向了花旗銀行，因為在經濟不穩定時期，商業利益集團感到將錢存在花旗銀行，而非其他不穩定的銀行更加明智。斯蒂爾曼先生對於銀行如何運作，有自己明確而成熟的想法。一個基本的觀點是，首先，銀行應當非常強大；它不應該只具有法律所規定的最低額儲備金，而應該擁有使其堅不可摧的黃金儲備。

他過去常常對同事如是說，「銀行不是別的事物，而是一大堆債務。」當他發覺自己處在總裁的位置上時，就開始用黃金將銀行的金庫填得滿滿的。西元1893年，當其他銀行向倫敦轉移黃金時，花旗銀行卻花錢遠涉大西洋將黃金買回來。一年內，斯蒂爾曼將花旗銀行的黃金儲備，從不到200萬美元增加到800多萬美元。因此，西元1893年經濟恐慌期間，花旗銀行表現得堅如磐石。到西元1897年時，其儲蓄額已經達到了9,000萬美元，這是合眾國一個嶄新的紀錄。

斯蒂爾曼先生正發展成為一位銀行政治家。他不滿足於處理國內最重要的流通業務，而是把目光轉向了海外。為什麼不將美國花旗銀行的業務拓展到其他國家呢？由於國家銀行法的有關規定，不允許將銀行的分支機構建在海外，但是卻可以在世界上的重要國家建立有影響的業務連繫。

斯蒂爾曼的一位退休員工告訴我，「我們現在所見到的固定形式，早在19世紀末期就已經被斯蒂爾曼先生預見到並規劃出來了。他預見到，這個資源富饒、能量無與倫比，並且擁有無限野心的國家，注定要成為全

世界的金融中心。他看到，商業日益國際化。規模龐大的國際超級公司所賴以建立的基礎，就是由花旗銀行及其同盟銀行奠定的。

「他還意識到，巨型公司聯合體即將問世，為了應對這場革命，就應當建立規模更大的銀行。」

因此，斯蒂爾曼先生決心增加銀行資本的做法是最有遠見的。而他維持高達40%的黃金儲備做法，也是最有遠見的，儘管有時候有人表示反對——擁有如此鉅額的閒置資金，必然會減少利潤和分紅，因為將黃金鎖在金庫內，而不是用於增加利潤，這本身就是一種損失。但是，斯蒂爾曼先生所建設的是銀行的未來。如其所看到的，他所做的一切，就是為他所預見到的產業結構奠定基礎。他的座右銘不是「賺錢」，而是「茁壯成長，一直向前看」。

華爾街有一條諺語是這樣說的：「斯蒂爾曼所拒絕的貸款，比其他任何銀行家都要多。」他之所以能夠拒絕幫助其他公司陷入更深的債務當中，是因為他透過將銀行的資本和餘額增加到4,000萬美元，而樹立了令人肅然起敬的典範。

他曾經對許許多多想要透支的商人和製造商們說：「你們需要的是更多的資本，而不是更多的債務。」

在其活躍的銀行生涯中，斯蒂爾曼不僅僅保持住過去銀行運作模式的傳統——在他的社會和職業領域如此，而且在腦力勞動這個問題上也是如此。因為今天的花旗銀行在相當程度上，是建立在由斯蒂爾曼精心挑選，並壘砌在堅固岩石之上的一座范德利普式燈塔。在後來的歲月裡，斯蒂爾曼先生變得老成了。他過去曾經激發人們對於銀行影響力的尊重，可現在他卻贏得了他們的喜愛。西元1912年時，為了紀念銀行誕生100週年，他向花旗銀行俱樂部捐獻了10萬美元，各位董事又追加了10萬美元。

斯蒂爾曼先生更適合在大學工作，因為他希望以此為業。可是他父親當時病重，這迫使其放棄了所選擇的專業，進入他父親在紐約公司的辦公室工作，並很快熟悉了相關業務。在短時間內，他便和公司的高級合夥人威廉·伍德沃德實現了成功交接。在伍德沃德於西元1889年逝世前，他和斯蒂爾曼先生相約在第二年從忙碌的商業活動中解脫出來，斯蒂爾曼先生實踐了這個約定。

斯蒂爾曼先生如何成為花旗銀行的總裁一事相當有意思。

摩西·泰勒（Moses Taylor）是那個時代紐約最具影響力的美國船主和商業大亨。他是花旗銀行的總裁，他和斯蒂爾曼的父親很早以前就是好朋友。斯蒂爾曼家族的孩子們過去經常聽到「花旗銀行」這個名字，並對之充滿憧憬與嚮往。當他們要玩創辦一家「花旗銀行」的遊戲時，他的父親就會為他們拿來各式各樣的、為他們製作的花旗銀行的遊戲幣。這種錢主要是供許多年輕人儲存的，在許多年前就不再流通了，但依舊作為一種儲幣，人們對之的珍視程度超過了黃金。這個標有「花旗銀行」字樣的盒子，如今已成為詹姆斯·斯蒂爾曼最珍愛的收藏之一。雖然其中的硬幣價值只和其作為金屬的重量相當，卻是用黃金也買不來的。

斯蒂爾曼這位年輕人所做出的最重大決心是，當有一天他長大成人後，就要成為花旗銀行的一名董事。他不但在40歲前實現了自己的夢想，而且在41歲時被任命為花旗銀行的總裁。

摩西·泰勒的職位後來由他的女婿珀西·R·派恩繼任。他很快就發現銀行裡的詹姆斯·斯蒂爾曼有當董事的非凡才能。當派恩先生的健康狀況每況愈下時，斯蒂爾曼先生對從事銀行的經營表現出了濃厚興趣。他特別適合這項工作，因此當派恩先生逝世時，各位董事們堅持認為，只有他可以取代派恩先生的位置。

斯蒂爾曼先生無意成為一名金錢之王。他更願意在閒暇時去旅行、從

事藝術創作、過一種優雅講究的生活，他希望有時間活著。從嚴格的商業意義上講，美國花旗銀行總裁一職，對於斯蒂爾曼先生來說是小事一樁。身為一名商人，他已經取得了成功並且擁有不菲的財富。

後來是情感因素發揮了影響。斯蒂爾曼在孩提時代就喜歡用花旗銀行的遊戲幣玩耍；現在形勢需要某個人來引領該銀行的命運，處理該銀行貨真價實的金錢。泰勒先生和派恩先生幾乎都如同一位父親般喜愛斯蒂爾曼。因此，斯蒂爾曼自己做出了對這份情感的回應。

對於美國花旗銀行資金的處理，斯蒂爾曼書寫了歷史。

但是，這項工作並沒有占用其全部時間，吸引他所有注意力。現在，對銀行家們而言，時髦的事情是當農民。斯蒂爾曼先生現在是一位蘑菇農民銀行家。在整整30年前，他就建立了一間大型的牛奶場，自那以後一直經營著。

斯蒂爾曼還是美國快艇業的先行者。早在當前紐約快艇俱樂部那些佼佼者中，有些人還在穿開襠褲的時候，斯蒂爾曼先生就已經是該俱樂部的副會長了。他負責快艇業務，並以一名退伍老水手的嫻熟技巧駕馭著這些快艇。他現在是許多快艇俱樂部的高級會員。

當腳踏車出現時，斯蒂爾曼先生又成為該項運動的追隨者。現在，他對汽車同樣狂熱。

斯蒂爾曼先生的名氣，在社交圈中根本無法用數字表示出來，不過他在國內外所擁有的朋友人數之眾，可能任何在世的美國人都只能望其項背。許多傑出的外國人都向他徵詢建議，其頻繁程度往往超出公眾的想像。

雖然現在他每年都有部分時間生活在歐洲，但斯蒂爾曼先生是位不折不扣的美國人。他是大陸協會的真誠會員，他父親和母親的先輩們都曾經在美國獨立戰爭中服役，這是他引以為榮的一段紀錄。

第一次世界大戰爆發以來，「糖果先生」從未遺棄他的法國小朋友們。

他不再發糖果給他們,而是會同法國的權力部門制定了一份詳盡的計畫,讓數千需要幫助的家庭在財政上獲得救助。西元 1917 年,普恩加萊總統(Raymond Poincaré)宣布,他收到了斯蒂爾曼先生開具的一張 100 萬法郎支票(合約 20 萬美元),用於救濟那些獲得戰爭榮譽勳章之人的孩子。

之後不久,斯蒂爾曼先生又出巨資發起一場為救助戰爭受害者籌集資金的運動。西元 1917 年,他多數時間都在法國度過,並竭盡所能幫助這個偉大的共和國。在返回紐約時,他這樣描述法國,「他們絕對不會被擊倒。這樣一個英勇善戰、團結一致的民族,是絕對不會被擊垮的。」

斯蒂爾曼先生說:「當你看到在法國所做的一切時,你就會忘記自身,忘記所有的事情,一心一意地想著去幫忙、幫忙、幫忙。」

然而,斯蒂爾曼先生不想評論自己作為「糖果先生」所從事的活動。當我問他時,他淡淡地笑笑,說道:「如果我曾經忽略了自己的事情,那是因為我愛這些孩子們。」

這還不是斯蒂爾曼先生為法國及其青年人所做的全部。斯蒂爾曼先生認為,美國的建築師們能成為世界上最優秀的建築師,主要是因為他們獲得了無數到巴黎學習的機會,為此,斯蒂爾曼先生捐資 50 萬法郎作為基金,以獎勵那些在建築方面表現出傑出天賦的法國學生。這一微不足道的國際舉動,深入到了法國人民的心中。「詹姆斯・斯蒂爾曼」這個名字,被鐫刻在法國各個藝術學校的牆壁上,流芳百世。斯蒂爾曼先生也沒有忘記美國國內的學子們。有感於哈佛大學數千名學生沒有醫療設施,他在幾年前便讓哈佛擁有了足夠的醫療設施。

我問斯蒂爾曼先生,他豐富多彩的職業生涯和休閒生活,教會了他什麼樣的生活哲學。

他回答說:「消除自我是哲學的最完美形式,也是幸福的重大祕訣之一。」

詹姆斯・斯蒂爾曼

狄奧多・牛頓・魏爾

　　狄奧多・牛頓・魏爾，美國電話電報公司總裁，魏爾視電話服務為一項公共設施服務，並由此將電話網路集合到貝爾系統之下，為電話惠及於民做出了重大貢獻。被譽為一生致力於電報電話業務的改革家。

THEODORE N. VAIL

狄奧多・牛頓・魏爾

狄奧多・牛頓・魏爾是一位和所有美國人——北部的、南部的、東部的和西部的——友好相處的人。

這花費了大量心血、遠見卓識、想像力、熱情和勇氣，還有 10 億美元的金錢。

將近 40 年前，當亞歷山大・格拉漢姆・貝爾的粗糙發明還只是個玩具時，魏爾就已經想像到了一幅充斥著電報網的美國圖景：每位公民都可以跟另一位公民透過電報交流，不論二者距離有多遠。

西元 1916 年，一個偉大的工程協會沒有選在某個城市召開全國性會議，而是透過電話同時在許多座城市進行會議議程。由一個城市提出動議，另外的城市附議，所有城市同時通過。

還有比這更加輝煌地實現早年的夢想嗎？

當我談到他的夢想變成了現實時，魏爾先生自己的看法是，「與本來應當實現的那些事物相比，變成現實的只是九牛一毛。」毋庸置疑，在他心裡已經有了一個後來提到的政府藍圖。

我爭辯道，「可是，與你的同時代人相比，你比其他人多做了很多事情了。你是如何能比普通人多做那麼多事情的呢？」

「年輕時絕對不要不情願地做其他人的工作；而當步入老年時，也絕對不可做那些任何人可以為我做得更好的工作。我一直喜歡全面地掌控自己所承擔事情的全部細節，然而當我面對一般性問題時，卻厭惡過多細節的干擾。」

美國所擁有的電話數量，是世界所有其他地方電話擁有量的兩倍多。僅美國農民的數量就超過了英國、法國和德國全部人口之和。

美國的電話業務發展到何種程度了呢？

目前，美國大約有一億部電話，或者說，全國平均兩個家庭就有一部

電話。

每天電話交談的次數在2,600～2,700萬次之間,或者說是每年90億次。

「美國電報電話公司」擁有190萬英里長的電話線,展開的話是地球與月球之間距離的80倍,這足以繞地球760次,足夠在紐約和舊金山之間鋪設5,500根電話線。

其資產超過10億美元,使之成為美國兩大「10億美元」產業公司之一。

該公司的收入是每週500萬美元。

它每週向其10萬多股民支付50多萬美元的紅利,這些股民當中有三分之一是貝爾公司的員工,有一半是女性。

該公司共有15萬多名員工,隨著業務的發展,其員工數在以每月1,000人的速度增長著。

狄奧多‧牛頓‧魏爾是如何成為「電訊的夥伴」,其故事一直激勵著年輕的美國人。

魏爾的父親是教友派教徒的後代,母親有荷蘭人血統,他們都生於紐澤西,幾代人以來,他們的祖先一直生活在那裡。當他們的兒子於西元1845年7月16日降生時,他們正臨時居住在俄亥俄州卡羅爾縣。兩年後他們搬回紐澤西州,直到西元1866年時一直生活在那裡。

西元1866年,他們在愛荷華州定居下來。在離開紐澤西州前,魏爾已經開始和他的叔叔學習機械。在愛荷華開闢了一座農場後,他將農場留給他的兄弟們,並聽從霍勒斯‧格里利的建議——「年輕人,到西部去吧!」他需要些探險經歷和關於世界的知識,他還沒有參悟到現實生活的艱難性。

還在紐澤西州莫里斯敦時,魏爾就開始從事電訊業務了。他的一位叔叔阿爾弗萊德‧韋爾,一直和F‧S‧B‧莫爾斯在一起,並在經濟上支持

他從事可操作的、機械性的電報開發業務。聯合太平洋鐵路為年輕的魏爾，提供一個成為篷車車站的代理商和接線員的工作。

不久後，他進入了鐵路郵政局。在那個年代，這根本算不上是一個「郵政局」。在火車上沒有真正的郵件分類系統，也不能把信件投送到任何地方，就連一些大城市，也沒有讓列車轉換更加便捷的時間表。裝郵件的麻袋被隨意地傾倒出來，到處都是。

魏爾努力設計出一套更好的系統。他將每一個時刻表都收集起來，研究所有鐵路站點，並算出從其他地方到達一個地方的最快捷路線，甚至編輯出一套鐵路郵政指南，這讓他能夠以前所未有的速度處理郵件。

偶然發生的小事，可彰顯品格與職業。後來，有一場大雪堵塞了鐵路線，一列接一列的火車不得不停靠在一旁。命令下來了，要求將所有的乘客、包裹和郵件，從車廂的這邊轉移到另一邊，以便列車可以掉頭，好克服這種擁堵狀況。當時需要搬運的郵政麻袋有數百個。從技術上講，這是鐵路工人們要做的事情，但是他們根本忙不過來。魏爾建議，這30個或者更多的郵差應當幫忙，可是他們拒絕了，因為在雪堆上搬運裝卸冷冰冰的郵政麻袋，不是他們的工作。魏爾和三兩個願意幫忙的人開始工作，並完成了所有任務。

華盛頓注意到了這位改革者。倘若他可以重組其所在地方的郵件投遞業務，那他為什麼不能為美國其他地方做同樣的事情呢？他被召到華盛頓，成為郵政局的助理局長。儘管他是該局最年輕的官員，不久後，還被任命為總局長。

他改革美國全國的郵件投遞業務。不過，投遞改革措施危害到某些鐵路和某些政客的利益。他們要求他為了特殊利益集團的利益修改其時間表。魏爾告訴他們，他不是為鐵路工作，而是為聯邦政府和公眾的利益工作。這引來了麻煩。

肯塔基州的參議員貝克，試圖威逼魏爾改變計畫，但是魏爾毫不妥協。漸漸地，國會中有人企圖削減這位麻煩纏身的總局長的旅行經費。這引發了一場激烈辯論。令魏爾感到震驚不已的是，貝克參議員承認，他雖然和這個年輕人僅有一面之緣，卻發現此人做起工作是如此地意志堅定──他投票支持魏爾，幫助他贏得勝利。

　　同時，發明家貝爾和他的主要贊助人，其岳父加德納·G·哈伯德也正面臨著大部分先驅者們的命運。他們的「玩具」在費城舉辦的百年紀念博覽會上展示出來，並且展現了新穎的娛樂效果。可是，當他們尋求從商業角度將之推出時，卻遇到了阻礙──倫敦《泰晤士報》稱之為「最新的美國騙術。」

　　令事情更加糟糕的是，當時美國最有影響的公司之一──西部聯合電報公司開始攻擊他們，在所有環節給他們設定障礙，最後甚至走到了在愛迪生發明的、經過改進的發報機幫助下，設立競爭性電話公司的地步。哈伯德需要一位鬥士，一個果敢、堅定、有頭腦的人。他了解魏爾，並且知道韋爾就是自己想要的人。

　　魏爾後來乾巴巴地評論說：「我放棄了 3,500 美元的薪資，只是為了一份沒有薪資的工作。」身為美國貝爾電話公司的總經理，據統計，他的薪資只有 5,000 美元──這極為罕見。

　　魏爾是一名電報專家，卻對電話有著不可動搖的信心。他知道電話不光可以用於地方事務，而且某一天將會覆蓋整個美國。他立即開始為實現那個目標工作起來。

　　早先時，他勸聲名赫赫的查理·格利登從洛威爾到波士頓建一條電話線。接下來他建議公司「建一條從波士頓到普羅維登斯的電話線」。他們嘲笑他。這是一場艱苦卓絕的戰鬥，魏爾堅持勇往直前。

　　財務紀錄顯示了這樣的記載：「借給貝爾 50 美分，借給魏爾 25 美分。」

不料，這些電話線最終建成後，在剛開始時卻無法運轉！

在提及那些日子時，我最近問魏爾，「你變得灰心喪氣了嗎？」

他意味深長地笑著說：「要是我氣餒了，也絕不會讓任何人知道的。」下面是一則展現貝爾電話公司總經理的執著精神與遠見卓識的故事：

「告訴我們的代理商，我們提議將不同的城市聯結起來，以便進行私人通訊並建立一個龐大的電話體系。」

「真實的困難是可以克服的；只有那些想像中的困難是無法征服的。」他過去常常告誡那些心浮氣躁的同事們。

從波士頓到紐約的電話線，是魏爾的下一個冒險行動。有一間叫做州長公司的公司被開設起來，該公司由五位州長和兩位門外漢組成。在他們失去信心後，公司接管了這條線路。當公眾真切地意識到，這次新的冒險行動意味著溝通的便捷時，這條線路獲得了成功。

在魏爾窮追猛打之前，處於絕望中的貝爾已經同意以 10 萬美元的價錢，將其賣給西部聯合公司。現在，西部聯合公司願意每年出資 10 萬美元除掉魏爾！他們用鐵路公司提供的具有誘惑力的職位誘使魏爾離開，可魏爾還是繼續戰鬥下去。他一直留在貝爾公司，直到該公司克服了所有障礙，激發了對自己及其服務設施的信心，並且可以斥資從一個城市擴展到另一個城市。

西元 1887 年，魏爾經過頑強戰鬥並取得勝利後，在佛蒙特州北部買下一塊 200 英畝的農場，他計劃在不能進行自己所嚮往的旅行時，就生活在那裡。

他的商業生涯就此終止了，然後魏爾先生的生活由三個部分構成。

在一次前往南美洲旅行，參觀布宜諾斯艾利斯時，當地利用最近建成的水庫所提供的水電，將該市的有軌鐵路改造成為電氣鐵路，他被這種可

行性所打動。他買下一條破敗但具有策略意義的線路（那時還在營運的數條線路之一），將之改造成為和各州其他道路同樣完美的道路。他還自掏腰包買下幾條超前的線路，並在美國和英國資本的幫助下，建成一套完善的交換體系，還賺了錢。

作為一條支線，他在不同城市安裝了電燈和電話系統。

魏爾的活動使得他頻繁前往歐洲。有段時間，他將業務總部設在倫敦，雖然他在巴黎和義大利花了許多時間，因為他發現這兩個地方都很迷人。

但一直讓他魂牽夢縈的是佛蒙特，他便賣掉了外國的產業，獲得不菲的利潤，並再次回到斯皮德韋爾農場（以其母系祖先命名的），決心將其餘生用於科技農業的發展事業。

他讓農場從200英畝擴大到6,000英畝，魏爾以曾經在貝爾電話公司所投入的全部熱情，經營著自己的農場。他飼養著最好的馬、牛、羊、豬和家禽，並採取適當的作物輪種手段，還使用了化肥。簡而言之，他在相當程度上成為農民的典範，表明在綠色山地之州從事農業生產，同樣也可以有回報。

最重要的是，他教會其他農民如何從他們的土地中獲得最大的收益。為了在此工作中提供幫助，他捐獻土地給佛蒙特州，重新組建了林登研究所並開辦林登農業學校，監管其設備，並在發展過程中發揮了非常積極的效用，並花大量時間用於使學生和他們的家長們進一步獲得福利。其目標過去是，現在依然是將女孩變成優秀的家庭主婦，使男孩成為擁有技術的農民。此外，也鼓勵科學的、有利可圖的農業發展。

狄奧多·牛頓·魏爾和他的夫人以及唯一的兒子，回歸到這種恬靜而有意義的生活中來。

魏爾先生生活的第三部分，開啟於西元 1907 年 5 月。

在這不幸之年的春天，金融的隆隆炮聲使銀行家和商人們感到心驚膽顫。因為嗅到了貸款過度擴展的味道，資金正被揣進錢袋。股票和債券崩潰了，新的債券沒辦法賣掉。公眾的不滿情緒直指大公司。

美國電報電話公司的處境比其他大多數企業的更加艱難。不太具有競爭力的對手甚至揚言，州議會正在制定嚴格的法律，法院充滿敵意，聯邦政府正被迫考慮「肢解」或「接管」電話托拉斯。

這些董事能夠到哪裡 —— 向誰 —— 求援呢？

當然，有一個人可以讓他們擺脫所有的麻煩，可是他已經年過花甲，退休了，不再需要更多的錢，並且正享受著和美的田園生活。

他們到處尋覓，沒有誰進入他們的視野。

無奈之下，一個董事代表團來到佛蒙特的林登。他們發現了一位扶著耕犁的時髦的辛辛那提人。他們請求他出山拯救這個他曾經用其最美好的年華建設的公司，他們強調說，這個國家的福祉都處於危險之中。

這位退休的電話奇才，無法接受他苦心經營的龐大體系即將敗落的說法；或者即使注定要破產的話，他也準備隨著它一起垮臺。

他們對於他的真誠與愛國主義的訴求得到了積極響應。他的生活伴侶於兩年前去世，而他唯一的兒子是一名高大健壯的哈佛運動員，一年後也被傷寒奪去了性命。自那以來，農場的生活已經只剩孤獨了。

「我會去的。」魏爾答應道。

他直接籌集到 2,100 萬美元的新資金 —— 並且在隨後的 6 年時間裡，憑藉高超的技巧又籌集到 2.5 億美元。靠著他所採取的及時行動，該公司平靜地渡過了可怕的西元 1907 年 10～11 月的恐慌。

他坦率地宣稱支持「一套體系」，並表明兩個或多個關鍵體系的有用

性；他公開宣布支持監管所有公共設施的做法，並願意忠誠地與公共服務委員會合作，這些舉動征服了公眾和立法方面的反對派。

他透過向一些公司提供電話交換設備，將貝爾公司的設備銷售給另一些公司，並願意向那些想要出售的公司支付公平價格等做法，使其對手平息下來。

他對員工們日益慷慨大方，將數百萬美元預留出來用於老年人的養老保險、患病和突發事件的福利，贏得了員工們的熱情支持。

他改善了貝爾公司的服務，並以前所未見的速度和廣度，令貝爾的業務得以擴展，這讓他獲得贊助商們的一致好評。他一直以來的座右銘都是：「在公眾的要求之前進行建設，引領潮流而非亦步亦趨。」

魏爾證明自己不僅僅是交流與溝通的大師，而且還是一位商人政治家。

然而，魏爾還有著更偉大的雄心壯志。在30年前，他就有了將郵件送達美國各地的夢想。現在，他意識到了某些更偉大的事物，一種與20世紀的精神相一致的事物，那就是速度。

狄奧多・牛頓・魏爾認為，大多數戰爭都是由於誤解所致，假使國家之間、個人之間學會相互了解，彼此理解，互相和平共處，他們就不會有進行廝殺的念頭。他生命中的使命就是讓人們之間的連繫更加緊密，不論他們相距多麼遙遠，也要聯結在一起，並消除距離與延誤。

電話朝這個目標的實現邁進了不少，而魏爾的天才使一個更加廣闊的設想誕生了。

對他來說，「20世紀快遞公司」和其他著名的鐵路快車對於運輸郵件而言，其速度太慢了。它們的執行速度每小時還不到100英里；魏爾渴望的是每分鐘行進數千英里。

為什麼沒有遠端書信呢？我們能不能只需花費幾張郵票的錢，就將所

有重要的信件透過電話線,由一座城市傳到另外一座城市呢?

作為計畫的第一步,魏爾在西元 1910 年簽署了一張 3,000 萬美元的支票,用於購買西部聯合電報公司的控制權。激進的改革迅速地展開了——夜晚寄信價格較低,遲發電報收費較低,以及電話電信業務等等。

同時,革命性的遠端書信被實現了。可是電報和電話的合併事宜,被合眾國政府首席大法官以違反法律為由否決了。兩者的分離使美國和美國人錯失了將讓書信寫作發生革命的溝通體系。

簡言之,魏爾先生正在實行利用其龐大的、晚間常常閒置的電話線網路,透過一種新型的、節省時間的裝置,一夜之間就可以將書信發走的計畫。發送方將這遠端書信裝入信封並投遞到郵筒中,以便當地的接收人在第二天一早,就可以在其辦公桌上看到該信。這樣一來,紐約或者附近的商舖,便能向當地的西部聯合美國電報公司辦公室發送遠端書信,或者在工作時間之外向他們發送郵件了。這些信件將以每小時數千個單字的速度,在一夜之間被傳送到芝加哥、聖路易、舊金山或其他地方,然後再由那端的人再次進行投遞。

透過免除了所有採集與傳輸的費用——只收兩美分的郵費——並透過使用閒置的電話線,遠端書信的費用幾乎不存在了。

這樣,國內所有的城市都被置於隔夜郵遞距離的範圍內。

但是美國司法部執而不化,這樣就喪失了一份對美國來說非常重大的利益,而其創始者則感到非常失望。

然而,魏爾先生絕不是一個會讓任何事情使自己感到不快的哲學家。

魏爾的一位朋友說:「有關魏爾的、最令人吃驚的事情是,他具有一名 24 歲男士所擁有的全部熱情、想像力和果敢精神,並能夠將這些與其 70 多歲的成熟實踐結合起來。結果是令人震驚的,怎麼說呢?結果是——

啊，狄奧多・牛頓・魏爾。」

　　魏爾先生熱愛工作的同時也熱愛玩耍。他騎馬，趕著一支馬隊跨越佛蒙特的山川和谷地；夏季的部分時間生活在快艇上。他參與了為波士頓大歌劇院籌款的活動。借用魏爾的一位好友的話，「他比我知道的所有人，都能夠更好地點一份晚餐。」

　　魏爾先生承認，「我一直想方設法地享受生活。」他有這樣一句格言：「充分利用一切東西，不要因為你不能得到的事物而煩惱。」另一句格言是：「成功不是由物質方面來收穫，而是由踏踏實實、一絲不苟地做事來衡量的。」

　　結果是，他成為古稀老人的典範：寬大的前額垂下來一大綹白髮，他的眼睛明亮而安詳，臉上經常帶著微笑。

　　西元 1917 年 6 月，紐約大學授予魏爾先生商業科學榮譽博士學位，以彰顯對他的敬意之情。

　　他擁有令人稱羨的知識，對於增加美國生活的娛樂性方面做出了突出貢獻。他對未來充滿信心，以至於他相信，當生活在地球這端的人們，可以像我們現在和鄰居談話那般，輕而易舉地和地球那端的人們談天說地時，時間就近了。

狄奧多・牛頓・魏爾

科尼利厄斯・范德比爾特三世

　　科尼利厄斯・范德比爾特三世（Cornelius Vanderbilt III），范德比爾特家族的傑出代表。發明家、金融家、軍官，建立美國強大海軍的倡議人。

CORNELIUS VANDERBILT

科尼利厄斯・范德比爾特三世

當科尼利厄斯・范德比爾特三世被問及，是否適合加入一個以貴族血統為榮的社會時，他可以像一個出身並不顯赫的人一樣說：「先生，我是一位先驅者。」

這位范德比爾特王朝的成員迥異於一般的富家子弟，他展現了獨立生活、開闢自己的生活道路，並成就自身事業的能力。

在早年他就表現出自立、勇氣和不受財富所控制的品格。他甚至以其繼承權為代價，和一位自己選擇的女人結了婚，證明他的男子漢氣概。他沒有像許多典型的紈褲子弟那樣沉溺於懶散的生活，而是披掛整齊地投入鐵路機器商店那種塵土飛揚、悶熱難耐、忙忙碌碌的工作之中。

他用自己的智慧和雙手證明，除了大學本科學位而外，他不但從耶魯大學拿到了機械工程的學位，而且他的那些發明非常有價值，竟然被先進的鐵路所採納。他還成為一名志願軍人，不是坐在扶手椅上、火爐邊那種，而是在任何情況下都準備好承擔起全部職責的那種軍人，不管是在後備隊訓練場、機動部隊、墨西哥邊境的戰場上，還是最近在歐洲戰爭中都積極服役，在任何時候都要承擔共同的命運。他還是一位航海家，曾經駕駛著自己的小船橫跨大西洋，進入地中海沿岸的每一處偏僻隱祕的角落，並沿著歐洲海岸線航行，和許多有頭有臉的人物以及普通民眾打成一片。

在商業方面，他的技術知識連同勤奮和金融能力，使得他能夠早早地嶄露頭角。對科尼利厄斯・范德比爾特而言，在相當程度上講，紐約應當建地鐵，因為他詳盡地調查了倫敦、巴黎和其他地方的地下交通設施，並與奧古斯特・貝爾蒙特一起建立了區間快速運輸公司，他現在依然是該公司具有影響力的董事。

可是，這位發明家、工程師、戰士、航海家、金融家、愛國者和百萬富翁家族的百萬富翁成員，卻是年輕一代人當中最謙遜、最自律的人。

當我讓他講述自己是如何成為一名發明家時，他謙遜地說：「早在我

能夠記事的時候,就已經有了自己的工作室。我生來就喜歡機械學,因為我總是把玩這些東西,後來則用這些工具和機器來工作。從耶魯畢業後,我按部就班地修起工程學專業的研究生課程。在學習的過程中,我將大量時間用於紐約中央大學的動力與工程系裡,試圖獲得實際的知識。」

「的確,但是其他上千名年輕人也學習過工程學,也在機器廠工作,卻沒有發明出任何東西來。是什麼讓你的心思轉移到這方面來,是哪些事物讓你想到新鮮的裝置,並且成為一名發明家呢?」我刨根問底。范德比爾特先生顯然被我的盤問搞得有些措手不及,這衝擊到他謙卑與自我克制的性格。

「我當時尚未承擔商業責任,心思都在工程問題上,對這些問題的研究引導我——就像引導其他人那樣——去考察是否可以設計出經過改進的方法或裝置呢?」

「你拿出的第一項發明專利是什麼?」我問。

「我發明的第一件東西是新型的鐵路煤水車,這是一種節省重量和開支的圓柱形煤水車。」范德比爾特先生本應補充說明卻沒有說的是,范德比爾特路、紐約中央大道並沒有靠接受其省錢的發明而表現他的獨特偏好;聯合太平洋鐵路和南方太平洋鐵路是首批以范德比爾特煤水車為標準的重要鐵路。

如果在其生命的軌跡中沒有一種幸運的車輪在轉動,那麼是什麼事物讓科尼利厄斯·范德比爾特成長為一名發明家?對此人們只有去猜想了。這個時期,由於他在數家企業的投資總額達到了數百萬美元,這要求他必須親自進行監管,於是他就涉足了金融和商業領域。

早在紐約的聖保羅學校上學時,科尼利厄斯·范德比爾特就展現出獨特的稟賦與個性。他並未感到自己的地位優於其他人或有任何特權。他不但民主,而且在工作室表現出的技術水準、能夠修補好任何需要修理的兒

235

科尼利厄斯‧范德比爾特三世

童玩具的能力，讓他的人緣特別好。同時，雖然身材較小——即使現在他的體重也不足 140 磅——年輕的科尼利厄斯卻相當有男子漢氣概，不會輕易上當受騙，也不是那種逆來順受的可憐蟲。他有自己的目的並且有勇氣去維護。當稍微長大一些後，他在機械學方面表現出的天才，使其成為玩伴們眼中的某種英雄人物。

西元 1891 年，他 17 歲時便考入大學，並於西元 1895 年從耶魯大學畢業，隨後又進入謝菲爾德科學學院學習機械工程。他將大部分業餘時間都花在紐約核心辦公室，在那裡他和其他學徒一樣盡心竭力地工作。

之後，愛情走進了這位發明家的生活。他愛上一位極為尊貴的年輕女士格雷斯‧威爾遜小姐。他的父親反對其長子的選擇，然而這位年輕人展現出與他的同名者、范德比爾特財富奠基者所具有的剛毅、果敢和不屈不撓。他沒有選擇放棄未婚妻，而是決定放棄財產繼承權。就像當時有句話所說的，他的父親「砍掉了他一百萬」，並將剩餘的巨額財產留給了其他孩子，小兒子阿爾弗萊德得到最多。科尼利厄斯繼續沿著他的研究、工作和發明之路走下去。西元 1898 年他獲得了哲學學士學位，次年畢業，獲得教育碩士學位。到那時，他的天才已經獲得廣泛認可。

家族財產進行了重新調整，而科尼利厄斯目前所持有的財產，要求他投入更多的時間與精力，這使他不得不放棄作為發明家的職業，儘管事實上，即使到了今天，科尼利厄斯的辦公室表明，他更像是一名工程師和發明家而非金融家。在金融街區他那非常節約的辦公室內，有各式各樣的表格和規劃、藍圖，以及富有新意的機械構思。他是伊利諾中央鐵路公司、特拉華——休士頓公司、密蘇里太平洋公司、美國快遞公司、雷克瓦納鋼鐵公司、美國帕克銀行、哈里曼國家銀行、美國抵押與信託公司、普羅溫斯敦信貸公司、區間快速運輸公司的董事，並且是互惠人壽保險公司的受託管理人。

「是啊，我完全相信金融業以及它所激發出來的勤儉節約作風。」范德比爾特先生告訴我。

整個金融區的人們都知道，科尼利厄斯·范德比爾特不是一位裝飾性的董事。若是無法給予該委員會的事務認真而持之以恆的關注，他就不會讓自己的名字進入該委員會。一位在各個企業追隨他的金融家告訴我，「范德比爾特上校是會親自指導的董事，並非傀儡，他堅持收到完整的報告並仔細研究。每當要選出一個特別委員會來進行艱難的工作時，范德比爾特上校總是會被點名。他是一位工作者。」

你在紐約市市長選擇的公民委員會上，經常會注意到科尼利厄斯·范德比爾特的名字。盡人皆知的是，這種委員會當中的一半成員是無所事事的。可是范德比爾特先生不是這種人。比如，西元1915年時，身為大西洋艦隊接待委員會的主席，他夜以繼日地工作，以確保成功地履行各項職能。他還是前總統羅斯福從非洲回國時的大型接待活動主席。像著名美國家族的文森特·阿斯特（Vincent Astor）一樣，他時刻準備著履行自己的公民職責。

科尼利厄斯·范德比爾特為公眾所熟知的，恰恰是因為他當過志願軍人。不論身分高低，沒有哪位平民能夠像范德比爾特上校那樣兢兢業業、任勞任怨地工作，以加強美國的軍事地位。他參軍不是為了光宗耀祖，而是希望盡其所能來保衛祖國免受任何形式的威脅，他將此舉看作是公民的基本責任之一。

近來有許多人轉為「預備役」。科尼利厄斯·范德比爾特不是這種人。早在西元1901年時，他就參加了第12紐約步兵團，投身於豪情萬丈的軍隊工作中，服役8年後晉升為上尉。當時負責指揮紐約州國民警衛隊的羅少將任命其為參謀；西元1912年奧賴恩少將撤銷了羅將軍的紐約州國民警衛隊司令後，將科尼利厄斯·范德比爾特提拔為該州的檢察長之一，中校軍銜。

科尼利厄斯・范德比爾特三世

　　西元 1916 年，當總統號召前往墨西哥前線時，科尼利厄斯上校第一個響應。為了滿足聯邦的規定，所有國民警衛隊軍官的軍銜一律下調一級，范德比爾特上校因此也就變成了范德比爾特中校，第六縱隊的檢察長。在戰場上，實際服役過程中存在重重困難與不適，在泥濘不堪、灼熱難忍的邊境線上，科尼利厄斯・范德比爾特表現得非常出色。他不是過分講究的士兵，不屑於建立一個不富裕的同袍無法企及的家族來犒賞自己。當基秦拿開赴南非和波耳人戰鬥之時，他發現不少貴族軍官都帶著鋼琴和各式各樣的隨身用品，以便用來自我消遣。如果科尼利厄斯・范德比爾特也在非洲服役的話，基秦拿根本不需要因為行李問題而譴責他。

　　范德比爾特上校的信條是，自願獻身於成為國家捍衛者的人們，應當隨時準備為國家而戰。因此，當在墨西哥邊境執行任務的數萬國民警衛隊隊員，因為未在其所在的州而喪失了總統大選的選舉權時，他試圖申請允許進行選民登記並獲得成功。這件事在整個士兵與公民的概念中占有重要位置。

　　他熱切地告訴我，「我是國民警衛隊的堅定支持者，它使人得以發展，開發了人們的品格和體魄。國家應當準備好捍衛自己。」

　　西元 1915 年，經一致同意，科尼利厄斯・范德比爾特被推舉籌組紐約的市長國防委員會，同時還在全國建立了類似的委員會。西元 1916 年 3 月，在市長與市長國防委員會會議上，他發表了激勵人心的演講。

　　「范德比爾特上校寧可面對德國人的指責，也不願站在那個講臺上去發表演講。」他的一位朋友向我保證。「毫無疑問，這是他一生中經受的最嚴峻的考驗，因為他不願意做任何讓自己拋頭露面的事情。只有深切的責任感和採取行動的緊迫性，才促使他發表了這次的公開演講。」

　　在他題為《我們國防的第一條戰線 —— 海軍》的演講中，他宣稱「國家不能僅僅靠將美國國旗掛在大門上來維護」，以此來表現對那些只會將

愛國主義掛在嘴邊之人的蔑視。

他說道:「我們的祖輩在第一次危機中建立這個國家,他們的子孫在第二次危機中決心使我們的聯邦免於內部分化。在這第三次危機中,我們的決策是要確保這個國家是否應當免受外部奴役。

「今天的美國人準備好去履行這份職責了嗎?他們沒有祖輩們愛國,不如他們更樂意做出犧牲。口頭上的忠誠已經取代了給予我們這份遺產的英勇獻身精神了嗎?有些時候,繁榮和富足淡化了我們對國家的責任感,我們希望從政府那裡索取而不是為之提供服務。

「經過了8年的戰鬥之後,我們才取得了獨立戰爭的勝利。期間,39.5萬人加入美國軍隊去抗擊從未超過該數字十分之一的軍隊。西元1812年戰爭時,50多萬人參戰,去對抗數目從來就沒有達到該數字10%的軍隊。

「難以想像,還有什麼比一支由未經過訓練,除了勇敢外不具備任何軍事素養的公民組成的軍隊,更加不堪重任的證據。

「當我們意識到,世界上有史以來最強大的海軍,只有區區25萬人時,那麼認為美國有可能擁有的任何海軍 —— 哪怕是與這個最強大的海軍同樣強大的海軍 —— 在規模上將足以令一個人口過億的國家破產,或者其所需要的經費金額,將使我們的預算處於危險之中,這種看法是荒謬的。

「大不列顛王國雖然距離她的敵人只有幾英里之遙,但憑藉著她的艦隊,令所有敵人不敢踏上其國土半步。強大的軍隊並未使俄國或法國擺脫被侵略的命運;義大利的軍隊駐紮在奧地利的國土上;法國占領了德國阿爾薩斯部分;簡言之,陸軍並沒有讓他們的國家免於遭受入侵,而海軍能夠做到,並且依然能夠做到這點。

「不論最終的教訓為何,我們不但必須建造敵人所選擇的那種類型的船隻,還應當穩步地至少每種船隻建造四艘船,以對抗他們的三艘。

科尼利厄斯‧范德比爾特三世

「這是我們該向國會議員們建議的內容，同時堅持盡可能迅速地至少使中國成為第二大海軍強國。我們也要建議相應增加官兵數量，以駕馭這些船隻。

「讓我們意識到並且記住：『國家不能僅靠將美國國旗掛在大門上來維護。』」

西元1916年12月，將科尼利厄斯‧范德比爾特晉升為紐約第22工兵團上校的消息，是對其作為一名志願軍人15年的活躍從軍生涯，全面而公正的肯定。有意思的是，他的從軍生涯對其家族的男人和男孩們產生了重要影響；時至今日，有四位范德比爾特到國家軍隊中服役。西元1917年8月，范範德比爾特上校準備出發去訓練，即將到歐洲服役的預備役人員時，他所受到的接待活動，證明他是受人尊敬的。

雖然不足以稱范德比爾特先生為政治家，不過他對公共事務一直保持著理性的興趣。西元1900年時，他是共和黨薩拉託加會議的代表，而他一貫的勤儉作風很快使其贏得了代表團主席一職。他還是洛市長領導下的公務員委員會成員。

在自己的帝國內，范德比爾特夫人也同樣是活躍的、有公益心的。她在紅十字會中義務服務，並從事比利時的救援工作。范德比爾特一家在位於紐波特的小別墅內和紐約第五大道的家裡，都舉行過眾多招待活動，他們社交活動的特徵是簡約、常識性。

他們育有兩個孩子，科尼利厄斯四世在美國對德國宣戰時，以私人身分參軍。

假設范德比爾特准將能夠看到今天發生的事情，我更傾向於認為科尼利厄斯‧范德比爾特三世將被其看成是不稱職的後代。

事實上，他是位先驅者。

弗蘭克・A・范德利普

　　弗蘭克・A・范德利普（Frank Arthur Vanderlip），從農場男孩、工廠學徒到美國最大的國家銀行總裁，更因其為美國聯邦儲備系統建立者之一而聞名。

FRANK A. VANDERLIP

「在你的整個職業生涯中，哪一步是最艱難的？」

「脫掉我的工裝褲。」

這就是這位從前的農場男孩和機器工廠學徒的答案。今天，他是美國最大的國家銀行總裁、美國國際公司的總裁——該公司正在拓展美國的國際商業與金融分支機構、分支機構遍布許多國家的國際金融公司總裁、米德威爾鋼鐵與軍械公司總裁，還是傑出鐵路的董事、工業的建設者。在弗蘭克·A·范德利普從貧窮的無名小卒，成長為擁有財富與權力之人的歷程當中，有不少值得年輕的美國和成熟的美國需要汲取的教訓。這是靠堅韌不拔的毅力戰勝困難的歷程，在生活的每個階段都富有熱情與效率的歷程，公平處事與深謀遠慮的歷程。

我最近問范德利普先生，「你的經歷讓你吸取了哪些教訓？」

「權力不是別的，只是一種做正確之事的責任。因為只有當正確地解決事情時，事情才得以解決。不論一個人擁有的權力多麼巨大，他必須能公平、公正地使用這種權力，如果他的舉動反過來，將使其感到苦惱。

「而且，年輕人為了成功，不單必須把全副精力放在工作上，還要花些時間去了解工作意味著什麼，以及它與計畫的關係。」

過去，歷史是靠流血犧牲來書寫的；將來，歷史主要靠銀行與商業活動來創造。

當今的范德利普先生是美國最具殺傷力的金融家。他已經在頭腦中規劃了一個資本額達 5,000 萬美元的金融公司，該公司計劃為美國的產品、美國的資本和美國人開發新的領域。美元從國家貨幣轉換為國際金融工具，在相當程度上是其公司的傑作。在使紐約成為堪與倫敦比肩的國際金融中心方面，范德利普先生的貢獻首屈一指。美國花旗銀行以其 6 億美元的儲蓄額，躋身於全球六大銀行之列。他在總裁辦公室所從事的業務，比

世界上任何非政府銀行機構所做的都要多。

這就是世人所知道的范德利普。

有一個叫弗蘭克‧范德利普的人並不為世人所知，他甚至從未向好友們提起過。或許這位名不見經傳的范德利普所做的工作，與銀行家范德利普的成功有些關聯。這至少表明他為何能夠獲得成功。

這位名不見經傳的范德利普，即是沉默寡言的慈善家范德利普。

當他是芝加哥一名苦苦掙扎要養活6口人的記者時，就在其出生地附近租下一塊地方，在夏季時將一批又一批的城市無家可歸者送到那裡住下來。聖誕節時，他和妹妹不是要「交換」禮物，而是和這些窮苦人圍成一圈玩貓捉老鼠的遊戲 —— 這意味著真正地自我犧牲。

到華盛頓的財政部工作時，他帶來幾位窮人小朋友，為他們找工作，在自己的家裡撫養他們。他們當中的一些人已經做出了成績。

他曾經並且現在還在將眾多有為的年輕人送入大學深造。

他還自掏腰包，花2萬美元在自己的地產上建立一所示範學校。那些能力出眾卻無法支付低廉學費的孩子們，可以在這裡獲得獎學金。

花旗銀行的員工教育，以及為來自銀行的選定學生提供培訓課程的綜合計畫，是一場至關重要的舉措，這也是從同樣的精神發展而來的。

一個朋友告訴我，當他和范德利普先生在懷特山上，遇到一位窮困的、赤著雙腳的小男孩，向這位銀行家求助時，他們是如何開車送小男孩的。車子停了下來，范德利普先生和這位小男孩說著話。「范德利普先生那個下午的剩餘時間都在思索著，怎樣才能讓這個赤腳的小男孩，擺脫沒有前途的環境，並給他一個機會，以便使其在這個世界上活下去。」他補充說。

范德利普先生是日益增加的著名商業領袖之一，這些人對培養人而不

是賺數百萬美元更感興趣。

在他的青年時代,范德利普必須衝破環境的束縛。

這位股票的先驅,他42年前出生在伊利諾州距離奧羅拉市不遠的一座大型農場裡。弗蘭克是家中三個孩子的老大,在他12歲時,父親就去世了。生活的義務與責任早早地落在弗蘭克的肩上,因為這座農場出產的東西僅能維持生計。他特別渴望學習知識,並讀完了自己能找見的、為數不多的幾本書。這些書包括一套完整版的《莎士比亞全集》(Complete Works of William Shakespeare)、《天方夜譚》(One Thousand and One Nights)以及一些老掉牙的雜誌。

因為偶然之事可以啟發職業靈感,因此他如何花掉自己賺得的第一筆錢便相形重要。在附近的一個小村莊裡貼著一條廣告,說的是花10美元就可以訂到5年的紐約《每週論壇》,額外還附送一本《韋伯斯特簡明詞典》。10美元的鈔票很快就寄走了。5年來,這個農村年輕人貪婪地讀遍了《每週論壇》上出現的每一行字。

上學時,他的數學是全校成績最好的,然而在拼寫上卻是個笨蛋。在他16歲時,農場由於抵押過分沉重而被賣掉了,全家搬到奧羅拉。養活這個家庭的重擔主要落在了弗蘭克身上。因為他的節儉,母親沒有動到父親的人壽保險,哪怕是要送弗蘭克上大學也不行。

他在一家金工工廠謀得一份差事,每天操作10小時機床可得75美分。他曾經說過,「我做這份工作,不是因為這是我想要,而是因為這是我那時獲得的唯一一份工作。」

弗蘭克立即開始研究自己的新任務,以及與之相關的事物。最令他感興趣的兩件事情,是正開始在世界上創造光明的新興力量——電,還有製圖。他看到製圖員利用數學來製圖,就決心研究高級數學和製圖。可是既沒有夜校也沒有老師,他透過付給一個人每小時50美分——這是他每

天所賺的三分之二——他學到了畫法幾何學和製圖課程。由於家裡迫切需要這 50 美分，因此范德利普變成了家教，教同工廠的其他人代數。

他的抱負推動自身繼續前進，這位學徒下定決心，無論怎樣湊集還是節省費用，他都要上一年大學。後來，范德利普來到伊利諾大學。斯克羅金夫人——一位典型的狄更斯（Charles John Huffam Dickens）小說中人物——為他提供食宿，費用是每週 2.25 美元。他精心儲存的現金帳本表明，范德利普一學年的全部開支只有 265 美元！透過在週六當技工，他每週可賺得 1.50 美元；這筆錢可以支付他的大部分房費和寄宿費。

他有些失望，因為這所大學不能讓他上電學課程（當時在美國只有康乃爾大學開設這種課程），於是范德利普成功地學完技術工程這門課後，就打道回府了。他寫信給愛迪生想要份工作，卻收到了一封鉛印的「無事可做」回信。他感到失望，並責備這位發明家。

回到金工工廠後，他的工錢提高到每天 1.35 美元。不久前，工廠主管告訴他，要提拔他為領班。范德利普沒有感到歡欣鼓舞，而是下定決心，直到在金工工廠成為比領班還要重要的人時才會停歇。

他斷定，透過郵寄進行的速記課程，可能會為自己開啟一扇由技術工人變成管理人員的大門。「老師」從芝加哥寄來一本書給他，除了用紅筆糾正這位技工所犯的錯誤外，什麼也做不了。在操作機床時，這位年輕人練習著用粉筆在平滑的鐵板上寫速記符號。這畫面會讓因《自助》（*Self-Help*）而聞名的老塞繆爾·斯邁爾斯（Samuel Smiles）心生歡喜。他的母親耐心地為他朗讀，讓他能夠聽寫，直到他成功地掌握了這門「飛行藝術」。

後來，大蕭條來臨，金工工廠暫時關閉。但是范德利普可不會讓自己閒下來，他立即在一家地方日報社找到一份工作——「這可能是美國最窮的日報社。」范德利普先生曾經這樣稱呼這家報社。報社的所有者也是一位編輯，而范德利普被任命為城市編輯、記者、收銀員和辦公室雜務人

員。他的薪資是每週 6 美元 —— 他可以從訂閱者或廣告商那裡收取。他學會了寫作和打字後，薪資漲到了每週 8 美元，但收來的錢常常達不到這個數目，而在某些悲慘的時候，他不得不做白工。

約瑟夫·弗倫奇·約翰遜（Joseph French Johnson）—— 紐約大學商業、會計與金融學院的院長 —— 是在國內外大學受過教育的奧羅拉人。當他參觀老鎮時，遇到了范德利普並且喜歡上他，便開始引導這位年輕的記者去閱讀經濟著作。後來，約翰遜先生給了他一份在芝加哥調查局當速記員的工作。

約翰遜先生是該調查局的主管。這個機構向股票經紀人、銀行家和其他人，提供有關公司的分析報告以及有價值的資訊。范德利普在這裡度過了三四年非常有用的學習時光，學會了分析公司帳目、抵押貸款、年度報告等事情。約翰遜先生一直是《芝加哥論壇》的金融編輯，范德利普成為其繼任者，是該機構活躍的領導人。

接下來，約翰遜讓范德利普成為《芝加哥論壇》的一名記者。兩週後，他獲得了加薪，在一個月之內他幫助城市版編輯做事，不久後就成為助理金融編輯，後來則成為金融編輯。范德利普在 25 歲時在這裡初露鋒芒。

作為調查員時所受到的訓練，使他能夠深入到金融問題的根源。查爾斯·T·耶克斯掌控著芝加哥公共運輸業的大權，正在掠奪著這座城市。范德利普無情地不斷揭露其一椿椿惡毒的陰謀，直至整座城市都騷動起來。耶克斯榮幸地表示，范德利普是他所遇到過的、最可惡的敵人。

實際上，那時人們對公司的狀況一無所知，而公司走到公眾面前，主要得益於范德利普所做的開創性工作。任何記者都不能參加年度會議，但是這位富有活力的金融編輯，卻想到了一個原始的、非常有效的點子。

他自言自語地說：「要是他們不讓我以記者身分進入，那麼必定會讓我以一個股民的身分進入公司。」於是他馬上在當地的每一家公司購入一

股股票。《論壇報》定期刊出這些年度會議的獨家報導，而其「內部消息」則成為芝加哥人討論的焦點。其他報社花了整整一年時間，才搞清楚事情的原委。

一天晚上 11 點鐘時，他從床上被叫起來，並被告知成為《經濟學人》雜誌的部分所有人，他馬上趕往菲爾·阿穆爾的家。當他跑到那裡時，發現芝加哥所有的金融要員，如股票交易所的主管、所有銀行和其他機構的主席、摩爾兄弟、耶克斯以及其他名人都等在那裡迎接他。

這位驚訝的財經作家被告知，摩爾兄弟破產了，鑽石公司已經垮臺，股票交易所明天上午即將關閉，一場金融災難正威脅著芝加哥。他們要求范德利普來處理此事。

他答道，「好吧。我做此事有一個條件：在場的人都必須保證，今晚不回答任何記者的問題。」他們同意了。

范德利普奔回《論壇報》辦公室，告訴城市編輯通知所有早報的編輯們：他獲得了極為重要的獨家新聞，但是一定要依據最嚴格的備忘錄才能發表——

一、必須一字不差地按照范德利普所寫的內容發表；

二、允許他來編輯標題。

從來沒有人向報社提出這樣的建議，除了一家報社外，其他報社都派負責人取走這條新聞。范德利普讓他們站成一排，請求他們按照約定的條件去做。隨後，他驅車一家辦公室接著一家辦公室地奔忙，監督著這些標題。

范德利普後來承認，「這是我寫過的、最糟糕的新聞報導。事實的通報不是以一種報社喜歡的方式告知他們的。股票交易所第二天將會關閉這件事，只是在報導的結尾處以一種含糊的方式提及的。不過此事挽救了芝

加哥，使之免於陷入混亂和災難之中。」

當伊利諾國家銀行垮臺時，范德利普再次受邀去公布這則消息。

在這個時期，范德利普的生活特徵是努力工作，馬不停蹄地進行研究，很少或沒有娛樂活動。每天上午10：30開始其一天的新聞工作前，他還要在芝加哥大學上經濟學、金融史等方面的早課。30歲時，他還在上學！而且，他必須做許多額外的工作以彌補其薪資的不足，因為養活家庭的擔子落在他的肩上——他的祖母、母親、兩個姑姑，還有弟弟、妹妹，都依靠他的薪資養活。

當萊曼·J·蓋奇被任命為財政部長後，他邀請范德利普這位才華橫溢、人脈廣博的金融權威與他同行，則是情理之中的事情。他成為蓋奇先生的私人祕書，並讓自己變得更有價值，以至於數月後就升遷到助理財政部長的位置。那些透過郵寄方式和連綿不斷的、政治上的牽線搭橋者，像雪片般寄來的求職信，蓋奇先生感到不勝其煩，遂將整個任命處的工作，全權交給了由范德利普先生領導的委員會來處理。

范德利普在華盛頓站穩腳跟後，這位從前的記者發現自己掌管著組成財政部的5,000名員工。他不喜歡肩上的責任，反而更樂於享受這份經歷。一位作家將那時的范德利普描述為「慷慨大方、為別人著想、心胸開闊、意志堅定、不屈不撓、公正無私、寬宏大量」，而且他還脾氣好、熱情、樂觀向上。

正是在西元1898年處理2億美元的西班牙戰爭貸款時，其所展示的領導才能讓范德利普有機會贏得聲譽。他必須組織專門的文職人員團隊，由於在選拔和訓練這些人員，並使統計工作系統化方面的效率如此之高，以至於儘管認捐額總數達到14億美元，認捐人為32萬人之眾，他還是能夠在5個半小時之內宣布，距離認捐額度已不到400美元，有些人獲得了他們認捐的所有債券，有些人則什麼也得不到。一天之內填寫了2,500多

個信封，每一位失敗的出價人都會在第二天上午收到一張他用來出價的支票。

范德利普的才華並非為美國的金融家們所視若無睹。美國花旗銀行精明的總裁詹姆斯·斯蒂爾曼告訴蓋奇，一等范德利普結束在華盛頓的任期，他就想把范德利普請來。蓋奇先生和他的助手們猜想，斯蒂爾曼先生的腦子裡，已經替范德利普留好一個私人祕書的位置。誰知一年後，斯蒂爾曼先生告訴范德利普，美國花旗銀行副總裁的位置在恭候著他。美國最大銀行的副總裁，竟是一位一生中從來不曾在銀行工作過的報社記者！

當范德利普進駐花旗銀行時，便迎來了整個職業生涯中最嚴峻的考驗。范德利普在這座古老的銀行大廈內，坐在一張空空如也的辦公桌前。第一天沒有派給他任何工作，第二天還是如此，第三天依然無事可做。同樣，在第四天他發覺自己完全賦閒下來。

在這家公司，他正拿著大筆薪水，卻沒有為之賺得一文錢。

他感到既鬱悶又淒涼，於是思緒回到了華盛頓。

突然，一個主意在腦海中閃現出來。

他要將美國花旗銀行變成政府債券交易中全國其他銀行的代表。

范德利普比世界上的任何人都更了解有關政府債券的事情。他知道，其他銀行會樂於從這些瑣碎的程序中解脫出來：購買債券，將其投入流通領域，儲存儲備金以涵蓋票據的發行等等。他開始口授一封通函送到電臺，向全國 4,000 家國家銀行播送。

他的計畫公布後，有人通知他說，美國花旗銀行最令人驕傲的傳統之一，是從來不曾要求開展新業務。

「如果你們以前從未設法開展新的業務，那麼現在是時候開始這樣做了。」他回答說。他繼續落實著口授通函中的內容，美國花旗銀行成為其

他銀行的銀行，並在全美建構起最龐大的債券業務。

8年後，范德利普晉升為美國花旗銀行總裁，這就是對其的獎賞。

當范德利普先生於西元1901年來到花旗銀行時，其資本額只有1,000萬美元，儲蓄額也不過1.5億美元；可到了范德利普成為銀行總裁的西元1909年時，該銀行的資本額增加到2,500萬美元，儲蓄額也超過2.4億美元。最近，其儲蓄額已經突破6億美元，這是美國其他銀行難以企及的。這些儲蓄額相當於美國全部流通資金的七分之一！

聯邦儲備法案通過後，允許各家銀行設立分支機構。花旗銀行抓住這個更加廣闊的發展機遇。很快，花旗銀行在彼得格勒、熱那亞、布宜諾斯艾利斯、里約熱內盧、聖保羅、聖多斯、巴伊亞、瓦爾帕萊索、蒙得維的亞、哈瓦那和聖地牙哥等城市建立了分行。其他幾個分支機構正在醞釀，同時在所有文明國家進行著調查，目標是讓美國銀行遍布世界各地。為了支持該計畫的實施，花旗銀行獲得了國際銀行公司，及其在遠東和其他地方的分支機構控制權。

每一位美國人都希望看到，美國成為世界上最偉大的金融和商業帝國。西元1915年，范德利普先生成功地將美國最具影響力的資本利益集團，整合成為美國國際公司，以此作為幫助實現其目標的工具。在這個資本額為500萬美元的公司背後，不僅有花旗銀行的財力和人力資源撐腰，而且有洛克斐勒家族、庫恩——洛布公司和其他有影響的銀行和個人做後盾。

船舶是一個國家的鞋子。因此，美國國際銀行採取的第一項措施，就是在國際商船公司、聯合水果公司及其90艘汽船、太平洋郵政公司、造船廠等地獲得股權。在美國有史以來最廣泛的範圍內，這家新興企業正在將美國的金融與商業分支延伸到海外，並使美國國內設施得到強化的計畫日益完善。

范德利普先生的遠大抱負之一，是讓花旗銀行成為未來一代銀行家們的母校。第一步已經開始做了：從優秀大學中選拔最有前途的學生，來花旗銀行接受為期一年的課程。在課程行將結束時，這些學生會在外國分支機構和銀行總裁辦公室獲得一份工作。同時也為銀行內的年輕人們和開設此類課程。誠然，花旗銀行幾乎是一家像大學一樣的銀行。

賺錢並非是這位銀行家的全部活動。他不會等到自己有了 100 萬美元後，才開始去為其他人做事。

他認為，每位公民都應當將自己最好的一面奉獻給國家，這種信念促使他接受了列契渥斯村（Letchworth Village）主席一職。當時，州議會建議隔離這些低能的、患癲癇病的人。他立即祕密地參與到這項慈善活動當中。前紐約市財政局長的妹妹布魯埃爾小姐，花時間為這些人建立了標準的家園。

教育界、商業界和金融界的人們，對范德利普先生的無私奉獻給予了肯定。他是卡內基基金會和紐約大學的財產託管人、麻省理工學院的終身財產託管人，並擁有數所大學的榮譽學位。商業界則授予他商會金融委員會主席之職，銀行家們則選舉其為紐約清算銀行的主席。他時常被紐約的市長們選去參加重要的委員會。他傑出而持久的工作表現，成為美國貨幣改革的保障，而他在西元 1907 年和西元 1914 年處理金融危機時的出色表現，更讓他贏得了整個金融界的謝意。

對美國來說更有意義的是，范德利普先生夜以繼日地工作，以保證成功地籌集到 20 億美元自由貸款。眾所周知，該貸款的支付能力一度瀕臨完全喪失的邊緣。在經歷了開始時的歡呼雀躍之後，當華盛頓被首批源源不斷的認購者衝昏了頭，並給出這樣的印象：這些貸款很快就會被認購一空。那時，紐約的傑出金融家們進入該領域並創造了奇蹟。他們不但使金融界意識到這次任務的艱鉅性，而且透過他們樹立的榜樣、發起的運動、

釋出的廣告；透過活力、力量和衝勁，他們獲得了成功，並為其他城市和地區樹立了典範和先例。

范德利普先生是這次運動的真正領袖。他到處向鄉村銀行家和其他人發表振奮人心的愛國主義演講；他指導著整個活動的宣傳；他每天——經常在深夜——向報社代表們提供消息和想法；簡言之，他工作的努力程度甚至超過了在財政部任職時，處理籌集西班牙戰爭貸款事務的那段日子。在活動期間，他很少有機會在晚上與家人團聚。他的工作在後來得到顯著認可。當公布了第二筆貸款時，范德利普先生應召前往華盛頓指導大眾認購事宜。抵達之後，他立即就在華盛頓住了下來。

身為一名作者，范德利普先生占有非常重要的地位。他的《商業與教育》一書現在仍供不應求。書中包括翻譯過來的有關「歐洲的商業入侵」系列文章。在整個美國，沒有哪位金融家的演講，能夠像范德利普先生那樣激發人們的興趣。這不單因為他所處的地位，也因為他在洞察重大金融和商業運動以及趨勢時，所展現的遠見卓識之聲譽。

到了晚年，或許導致范德利普先生取得非凡成就的最重大的因素，是他所具有的異乎尋常的能力——激勵其他人一起奮鬥，或者為其效力。

范德利普先生強烈地摯愛著這個國家，他甚至沒有城市的房子。他的家庭生活是在斯卡伯勒度過的，那裡風景如畫，引人入勝。范德利普夫人和他一樣對教育和慈善活動感興趣。他們育有 6 個孩子。

保羅・M・沃爾格

保羅・M・沃爾格（Paul Moritz Warburg），德裔美籍銀行家，聯邦儲備委員會於西元1914年成立後，沃爾格出任理事。西元1916年，升任委員會副主席。被認為是美聯儲的「總設計師」。

PAUL M. WARBURG

一群美國最著名的銀行家偷偷溜出紐約，搭乘一班私人火車，向南疾速飛馳數百里，只帶幾個隨從，來到一個荒涼的小島。在接下來的幾個星期裡，他們的行蹤處於高度機密的狀態，他們各自的名字一次都不准提。若不是隨從認出他們的身分，然後向全世界宣布，美國金融史上這一歷史篇章，所知之人將寥寥無幾。

我將告訴世界一個關於奧爾德里奇貨幣報告——我們新的貨幣系統基礎形成的真實故事。

保羅·M·沃爾格被世人普遍認為是奧爾德里奇計量制的創造者與起草者，但實際上並非如此簡單。

奧爾德里奇委員會是由參議員納爾遜·奧爾德里奇（Nelson Wilmarth Aldrich）所領導的，這一委員會雲集了當時美國最著名的學者。其成員在西元 1908 年春考察了歐洲各國。在所到之國，這些成員與顧問總是認真勤勉地收集當地的銀行消息，聘請最能幹的專家編纂最全面的數據。這些整理好的數據，在印刷與裝訂之後，即刻成為一份獨一無二的金融數據。在進行了大量全面細緻的工作之後，委員會返回美國。整個國家都翹首盼望著，在金融界與政界都具有里程碑意義的奧爾德里奇委員會報告出爐。

在由歐洲與美國的專家與調查研究人員收集的數據中，奧爾德里奇參議員並沒有想過要單槍匹馬地從這紛繁複雜的數據堆裡完成這一「鉅著」。

相反，他向以下人發出了祕密的邀請。這些人是：亨利·P·戴維森，J·P·摩根公司高級合夥人；弗蘭克·A·范德利普，紐約國家城市銀行總裁與前任財政部的助理部長；保羅·M·沃爾格，庫恩雷波公司高級合夥人；A·派亞特·安德魯，美國財政部助理部長。這些人將與奧爾德里奇一道奔赴一段極為重要又祕密的旅程。身為顧問，戴維森已經跟隨委員會到過歐洲；范德利普是銀行與貨幣組織公認的權威；沃爾格先生則是這方面學識最淵博的；安德魯此前已為委員會做了大量工作。

在一段極為祕密的旅程之後，這群人乘坐的小船在遠離喬治亞州的哲基爾島上停泊。

「絕不能讓隨從知道我們的身分。」奧爾德里奇參議員謹慎地而說。

「怎樣才能騙過他們呢？」其中一位成員問道。於是，他們就此進行了討論。

「有了，」一位成員說道。「我們只要彼此叫對方的教名，絕不叫彼此的姓，這樣他們就不知道了。」

大家同意了。

於是，奧爾德里奇這位享有盛名、經驗豐富的參議員，羅得島之「王」、美國參議院最有權勢的人，搖身一變為「納爾遜」；亨利·P·戴維森，這位美國歷史上最有才華的國際銀行家則成為「哈里」；那位美國最大銀行的總裁則變為「弗蘭克」；而那位文靜又富有學術氣息的高級合夥人則被稱為「保羅」。

納爾遜告訴哈里、弗蘭克、保羅，他們要待在哲基爾島上，切斷與外界所有的聯絡，直到他們為美國研究與制定出一份科學的貨幣系統。這一系統不僅要集中歐洲各國的精華，使之成為一種典範，讓它不光適用於歐洲面積小的國家，也能為疆域遼闊的國家適用。

就一些大議題討論之後，他們決定起草一些大家都能接受的大原則。每個成員都同意將中央銀行作為任何國家銀行系統的最佳基石。就這樣，一個個細節浮出水面，大家對每一細節都進行認真反覆的思考。在接下來超過一個星期的每天裡，這些智慧超群者就一些重要問題爭論得不可開交。他們一天並非只是工作 5～8 個小時，而是沒日沒夜地忙碌。每個人都將自己最好的一面貢獻出來。負責計量的真正裁決工作，主要由弗蘭克主持，偶爾也會由保羅執行。

他們離開的時候，也是靜悄悄的。這一劃時代的奧爾德里奇報告的作者們，彷彿一夜之間從哲基爾島上消失，然後神不知鬼不覺地返回紐約。

　　當國會開會時，奧爾德里奇這位德高望重的參議員卻病倒了。他召集最信任的朋友——哈里、弗蘭克、保羅來到華盛頓，與他一起為這份進入參議院的報告寫一個簡介。

　　在這時，這些金融家彼此仍互稱為「弗蘭克」、「哈里」、「保羅」，而參議員直到臨死之前仍是「納爾遜」。後來班傑明‧斯特朗二世經常被人問及此事，原來他加入這一「第一名字俱樂部」時所用的名字是「本」。

　　我想清楚地表達一點，上面所有的這些資訊，並不是從沃爾格口中得知的。我想，他與這個小組的其他成員在讀到上面這些文字時，將會感到十分震驚。雖然，在具體每件事上的細節可能不是相當精確，但是其中的主要事實卻是毋庸置疑的。

　　保羅‧M‧沃爾格是真正讓銀行改革在這個國家成為可能的人。他在接受歐洲國家與國際銀行的鍛鍊之後，美國與時代嚴重脫節的貨幣系統讓他極為震驚。

　　「美國金融系統所處年代的位置，大約與歐洲在麥第奇家族的年代相仿。我們從巴比倫國王漢摩拉比（Hammurabi）所處年代的磚頭可知，莊稼收成的銷售與類似的交易是如何進行的。我甚至認為當時磚頭所有權的轉移，比現在美國銀行系統變賣的貶值紙幣更為容易，即便事實並非如此。」

　　這段話是沃爾格在西元 1907 年所寫的一段讓人難堪的話，不過他並非只是一味地批評，而是耗盡自身所有的才智，希望能找到治癒的妙方。

　　在經過內心激烈的掙扎之後，沃爾格才決定參與進來。他天生靦腆，不願在公開場合露面或是出現在報刊之上。他對自己的英語運用水準還沒

有足夠的自信，覺得自己還是一個外國人，而非美國人，所以他有點擔心顧忌。他提議的改革方案的價值、可行性以及適時性，被他的朋友們所認可，於是他被推上舞臺。而促使他放棄個人的顧慮，履行與自己興趣不相投卻又迫切的公共義務，其原因是，他意識到這個國家的金融狀況正處於搖搖欲墜的火山口上，若不挽救，恐墮落深淵。

西元 1907 年 1 月，他炮轟了這個系統，發表一篇《銀行系統的缺陷與困難》的精心之作。隨後，他又發表了《關於改革中央銀行的一項計畫》，又引發了一場轟動。在接下來的幾個月裡，他不斷遊說，到處演講，發表文章，直到貨幣法案正式成為法律的一員。

他是中央銀行積極的倡導者。早在西元 1910 年，他就意識到這其中存在巨大的障礙。他建議成立「美國聯邦儲備銀行」，其中最重要的原則就是要展現當時現行的法律，讓儲備中央化受到各方平衡權力的制衡，以及再貼現改良型的商業本票，以此來把原來流通性低的期票變成匯票。這是沃爾格不斷強調的兩項最重要的改革，這兩項改革現已寫進了歐文 —— 格拉斯法案。

把沃爾格奉為美國這片土地上首位國家與國際銀行原則的權威，這絕不是對其他美國銀行家的不敬。

沃爾格對貨幣改革的真誠與熱情，可從以下事實窺見一斑：他主動放棄 50 萬美元的年薪，接受作為聯邦儲備局成員的 1.2 萬美元年薪。

保羅·M·沃爾格到底是怎樣的一個人呢？為什麼他要主動做出這麼巨大的金錢犧牲？他是如何贏得作為銀行權威這一獨一無二的聲望呢？他到底有著怎樣的歷史呢？

這一故事不同於典型的自強成功的美國故事：出身卑微，早年困頓，最終卻是凱旋。

保羅·M·沃爾格並沒有什麼激勵他向前的因素，他出身富有家庭，但他決心克服這一障礙。幾個世紀以來，沃爾格家族在德國商業界享有名望，特別是在漢堡地區。他們家族涉足銀行業可以追溯到華盛頓擔任美國總統期間，沃爾格的曾祖父在漢堡成立了沃爾格銀行，從此開始家族的銀行事業，外人不允許成為其會員。沃爾格家族的父輩，總是注意培養其兒子們學習與擴大業務的能力。

沃爾格在這方面的鍛鍊可以說是最全面的。他出生於西元 1868 年，在 18 歲時從大學預科畢業之後，就在出口公司工作。他的興趣所在是研究方面而不是學習簡單的以物易物行為。他的工作包括替一捆捆襪子、衣服及其他物品貼上價格標籤，隨時注意碼頭上的貨物往來，其他工作也是對體力的要求勝過腦力。

但漢堡的碼頭是鍛鍊這位日後名揚國際銀行家極佳的熔爐。各國的船隻與人員在這裡來來往往，各類階層的商人在碼頭川流不息，人們操著各種口音，不同國家的特點在這裡一覽無遺。這位出身高貴、敏感而又富於才氣的年輕人，並沒有對此感到畏懼。沃爾格家族沒有生產懶鬼的傳統，當然，他是不會打破這個傳統的。

兩年這樣嚴苛的商業實踐經驗，讓他有資格進入家族銀行，開始學習他之前在各國往來的碼頭上所見的貨物交易初步的理論知識。接下來，他被派到英國這一世界金融樞紐學習具體操作。在兩年的時間裡，他選擇在倫敦眾多的銀行與貼現公司中的一間工作，正是這些公司的業務，才使英國在長達一個世紀的時間裡，保持國際銀行業的中心。在股票經紀人公司工作了幾個月之後，這一職位對這位未來的銀行家沒有什麼吸引力，因為他對股票投機沒有興趣，但這卻讓他的倫敦之旅獲得更加豐富的經驗。

法國是沃爾格接受鍛鍊的下一站。在這裡，他擴展了對銀行具體操作的知識。在返回漢堡之後，他完成了自己在銀行方面的教育。結束之後，

在西元 1893 年，他被派往世界各地進行考察。在遊歷了印度、中國、日本之後，他「踏上」了美國這片土地。在這裡，他邂逅了一位讓他傾慕的女子，這次偶遇注定改變他未來人生的走向。

在返回漢堡之後，沃爾格被接納為家族企業的一員。這並不出人意料，看看他所歷經的商業磨礪：他曾在世界兩大著名的金融中心獲得第一手的經驗，而且還廣泛與認真地遊歷世界各地，他全面地研究自己的專業。對於國內外銀行家在融資方面所提供的服務價值認知上，他的印象尤為深刻。

兩年後，他返回美國，與尼娜‧J‧羅布小姐結婚，她是庫恩雷波公司高級合夥人、已故的所羅門‧雷波的女兒。隨後，他們每年都要返回美國一次。西元 1902 年，他加入岳父的國際銀行公司，這是由於其岳父母的身體抱恙，想讓女兒陪伴在身邊。

加入美國國籍的念頭，一開始並沒有進入沃爾格的腦海。此時，他在自己的祖國已經是有頭有臉的人物了，他是漢堡地區立法機構的一員，也擔任著解決商業糾紛仲裁機構的成員。他儼然成為漢堡金融界冉冉升起的明日之星。

在華爾街不斷進行著金融玩火的行為之時，沃爾格當時不在紐約已有一個月時間了。活期借款——也就是銀行借給人們的貸款，其利息竟會飆升到 20% 之高。沃爾格對此驚訝得目瞪口呆。這樣的事情是絕不會發生在英法德等國的銀行系統裡的。為什麼偏偏會發生這裡？影響著一切事情？

他馬上坐下，寫下一篇解釋這一問題出現的基本原因的文章。然後，他就把這篇文章束之高閣！

「我不想成為那些來到這個國家只有幾週，就反過來對這個國家說三道四的人。」這是他給出的解釋，也是他性格的一個寫照。

這篇文章在接下來的4年裡都沒有發表。在這期間，沃爾格在美國金融界樹立起自己的威望。沃爾格所在的公司支持哈里曼的鐵路發展計畫，這讓整個國家都在屏息靜觀，接下來的舉措是多麼大膽、冒險而又具有獨創的計畫。賓州鐵路公司，作為庫恩雷波公司的客戶，投資數百萬美元，在自然條件惡劣與地理位置不佳的地方開發鐵路，其方法就是讓鐵路透過隧道穿過曼哈頓島。一個強而有力的鐵路系統必須要有資金的支持。工業企業不只需要關注，還要投資數以百萬計的美元。

沃爾格知道這些事情存在的困難，也能有技巧地處理。不過他仍是學習銀行原則的一位學生、研究者或者是調查者，而不像典型的「華爾街銀行家」那樣，一隻眼睛注視著自己的桌面，另一隻眼睛時刻盯著證券報價機。沃爾格公開表達了對投機行為的反對。他對一位銀行家的概念是：銀行家必須要具有無可爭議的正直，其主要任務是透過供應足夠的資金與信貸，來使商業之輪運轉起來。

當產生西元1907年危機的陰雲在逐漸聚集之時，未雨綢繆的政府也開始重新關注起銀行改革的事宜。沃爾格與其他的銀行家及經濟學者，聚集在哥倫比亞大學埃德溫·R·A·塞里格曼教授家裡，共同探討不容樂觀的經濟前景。沃爾格在討論中闡述了自己的理論，這引起大家的關注。

塞里格曼教授敦促沃爾格發表他的觀點。

沃爾格表示反對。

塞里格曼持堅決態度，最終說服了沃爾格。

因此，這位學識淵博的銀行家，擁有銀行業第一手的知識及實踐經驗、熟諳歐洲各國的銀行系統，而且他還有時間與機會學習這個地域遼闊的民主國家。因此奧爾德里奇參議員將他納入幫手之一也就是很自然的事了。而當民主黨上臺執政，要準備貨幣立法之時，他們發現沃爾格有著巨大的能力，卻又能根據實際情況來改變自己的建議，而非愚昧地堅持一蹴

可幾地完成整個改革。

「這是本屆政府最佳的任命。」威爾遜總統任命沃爾格為聯邦儲備局的成員時，被人們這樣評價。

在一些華盛頓政客們的眼裡，所有的「華爾街銀行家」都是一個樣，他們就是一群魔鬼，一群沒有靈魂的餓狼，總是想吞噬別人的財富，總是想盡陰謀詭計，握緊拳頭，勒住人們的咽喉。他們對沃爾格亦是報以一貫的蔑視與憤怒。他們想讓他出醜，然後再拒絕對他的提名！他們要讓整群「貨幣托拉斯」幫派臉面丟盡。

沃爾格對此感到憤怒。他已經同意放棄作為美國最著名的國際銀行高級合夥人的高額薪水，被迫放棄與紐約商業朋友的友誼。他決定從鐵路、工業、金融甚至是慈善等機構辭職，原因很簡單，他希望自己的例子能激發別人投身公共服務。他堅信在這個緊急時刻，愛國情懷應該被放在更重要的位置。

然而，他自願做出的這種犧牲，遭受的只是猜忌與譴責的攻擊。

若沃爾格拒絕威爾遜總統的邀請函，他一度能獲得100萬美元的收入。

最後，他同意面對自己的質疑者，前提條件是：他的那些與這次提名無關的商業夥伴，不能被列入討論的範圍內。

在接下來的兩天裡，他被一片質疑聲包圍，許多完全是侮辱性的。以下是一個例子：

「你想成為這一委員會的一員，若最終被確認，你代表著什麼？」一位參議員這樣問道。

「代表這個國家以及這個國家的未來。」沃爾格不卑不亢地回答。

即便之前那些質疑聲最響亮的對手現在都意識到，沃爾格的確是代表著整個國家及其未來，而不像那些懷著陰謀詭計的華爾街小集團一樣。

為了改良這個國家金融系統的工作及其組織，沃爾格孜孜不倦地工作著；他不遺餘力地向公眾啟蒙一些銀行原則；在那些讓美國擺脫經濟危機的關鍵時刻裡，沃爾格在與政府部門合作中，做了大量極為寶貴的工作。現在回過頭想一下，華盛頓在過去一年乃至之前，有著像沃爾格這般能力超凡的人在掌舵，實在是國家之大幸。

　　西元1917年4月，沃爾格在芝加哥商業俱樂部發表的一篇名為〈論政府與商業〉的演講中，分析了當前的世界形勢。此次演講旨在希望商界與那些被政府選為履行監督責任的人員之間，能進行有效的合作。

　　在演講中，沃爾格說：「在未來的國家裡，特別是戰後的歐洲，在工業的許多領域裡，最有效的發展還是要靠政府的大力支持，而這只能存在於政府真正握有所有權及操作權的企業裡。相比起以往，為了應對戰爭所帶來的沉重經濟負擔，各國將建立更加牢固的工業與金融聯盟，以應對各國為了實現最高效、經濟與節約的目的，'而不斷完善金融體系所帶來的激烈競爭。

　　「在未來這樣的一個世界裡，我們應該要有自己的一席之地，這需要我們建立健全的組織以及堅定的領導能力。在我們的民主體系裡，不能因為政黨的更替就發生變化。而要達成這一目標，則需要成立一個公正、持久、獨立於黨派之外的、由這方面專家組成的機構。這些機構應該既要有不偏不倚的觀點，又要有富於建設性的商業見解；他們必須要能充當國會及相關工業的顧問；他們必須要打破政府與商界之間相互的猜疑與偏見的藩籬；他們必須要抵制任何個人或是集團的敲詐或是侵犯，無論這些是資金、勞動力、搬運工或是託運人，債主或是借款者，抑或是共和黨還是民主黨，他們都應該維護人民的利益。

　　「在未來，我們有效地處理經濟上難題的能力，在相當程度上取決於我們能否發展壯大到，擁有足夠專業知識與獨立人格的商會與委員會。只有

當政府與人們充分了解到這些機構的重要性，這才會成為可能。這樣，我們國家中最有才幹的人將願意做出個人犧牲，為公眾服務。

「在定義自由最重要的特徵時，亞里斯多德（Aristotle）曾說：『既要管理，又要接受別人的管理。』在 2000 年後的今天，這句話蘊含的思想光芒仍照射著我們。沒有管理的自由是混亂，沒有人們合作的政府是專制的政府。既要管理又要接受別人的管理，才是真正自由存在的唯一可能形式。在這種觀念之下，沒人受到管理，又沒人不受管理。我們既一起管理又相互為彼此服務。我們都為一個主人服務，這是每個熱愛自由的人都不會羞於為他服務──我們服務於自己的國家。」

對沃爾格本人來說，為國家解決一個棘手的銀行問題，比賺取 100 萬更讓他感到滿足。他完全放棄了賺錢的念頭，辭去國內外所有管理職務及高級合夥人的職務。

他家裡的裝飾可以說是華盛頓地區最富有藝術氣息的，他仍然維持著懷特·普萊恩斯的老住宅。在這裡，他與妻子、孩子度過許多愉快的週末，共享天倫。

費利克斯·M·沃爾格，與他的哥哥一樣，也是庫恩雷波公司的高級合夥人。他做了許多慈善事業，特別是對美國德裔的團體。在這方面，他得到妻子的大力支持。

西元 1917 年 6 月，沃爾格獲得紐約大學頒發的商學博士榮譽學位。

若有更多富有才智的美國人能放棄只專注於賺錢的念頭，讓自己全心全意投入為社會服務，美國這片土地將成為一個更為廉潔、治理更好、人們心情更加舒暢的國家。

保羅・M・沃爾格

約翰·N·威利斯

　　約翰·N. 威利斯（John North Willys），威利斯汽車公司的創始人，汽車業界的先鋒。被譽為汽車銷售王國的國王，資本運作的第一人。

JOHN N. WILLYS

約翰·N·威利斯

在美國金融史上，還有其他的奮鬥史能夠比得上這位嗎？

當時，約翰·N·威利斯作為埃爾邁拉地區的汽車銷售代理，到處尋找資金。由於歐弗蘭特生產的汽車遲遲不能按時交貨，威利斯感到越來越不安，這是發生在西元1907年12月那些黑暗日子的事情了。他急匆匆搭乘開往印第安納波利斯的火車，前往歐弗蘭特公司的總部。他在星期六晚上到達，星期日早上，經理語氣冷淡地對他說：「到了明天，我們公司就要落入破產案產業管理人的手中了。」

「你不能這樣做！」威利斯語氣強烈地反駁。

「我們也只能這樣了，」經理重申道。「原因很簡單，昨晚，我們透過支票支付了工人的薪資，現在銀行沒有足夠的資金來應對明天早上人們的兌款。」

「你們還差多少錢呢？」威利斯問道。

「大約350美元。」

在那些讓人記憶深刻的艱難日子裡，印第安納波利斯的銀行無法支付現金。正如當時美國多數的城鎮，這個小城也只能用臨時憑證作為暫時的解決之道。但在明天早上，銀行開業之前，威利斯卻必須想盡一切辦法籌集350美元的資金。

威利斯偶然經過老格蘭德酒店，他停下腳步，直接去酒店職員身旁，發生了以下這段對話。

「在明天早上之前，我想借到350美元。」他這樣對櫃檯後面的年輕職員說。

「祝你好運。」職員哈哈大笑。

「什麼？」威利斯反問。

「我說：『祝你好運。』」職員重複道。

「但你必須要幫我弄到這筆錢。」威利斯語氣堅定。

「別做白日夢了!」職員回答道,仍舊以為威利斯是在開玩笑。

威利斯拿出賓州威爾斯波羅地區一間小銀行的一張 350 美元的支票,語氣堅決地告訴職員:「在明天早上這裡的銀行開業之前,我必須要拿到這筆現金。」這位職員又笑了。

「這張支票有問題?」威利斯質問道。

「沒有。但問題是,你到哪裡去拿 350 美元的現金呢?我現在無法從銀行裡拿出一分現金給你。」

從那時開始,威利斯就想著如何進行籌錢的計畫。他告訴職員馬上凍結任何進入辦公室的任何一分錢,收集酒店所能收到的任何一分錢,清空酒吧的收入。「在我們拿到這筆錢之前,絕對不要向任何顧客兌現錢。」威利斯這樣警告說。

業主在得知這筆錢為何如此緊急之後,就馬上意識到事情的重要性。在午夜時分,威利斯收集到一大堆一美元硬幣、50 美分、25 美分、10 美分及 5 美分的硬幣,這些硬幣上面則是厚厚的一疊 1 美元的鈔票,還有許多 2 美元、五美元與 10 美元的紙幣。

在第二天清早,他將收集到的現金放到銀行櫃檯前,償還了歐弗蘭特公司的債款,薪水也得以按時支付了。

在 8 年後,這位歐弗蘭特公司的救世主,因其在公司的股票而獲得了 8,000 萬美元的收益。

當然,在那個決定性的星期日裡,區區的 350 美元並不能讓歐弗蘭特公司起死回生,這只能防止當時在星期一可能出現的危機。

威利斯告知公司在一個星期內遠離所有的債主,他馬不停蹄地趕到芝加哥,儲備足夠的金錢來應對接下來星期六的薪水支付。在接下來 5 個星

期裡，他在印第安納波利斯、芝加哥、紐約這3座城市不停往返，想盡一切辦法為公司籌措資金。那時歐弗蘭特公司的建築只是一座300英尺長、80英尺寬的鐵皮大棚，配備陳舊的機械設備，沒有製造一輛完整汽車所需的足夠材料。透過不斷地遊說與勸說，威利斯終於獲得了足夠的材料讓公司能夠生產出足夠的汽車，並運轉起來。

即便沒有銀行會理睬這家公司——沒有一家銀行願意貸款給這家公司。債主總是不斷地吵著要還錢——這家公司欠債8萬美元，而其帳面上只有不足80美元。

但是，威利斯已經決定要躲過這場災難。即使公司只有很少的運轉資金，不過他相信自己仍能讓公司重新運作。他承諾可以供應500輛汽車，並且為公司支付了大筆的押金。

最後，他說服一位從事木材生意的老商人借給他1.5萬美元的現金，這不足以償還8萬美元的債款，也不足以購買原材料，支付薪資與薪水。可這讓威利斯心頭為之一振，於是，他讓公司的律師起草一份關於如何解決償還貸款的方案。根據方案，威利斯將要即時支付十分之一的貸款，還要向其他要求償還部分款項的債主進行分期付款。他手中的一張王牌是提供優先股，草案裡就展現了這一點。

但世事難料，他的這位木材朋友改變了主意，說自己不想冒那麼大的風險。在逆境中，威利斯再次展現出足智多謀，他說服這位商人借給自己7,500美元。但原來的協定要向那些難纏的債主支付1.5萬美元。這樣，威利斯一下子就進退維谷了。過了不久，他簡單地修改了一下協定，若是債主要求還款，這「不能超過1.5萬美元」。

當主要的貸款者聚集在一起討論時，他們的立場顯得十分堅定，他們有人覺得這個協定中一些條款具有侮辱性，威利斯則從容地處理掉這些疑問。他具有多年作為銷售員的錘鍊，從銷售書籍到腳踏車，直到今天的汽

車，這些他都一一經歷過。他流利的口才、真誠以及對汽車產業美好未來的信念，打動了那些主要貸款者，威利斯讓他們相信公司的前景。最終大多數的貸款者接受以優先股代替全部債款的條款。

威利斯只花費了 3,500 美元，就成功解決了歐弗蘭特公司 8 萬美元的債務。然後，在沒有任何財務負擔的狀況下，開始重組整個公司。

在與製造商及其他向歐弗蘭特公司提供配件的供應商打交道的過程中，威利斯同樣展現出融資能力與技巧。他召集了公司最大的四大供應商，要求他們向歐弗蘭特公司提供生產配件。威利斯描繪了公司美好的前景，讓他們相信向歐弗蘭特公司提供額外 3 個月的供應，對他們而言是有利可圖的。

這些供應商馬上表示同意。藉此時機，威利斯向他們提出了一個妙計。

「我希望你們，」他說，「能夠幫助我們重建本公司的信用。我會讓別人知道，你們對我們公司充滿了信心。以後若是還有懷疑者，我們將讓他們找你們。任何對提供貸款猶疑不決的機構，我們將讓他們與你們對話。你們負責說服他們，相信我們一切正常。」

這充滿獨創性的金融手段取得非凡的效果。

在 1908 年 1 月，歐弗蘭特公司的重組工作完成了。威利斯擔任公司董事長、財務主管、總經理以及銷售經理等職務。在這一年的 9 月分，公司已經製造了 465 輛汽車，以每輛 1200 美元的價格出售。公司最後獲得 5.8 萬美元的淨利潤。

在接下來的 12 個月，在這 5.8 萬美元的基礎上，威利斯成功地製造並銷售 4,000 輛汽車，總價值為 500 萬美元。最後，公司獲得 100 萬美元的純利。

在講述威利斯日後的成功之前，我們有必要講講約翰·威利斯剛開始是如何對汽車行業產生興趣的。這是一個相當有趣的故事。

以下，我將以威利斯自己的話來講述：

「當時，在俄亥俄州克里夫蘭的一座摩天大樓，我從一個窗戶向外觀望，這是西元1899年的某一天。我看見有個四輪的東西在街道上穿行，它的前面沒有馬匹在拉。從我所站的角度來看，它像極了四輪馬車。我立刻自言自語地說：『這個機器將超越這個國家所有的腳踏車。』當時，我還在腳踏車行業裡工作。我立志要盡快進入這個新興行業。後來，經過調查，我發現這是一輛溫頓牌的汽車，但我沒有機會去研究它。當年，全美國的汽車總產量不足4,000輛。第二年，我所居住的埃爾邁拉地區的一位醫生，買了這個牌子的汽車。

「我仔細地檢查這輛汽車，後來我買了一輛皮爾斯牌的汽車，這個汽車牌子的公司現在正在製造皮爾斯・阿洛汽車。這輛汽車的結構類似於四輪汽車，在車的後軸有個法國製造的水壺形狀發動機。這個發動機的馬力只有2.75匹，一輛好點的摩托車現在都有四匹馬力了。這輛汽車的檔位很低，一個小時只能爬兩～三英里的山路。它的軸距很窄，整個車身也比現在的福特汽車要小。

「於是我到布法羅去找皮爾斯先生 —— 那時，我已經是皮爾斯・阿洛牌子腳踏車的代理了。皮爾斯先生告訴我，他們正在試驗汽車。我與他一起就汽車行業討論了兩、三個小時。我讓皮爾斯先生承諾，當他們生產出第一輛汽車後，要賣我一輛。

「不久，我就以900美元獲得一輛汽車。我將這輛車當成樣本，不斷檢測其效能。在那個年頭，每個人都對這樣的測試感到不安，我也只銷售了兩輛而已。第二年，我的銷售量翻了一倍，達到四輛。後來，我成為蘭博勒汽車與皮爾斯汽車這兩個牌子的代理人。在接下來這一年（西元1903年），我的銷量飆升到20輛。正如你所想的那樣，當時的汽車產業所處的階段，與現在的航空業發展階段一樣，是一個需要不斷攀登與大量先驅性

工作的行業。

「我知道這個行業是充滿盈利空間的，便急切地想進入汽車製造企業。到了西元 1905 年，汽車製造商很容易得到訂單，汽車卻不容易製造，市面上對汽車的需求難以滿足。此時，汽車製造商變得專橫，他們這時就是富有威望的領袖。

「我當時就想，要想賺大錢，就必須要靠製造汽車，而不是銷售汽車。可是我並沒有足夠的金錢，也沒有製造方面的經驗，我也不是一名機械師。我想，自己最擅長的就是成立一間大型的銷售公司，正如以往我在腳踏車行業時的做法。我獲得了一兩家公司的全部產量的銷售代理權，然後，我就以批發的形式賣掉這些汽車。這樣，我就漸漸進入了製造汽車的領域。

「所以，在西元 1906 年，我成立了美國汽車銷售公司，總部設在埃爾邁拉，負責銷售總部設在印第安納波利斯的美國 —— 歐弗蘭特公司生產的所有汽車。我必須要支付大筆的押金，因此必須要省吃儉用，盡可能地節省金錢。在那時，歐弗蘭特公司已經成立運轉了 6 年，其最好的銷售年分是西元 1906 年，總銷售量為 47 輛車。

「在西元 1907 年 10 月的恐慌爆發之前，銷售公司得到合約，負責供應 500 輛歐弗蘭特牌子的汽車。當時，我做的不錯，急於想擴大生意範圍。

「於是，我前往印第安納波利斯，簽訂經銷馬里恩牌子汽車的合約。那天晚上，在返回紐約的路上，我感到十分開心。當時，我拿起一份晚報一看，發現紐約信貸公司已經倒閉了，人們的恐慌情緒開始蔓延，這真的是晴天霹靂啊！

「在這場商業風暴來襲之際，我決定靜觀其變。可是歐弗蘭特公司的業績開始出現奇異情況。到了 12 月分初，前景變得極為黯淡，我決定前往印第安納波利斯調查事情的原因。你知道我的發現。」

歐弗蘭特公司的困境，最終證明是「塞翁失馬，焉知非福」。公司的一時困頓，證明是他日後發跡的開端。

在那時，威利斯的人生經歷已十分豐富多彩。他出生於西元1873年，出生在自然環境不錯的紐約卡南代爾地區，而非「含著金湯匙」出生。在他童年時，就喜歡與自己的朋友進行一些小交易。他的口袋裡好像總有一些可以「銷售」的東西。

他第一次的嘗試是將馬腳上掉落的韁繩撿起來，然後賣出了十幾個夾具來夾緊這些韁繩。接下來，他又買了兩打的夾具，很快就銷售一空。當他再大一點，比如在11或12歲左右，他與父親訂立了協議，他每個週六在磚頭與瓷磚廠工作，可以獲得25美分，在每天放學後工作一兩個小時，就可獲得額外的一些錢。但即便是這麼長時間的工作，也沒有讓他失去對商業的興趣與愛好。

當時，在他所做的事情裡，幾乎都能取得成功，除了一件事。為了更好地利用自己的課後時間，他成為圖書代理商，這是他專長的「加菲爾德的生活」。但回報卻無法讓他對自己的賺錢能力感到滿意，於是，他放棄了這份工作。

在別的孩子還穿著童裝長褲時，他就已經有了上述的一些經歷。

當時，他的一位好友在一家洗衣店工作，年紀還小的威利斯就對這種賺錢手段感到相當有興趣。在16歲之前，他說服了父母，讓他與朋友在30里之外的塞尼卡·福爾斯地區開間洗衣店。父母希望自己的孩子能在洗衣店嘗一下生活的艱辛，寄望於孩子寄宿在外的生活，能讓他打消對商業的興趣，從而專心回到自己的學業上來。他們相信不到一個星期的時間裡，他就會夾著尾巴乖乖回家了。

這位從洗刷盥洗盆與整理燙衣板走出的「未來之星」很快就發現，他們的「事業」遇到了阻滯，不過他們還是憑著頑強的毅力堅持到底。

那時，他們幾乎沒有什麼金融方面的知識可言。最大的「合夥人」也只有18歲。某天，當他們得到一張6美元的支票時，他們根本不知道該如何將其兌換成現金！威利斯最後終於鼓起勇氣，把這張支票拿到銀行。那裡的人根本不理睬他，銀行的工作人員也沒有要替他兌錢的想法。但威利斯有著三寸不爛之舌，當他最終走出銀行大樓時，口袋裡裝著6美元的現金。

在那年年底，他們成功地把洗衣店經營到盈利階段，然後賣給了別人，每人獲得100美元的純利。在這時，威利斯感到有些遺憾，覺得自己沒有接受過更多的教育。於是，他返回家，抱著努力學習考上大學的決心，並想成為一名律師。他學習上的表現不錯，而且還在一間法律工作室裡工作（其中的一個夥伴是羅亞爾·R·史考特，現在他是威利斯——歐弗蘭特公司的日常事務管理者）。後來，他的父親去世了，年輕的威利斯不得不放棄自己的大學夢想。

腳踏車當時已經面世了，他看到了自己作為一名腳踏車銷售員的天賦，知道這是一個很有前景的行業。用賣掉的洗衣店得來的100美元，他買下一輛牌子是「新郵件」的腳踏車作為樣品，並成為該腳踏車製造商的當地代理。此時，他又勸說朋友投資新型的「平安」牌腳踏車。

在18歲的時候，他已經成立了一間銷售公司，開了一間商店，在其後面又開了家維修店，生意很好。於是，他就在卡南代爾的主街道開了一家更大的營業機構。他幾乎可以免費地做廣告——掛在當地酒店的來賓登記處醒目漂亮的廣告牌，介紹著威利斯的產品，這個廣告只花費了他3美元，相比於日後投入250萬美元的巨資，為歐弗蘭特與威利斯——奈特汽車的費用，這簡直是小巫見大巫。

「我當時無疑是走在一條光明的康莊大道，」威利斯在回憶起年輕時的經歷時這樣說，「我可以賣出無數輛腳踏車。但我犯下了一個錯誤，就

是容易輕信別人。我發現賣出腳踏車是一回事，回收資金則完全是另外一回事。現在看來，只有西元1896年那時脫序的銀幣流動風暴才能將我打垮。因為這件事給我了一個深刻的教訓，讓我開始有了商業嗅覺。」

身為波士頓機織物與橡膠公司的銷售員，他必須四處奔波。威利斯努力工作，省吃儉用，準備用自己的錢重新投入商界。他的顧客中有埃爾邁拉裝備公司，這是一家體育用品企業，換了四個老闆，接連破產了四次。當克朗代克淘金熱四處蔓延之時，這家企業的老闆迫不及待地想離開，於是便高興地接受了威利斯的500美元現金，賣掉價值2,800美元的股票。

威利斯立即安排了一位經理負責管理這家企業，為這家公司的營運注入新的活力。之後，威利斯一直做著原來的工作，直到一天，他來到卡南代爾遇上史考特。史考特問他的公司執行得怎樣，威利斯開口就大加讚譽。但在看到當天的晚報之後，不得不面對企業失敗的命運。

雖然感到萬分震驚，可是他沒有感到畏懼。威利斯決定親自管理埃爾邁拉的公司。他開始專營腳踏車，並逐步取得成效。在接下來的8個月裡，腳踏車的總銷售額達到了2,800美元，其中1,000美元是純利潤。後來，他逐漸向腳踏車的批發經銷方面發展，最後取得一家工廠全部的腳踏車產量代理銷售權，在不少地區建立起自己的代理機構。年度銷售額達到50萬美元——這對一名年僅27歲的年輕人來說，可是個不小的創舉啊！

接下來就是汽車與金融業的時代了。

約翰‧N‧威利斯的眾多工廠以及銷售機構的員工有7.5萬人之多，這一數目在世界範圍的汽車企業裡排第二。他也是世界上擁有這麼龐大汽車企業的第一人！

在西元1916年上半年的6個月裡，威利斯——歐弗蘭特公司製造並銷售超過9.4萬輛汽車。在1917年度裡，預計每個工作日的產量將接近1,000輛。

在歐弗蘭特公司的基礎上，威利斯不斷拓展業務，獲得了對其他重要企業的控制。在西元 1909 年，他接管了波普——托萊多公司，後來又把歐弗蘭特公司的總部轉移到托萊多這一地區。在那裡，他的汽車工廠僱用了超過 1.8 萬名員工，僅在奧托萊特電力公司工作的員工就超過 2,000 人——兩年前，他購買這家公司時，當時只有區區 42 名員工。威利斯還是埃爾邁拉莫羅製造公司的董事長，同時還控制著一家重要的橡膠企業，他還是其他一些企業的幕後老闆。

每天，威利斯掌管的工廠為大約 800～1,000 班次的列車裝滿貨物。

威利斯——歐弗蘭特公司的有價證券市值，大約在 6,500 萬美元左右，其中年度分紅就達 610 萬美元。在獲得了柯蒂斯航空公司的控制權，與拿下一筆戰爭用飛機的大訂單之後，威利斯就大步跨進航空領域，並且成為這一行業的風雲人物。航空業未來的走向誰也不得而知，但威利斯就想成為這一領域的先驅者。而就在 10 年前，他還在為支付歐弗蘭特公司員工的薪資，為籌措 350 美元搞得焦頭爛額。

今日的威利斯仍是以往那個具有民主作風、自然的、略帶孩子氣的他，依舊精神奕奕，神采飛揚，正如當年他去銀行努力將那 6 美元兌現時一樣，財富並沒有衝昏他的頭腦。威利斯今日的成就得益於其經年累月的勤勉工作——直到醫生告誡他，若不放棄這種生活方式，準備到歐洲休閒一番的話，他將成為療養院的一名「囚犯」。當第一次世界大戰爆發的時候，他與妻子及女兒正在乘車環遊法國。他的豪華汽車被徵用了。威利斯沒有感到憤怒，反而在離開歐洲時，向協約國訂購了數千輛運貨卡車作為補償！

現在，威利斯仍舊勤奮工作。在組織與安排好企業之後，他會忙裡偷閒，乘坐 245 英尺長的豪華蒸汽遊艇——根據威利斯太太的名字命名的「伊莎貝爾號」——去遊玩一下；偶爾也會去打高爾夫球；或一邊欣賞風

景，一邊打獵。他收集的名畫是當時西方世界最著名的。他既享受工作，也享受娛樂時間。我還從不知道哪位如此富有的人，仍過著如此從容的生活。

在參觀位於托萊多占地百畝的威利斯——歐弗蘭特公司時，在這幢耗資 100 萬美元的現代大樓上，可以俯瞰美麗的威利斯公園，這是這座城市對這位著名人物的一種紀念。在參觀期間，我有機會與一位男職員聊了一下。

「威利斯先生不像一位老闆，」他告訴我。「他對我們總是很友善的。一天早上，我雙手拿著厚厚的信件上樓梯，無法伸手開門。威利斯先生看見我，他說：『年輕人，等一下。』他幫我開了門，又為我開了另外一扇門。他總是樂於做這樣的事情。」

威利斯公司還沒有出現過罷工的情況。

湯瑪斯・E・威爾遜

　　湯瑪斯・E・威爾遜（Thomas E・Wilson），威爾遜體育用品公司及威爾遜集團的建立者。任職威爾遜集團總裁期間，將公司的肉類包裝業務做到了全美第三大的規模。

THOMAS E. WILSON

一天，位於芝加哥的納爾遜——莫里斯包裝公司，要求伯靈頓鐵路公司的辦公室主任派遣一位年輕人給他們，並讓這位年輕人記錄他們的冰箱與其他汽車的情況。這位主任選擇自己的助理作為最適合的人選。約莫在一～兩個小時裡，這位助理就從牲畜飼養場回來了。「如果他們讓我負責整個牲畜飼養場，我將不會出去工作了。」他語氣堅決地說。隨後，他拿起自己的筆，在辦公室繼續原先職員的工作。

「你可以讓我去那裡，仔細觀察一下嗎？」一位年僅19歲的年輕人說。這位年輕人只有一年的工作經驗，他的上司同意了。

於是，這位年輕人就出發前去牲畜飼養場。

在描述自己的考察時，他說：「我發現，牲畜飼養場的狀況並不樂觀。當我到那裡的時候，發現爛泥上架著木板道。從一塊木板走到另一塊木板時，汙泥會濺到大腿位置。那時的每樣東西都是那麼粗糙與讓人厭煩——這與今日清潔衛生的狀況大相逕庭。

「在莫里斯公司的辦公室裡，職員們簇擁在一起，擠在一團，好像人人都踏在別人上面——這與我們公司總部的井然有序，形成了鮮明的對比。

「可是這裡並不缺乏生意，看上去我有很多事情可以做。對於那些熱愛工作與富有創意的人來說，我覺得這是一個機會。所以，我接受了這份月薪100美元的工作，之前，我在鐵路部門工作時的月薪只有40美元。」

那是西元1881年某一天的事情了。

在西元1916年的一個夏日——7月21號的早上——美國人一覺醒來發現黑體粗大的「威爾遜公司，蘇茲貝格——索思公司的繼承者」的字樣出現在各大報紙上、地鐵上、各類平面廣告上、高架電車上以及數以千計的廣告牌上，這同樣出現在數百間遍布全國的肉類工廠。

「這個威爾遜是誰啊？」每個人都在發出這樣的疑問。

公眾對這位一夜之間就取代了原本家喻戶曉、其產品已為美國人熟知長達 60 年企業的人充滿好奇。可以肯定的是，這個人一定具有非凡的聲譽與成就。他到底是怎樣獲得今日如此輝煌的成就呢？

這個人就是當年那個口袋空空如也的職員，他沒有厭惡在牲畜飼養場的工作，而是不斷努力奮鬥。

這位職員就是湯瑪斯‧E‧威爾遜。

讓我們大略看看這個充滿傳奇色彩的故事吧！

當我們看看其中的艱難歲月，當我們觀察其每一個邁進的腳步，當我們一步一步追隨其前進的方向，我們就會發現這其中沒有任何戲劇性，沒有任何浪漫色彩，也沒有非凡的事情。這個結局是符合邏輯、在情理之中的。在美國的商業故事裡，我還沒發現一個比這個更加簡單、自然與激勵人心的故事。

能以故事主角自己的話來闡述這則故事，對我來說實在是一種榮幸。

「我在牲畜飼養場的第一項工作，是負責記錄汽車的里程。」威爾遜回應我的詢問時說，「我們那時有自己的家畜車、運載冰箱的汽車以及其他的運輸工具。這些都是鐵路公司讓我們使用的。當時，我並沒有只是待在辦公室裡，而是到飼養場去，逐漸對汽車的實際操作產生了興趣，我對汽車維修也漸漸熟悉了。到後來，我成為維修工作方面的主管。再後來，我們可以自己製造汽車了，而我則負責這方面的發展工作。

「我讓別人擔任我的位置，因為我總是對貿易充滿興趣。接下來，我接管了整間公司的採購部門 —— 購買各種需要的材料、機械以及建築原料。

「當我們不斷拓展業務時，我不光負責擔任飼養場的建築工作，還要負責為公司在其他地方選定新的批發機構的分支。整整一個冬天，我都在

位於波士頓的總部工作，在新英格蘭地區設立分支機構。」

「你是怎樣做到的呢？」

「每走到一座城鎮時，我都會仔細考察，看看這裡阿穆爾、斯威夫特或是哈蒙德這些公司在從事什麼業務。倘若我認為某個地方適合設立一間工廠，我會購買或是租賃這些資產，並要求圖畫部繪製出理想的布局。他們會做好一份大致的計畫，由我來負責修改。再根據具體情況來改變計畫，在這份計畫送到我面前時，各個細節將臻於完善。我屬下有三～四個建築方面的工作人員來協助我。他們負責用結冰裝置及其他特殊儀器來執行特別的任務，這是由我們的商業性質決定的。

「在每幢建築落成之前，我到處尋找最佳的人才，如果可能的話，最好是由當地人來管理業務。當一切進展順利之後，我們就在另外一座城市複製相同的成功經驗。我建立了不少這樣的機構。

「回到芝加哥後，我開始負責一些重要建築事宜的管理，我們的事業在不斷壯大。在那時，納爾遜──莫里斯公司的高級合夥人弗蘭克・伏高爾退出了，納爾遜的大兒子愛德華・莫里斯已經迅速上升到公司的管理層。他讓我負責管理方面的工作，那時，我大約32歲，愛德華・莫里斯比我稍大一點。

「在汽車部門、採購部門以及建築部門工作期間，我都盡可能地熟知公司的實際操作流程，我對業務部門也相當感興趣。是的，我一直都相當忙碌──而且我也願意這樣忙碌。對我來說，時間總是不夠用。儘管我在每天早上5：30就吃早餐了，在6點鐘的時候，搭乘飼養場的汽車前往芝加哥。在那幾年裡，我都在莫里斯公司工作，只有因生病才休息了5天。

「在這15年間，我從沒有過正式的休假。在數不清的週六裡，我幾乎都要花一部分時間在飼養場的管理上。不，這對我來說一點都不覺得辛

苦，這是非常有趣的事情。包裝行業在不斷發展，總會出現新的問題急待解決——時至今日還是如此。

「最後，我成為最高的負責人，除了監管建築方面的工作，還必須時刻關注製造與操作方面的事宜。在做這些事情的時候，我從不感到疲倦。我總是不斷在嘗試學習整個商業的流程與操作，隨時準備承擔責任。

「4年前，愛德華·莫里斯去世了，我成為這家公司的董事長。愛德華·莫里斯的遺願是讓他的兩個兒子——納爾遜，當時只有27歲；愛德華，當時只有25歲——來繼承父業，繼續待在莫里斯公司的領導階層。當時，我並不想一輩子成為別人的員工。雖然我是公司的董事長，擁有一份優渥的薪水，但我對其他一些外在事情產生了強烈的興趣。

「西元1915年秋天的某一日，我在布萊克斯通酒店接到來自紐約兩位銀行家的來電，他們說想與我會面。我與他們進行了長時間的交談。他們想讓我接手管理蘇茲貝格——索思公司，薪水則由我自己來定。費迪南德·蘇茲貝格在兩年前去世了，在去世前的7年裡，他都無力正常地管理公司。之後，他的公司由兩個兒子——馬克斯·蘇茲貝格與亞芒·蘇茲貝格打理。他們決定向紐約的銀行融資，這些銀行包括大通國家銀行、保證信託銀行、威廉·薩洛蒙公司以及海爾嘉頓公司。這兩位銀行家告訴我，這些參與融資的公司已經控制了蘇茲貝格——索思公司，他們想重新進行改組，並希望能以最佳的方式發展。在深思熟慮之後，我覺得自己有必要拒絕他們的提議。

「在我拒絕擔任蘇茲貝格——索思公司董事長的第二天，我在芝加哥遇到了一位朋友。他對我歡呼道：『那你決定去蘇茲貝格——索思公司工作了？』」

「沒有，我拒絕了。」我回答道。

「喔，真有你的。我與紐約一些銀行家交談的時候，他們跟我說，你

會改變自己的想法的,你只是自己還沒察覺到而已。他們說一定會請到你的。」朋友說。

「的確如此。他們提出了一個方案,在商業上給予我巨大的收益,以及其他我想要的東西。他們的提議非常慷慨,所以,我今日就在這裡了。」

現在,你應該知道美國六大包裝企業之一的蘇茲貝格──索思公司易名的原因了吧?我們現在還不知道的是,威爾遜的同行與朋友對他的評價。

他是一個相當自然的人,沒有絲毫的矯揉造作。他是一位體力與心智上的巨人,臉上看不到憤世嫉俗的稜角,他那大大的藍色眼睛流露出其善良的心,而不是一幅冷漠、狡猾、算計的心理影像。

「你把自己不可思議的成功,主要歸結於什麼呢?」我這樣問他。

他回答說:「我沒有什麼天賦可言,也沒有比別人聰明多少。我的成功完全是有跡可循的。我享受自己的工作,盡自己的全力。對我來說,沒有什麼難題是無法解決的。這是你能長久取得成功的基石──時刻對自己保持自信,發揮潛能,做好工作。

「許多人都是為名利孜孜以求。他們躺在昨日的功勞簿上不願醒來,而不是在平常日子裡不斷奮發,爭取更大的成就。你不能把自己的未來囿於過往,而是應該專注於目前。一個人在工作之時,必須盡自己最大的努力,要充分了解,無論正在做什麼,這都全然決定著自己的成功。」

即便在新婚蜜月期裡,威爾遜也沒有忘記工作。在布魯克林,他看到一處讓他印象深刻的地產,便立即去商討購買事宜。後來,此舉證明這是他一生中最具利潤的商業交易。

與來自芝加哥的伊麗莎白・L・福斯結為伉儷,實在是威爾遜人生的一大幸事。他的夫人福斯是名副其實的好幫手。她樂於與威爾遜分享他的夢想,並且願意為他的成功犧牲自己的舒適與閒暇時間。家庭的事情不能

牽絆他事業上的發展。在結婚的時候，威爾遜 31 歲。那時，他已有一份高薪的工作。他們雙方都同意，為了工作需求，願意做出必要的犧牲，無論這種犧牲多麼難以預料，或是需要他突然遠行。換句話說，威爾遜夫婦願意為成功付出必要的代價。

威爾遜把今日的成就，看成是他們共同的功勞，這種成就讓他們實現了各自的夢想。他們在湖林這個地方有面積達 300 英畝的農場，在這裡，他們可以策馬奔騰，或是「對牛彈琴」。威爾遜對工廠如何更好地飼養牲口，有自己的一套理論。在早年裡，他唯一的一次奢侈行為就是買了一匹馬。而現在，他有不少自己喜愛的馴馬。他 17 歲的女兒海倫與 12 歲的兒子愛德華，遺傳了父母相同的興趣與愛好。在清晨的時候，威爾遜一家常常繞著湖林的鄉間小道騎馬奔馳。

當他娛樂時，他盡情娛樂，工作時亦然。在忙活了整個夏季，威爾遜成功地對公司及其他工廠進行了改組，之後，他給自己放了一個長假。在墨西哥的荒野地區進行了為期三個星期的打獵旅行。在這段時間裡，他完全遠離自己的工作 —— 這顯示他對自己傑出的組織的了解與信任。

湯瑪斯·E·威爾遜是白手起家的。西元 1868 年 7 月 22 日，他出生在安大略省倫敦，他的家族有蘇格蘭與愛爾蘭的血統。在他 9 歲的時候，他們全家搬到了芝加哥。他的父親從事石油鑽井行業，並經營著一家精煉廠，收入中等。後來家庭發生變故，威爾遜無法上大學接受教育。在芝加哥唸完高中之後，年輕的他必須要到處尋找工作。他四處找尋，終於在芝加哥伯靈頓 —— 昆西鐵路總部的一間辦公室找到工作。

上文已經講過，威爾遜靠自己的努力才成為莫里斯公司的一名職員。那時，他在包裝行業不認識半個有頭有臉的人。時至今日，湯瑪斯·E·威爾遜被公認為一名全面、實幹的包裝行業領袖人物，可以成為數以千計的員工應如何完成一件任務的楷模。

在芝加哥沒有任何一個人、員工或是同行，對威爾遜取得的非凡成功心懷怨恨。在作為莫里斯公司董事長期間，他與對手進行公平、公正的競爭，像莫里斯公司對待他那樣對待自己的員工。他加入歷史悠久的蘇茲貝格——索思公司，將其改組成威爾遜公司，這受到了肉類行業員工與雇主的真誠歡迎。在這個例子裡，成功並沒有招致妒忌。每位對牲畜飼養場熟悉的人，都覺得沒有比這更好的結果了——假使不是這樣，事情就有可能向壞的一面發展。

因此，湯瑪斯·E·威爾遜攀登上事業頂峰，也是情理之中的事情。

威爾遜最近的成就是在全國範圍內成立體育用品公司。這一產品的品質優良，他並不害怕在產品貼上威爾遜的商標與保證。

雖然已經身處高位，不過我相信他還會百尺竿頭，更進一步。

弗蘭克・W・伍爾沃斯

　　弗蘭克・W・伍爾沃斯（Frank Winfield Woolworth），F・W・伍爾沃斯公司的創辦人，被譽為從「鄉巴佬」到世界上最大的零售商。

F. W. WOOLWORTH

弗蘭克・W・伍爾沃斯

一位赤腳的美國農民子弟決心要丟下手中的工作,成為一名銷售員。他沒有經驗,顯得青澀、笨拙,一看就知道是個「鄉巴佬」。儘管他非常努力,卻沒有哪個商人願意為他的工作支付薪資。但他有決心與倔強的性格,寧願在沒有薪資的情況下工作,僅僅是依靠自己之前辛辛苦苦賺來的 50 美元生活。他下一份工作的薪資不僅沒升,反而被減,這證明了他在銷售東西方面有多麼失敗。儘管他也同意老闆所說的,自己並不適合當銷售員,可是他沒有放棄,一直在心中堅持著。

今天,這位「鄉巴佬」成為世界上最大的零售商。

以下是他在西元 1916 年的銷售業績:5,000 萬雙針織襪;8,900 萬磅糖果;2,000 萬張樂譜;1,200 萬根安全火柴;900 萬個兒童玩具;4,200 萬箱口香糖;170 萬個奶瓶;1,500 萬塊香皂;500 萬張唱片;500 萬個夾髮;550 萬卷蠟紙 ── 這包起來的三明治足夠餵飽 1.7 億人之多;還有 500 萬個通用插頭;225 萬盒針織物及刺繡紗線。

還有:

他的顧客超過 7 億人,平均每天有超過 225 萬名顧客光顧。

櫃檯交易的金額(不包括那些透過郵遞方式所得的交易)數目超過 8,700 萬美元。在西元 1917 年,這一數目將突破 1 億美元,這代表著一共發生了 15 億次單獨不同的交易。

在美國人口超過 8,000 人以上的地區,他都開有商店。

截至西元 1917 年 1 月,他在美國與加拿大地區的開店總數超過 920 間。

他控制著英國 75 間商店,並計劃在整個歐洲建立上百間商店。

他僱用的員工人數在 3 萬與 5 萬之間。

他擁有的商店資產為 6,500 萬美元,市值還要超過這個數值幾百萬美元。

他是世界上最高建築物的唯一主人,為此,他從自己的口袋掏出 1,400

萬現金。

現在，你知道他是誰了。

「你的理想是什麼？」我這樣問弗蘭克‧W‧伍爾沃斯，5分與10分錢商店的創立者。

「在世界上所有文明存在的地方，都開上自己的商店。」這是他的回答。

當伍爾沃斯下定決心去做一件事情時，無論前路有多大的困難，布滿多少讓人沮喪的荊棘，或是剛開始遇到多大的阻滯，他都會勇往直前。

「你的商業原則是什麼？」我問道。

「讓顧客覺得他們在與你做交易的時候是在省錢。友善地對待自己的員工，這樣他們才會帶給顧客滿意的服務。我們做的是薄利多銷。」

「那你覺得對自己取得成功，最重要的發現是什麼？」

「當我放下高傲自大的思想之後，我做的就一定能比別人好。學會讓別人承擔責任，若是我時時懷著事必躬親的想法，就不可能取得巨大的成功。一個成功的人應該選擇那些富有才幹的職員去工作，給予他們權力與責任——我們擁有世界上最優秀的商業人才，他們充滿活力，而且精於自己的本行。」

「那你是如何與900多間商店聯絡的？你是如何判斷在哪裡應該設立新的商店呢？」

「在美國與加拿大這兩地，我們都有一個共識。我們時刻關注著哪個城鎮在成長，哪個城鎮在停滯，哪個城鎮在萎縮。人們流動方向的彙報，我們都一清二楚。然後，我們試著分析接下來的動向。例如，當美國鋼鐵公司決定建立在印第安納州的加里地區時，在50戶人家搬到那裡之前，我們已經趕到了，選好最佳的地點，然後就等著人口遷入。其實，這是很容易預見的。然後，美國與加拿大的9個區域代表，每個月會與我們進行

商討。我們關注著整個地區的整體動向，時刻關注這兩個國家的時局。有序的組織與合作，可以說是我們成功的重要原因。」

「你不是在紐約第五大道公共圖書館對面，買下一大塊地皮，這可是時尚區的中心。你這一創新的舉措，不是完全脫離了以往的商業做法嗎？」我問道。這一問題是最近新聞報紙經常諷刺的。

「我們都是大手筆行事的，」伍爾沃斯帶點不耐煩的語氣回答道。「其實，問題出在紐約人沒有足夠的眼光。幾年後，第五大道將成為類似芝加哥的主街一樣。芝加哥主街有許多商店，其生意交易量也比現在的第五大道要多。我們位於第五大道的商店，將比在其他地方開的商店耗資更少。

「7年前，我們在賓夕法尼亞州的栗子街開了一間商店，現在這條街成為全國最昂貴的街道。我們的商店就在考德威爾公司、費城的蒂芙尼公司旁邊。現在，這家商店獲利頗豐。同樣的情況出現在波士頓市的華盛頓大街、舊金山的市場街、聖路易斯的華盛頓大道。許多人認為只有窮人才會光顧 5 分、10 分的商店。這在 15 年前的確如此，但在那以後，所有人都不斷地光顧這些商店。

「某個晚上，紐約一位著名律師的妻子跟我說，她每週都要逛一下我們位於第六大道的商店，而且每次都為自己、孩子及孫子們買些東西，她在一年中的消費總額超過 600 美元。這絕不是一個特例。我們能夠以比其他商店更加低廉的價格出售商品，是因為我們購買商品的數量十分巨大。每年，我們都需要不同商品的製造商全年的所有產量，這樣，他們的工廠就可以開足馬力，全年運轉。因此，生產的成本被降到最低，我們以 10 分錢賣出的商品，別的商店要以 25 美分的價格出售。我們 900 間商店的經銷成本，只占了成本中很小的比例。」

當我問及伍爾沃斯最親密的一位同事，伍爾沃斯先生最顯著的優點是什麼時，他的回答是：「遠見 —— 這是他讓身邊所有人不斷震驚的一點。

其次，就是他的勇氣了。他總是有像一頭蠻牛一樣的衝勁去工作，還有激發別人努力工作的能力。員工們的忠誠，他對員工們慷慨與貼心的關懷，這在相當程度上都是取得成功的重要原因。」

與福特一樣，伍爾沃斯對向別人借錢有著強烈的厭惡。在他開自己第一間商店的時候，曾向別人借過 300 美元。自從他還清這筆錢之後，就再也沒有向別人借過一分錢了。在興建高達 60 層的伍爾沃斯大樓時，他沒有借過一分錢，因為不想讓別人催促還貸款，讓自己感到丟臉。在早年經營時，若他向別人借錢的話，可能會更快地拓展業務。但他寧願腳踏實地，穩步前進，而不願冒進魯莽地向別人借錢。

伍爾沃斯與福特都預見到，向大眾提供有價值又價格低廉的商品，其前景十分廣闊，他們都清楚地知道，通往百萬富翁的道路，是由系統的規劃與吸引大量的顧客鋪成的。在開始創業之時，他們都遇到讓人心碎的障礙，都受到缺乏資金的困擾；他們都展現了非凡的決心、耐心與堅韌；他們都不願意讓自己或是自己的企業，任由銀行家與金融界擺布。他們都在自己的行業裡取得了無與倫比的成就；他們都還有尚未達成的遠大目標；他們對未來前景的想像不受束縛。在美國，他們成為各自領域最著名的人；他們都在拓展國外的市場，作為覆蓋全球市場的第一步；他們都是從貧窮的農場躍升為百萬富翁。

他們唯一的不同點是，福特是位製造商，伍爾沃斯則不是——「我們不會製造任何東西，也沒有這個打算。」伍爾沃斯說。

伍爾沃斯是如何取得成功的呢？

這是伍爾沃斯先生第一次願意接受採訪，詳細地闡述早年的奮鬥史。他並不喜歡談論自己，但最後被說服了，願意談論艱辛的奮鬥史，這是因為他希望自己的經歷能夠激勵與鼓舞年輕人，讓他們勇於面對人生的困難挫折。在一開始講述的時候，伍爾沃斯先生就以最坦誠的態度開誠布公。

他以自然、不加修飾的言辭，娓娓道來自己的尷尬與初次失敗，沒有絲毫的掩飾。他沒有將自己說成是英雄，也沒有自詡為「殉道者」，只是將經歷說出來而已。他的自傳是典型的美國式歷程。

以下是伍爾沃斯先生講述的奮鬥經歷、其雄心壯志、失敗以及最終取得成功的歷程，下面是沒有修改過的訪談文稿。

「我沒有出生在富有的家庭，因此，我也不需要克服金錢給年輕人帶來不思上進的影響。我生來有一副好身體，因為從西元1450年之後，我的祖先世代都是自耕農，這是系譜學家後來告訴我的。我出生在紐約以北的羅德曼地區的一座農場。在我7歲的時候，我們搬到了紐約的大本德這個地方。」

「當時，我們的生活真的非常貧窮——貧窮到在氣候嚴寒的時候，我都不知道穿上大外套是什麼滋味。我從來都不知道怎樣溜冰，因為我從來沒有錢去買溜冰鞋。一雙牛皮做成的長筒靴穿了一年，或者說是半年，因為在另外6個月裡，我都是赤腳的。我的父母與祖先都是虔誠的遁道宗信徒，至於從何時開始信奉，我不得而知。我從小就在嚴格的教義下成長——認為跳舞是一種罪惡。」

「冬天，我在學校上課；夏天，我在田地裡工作。在農場裡，沒有哪些農活是我沒有做過的。通常，我在乾草場上汗流浹背地勞動，我能夠聽到附近的孩子在玩壘球。我唯一有機會玩球的時候，是在冬季學校的休息期間。一個男孩在農場上成長其實更有優勢，這不僅在於農活鍛鍊了體質，更在於在農場生活，你缺少對外界的了解，這並不像城市的孩子，他們的見識太多，通常不加分辨地接受許多壞的事物。」

「16歲時，從公立中學畢業後，我在水城的一間商校學習了兩個冬季學期。我的夢想是成為一名鐵路工程師或是一位商人——坐在櫃檯後面。我與弟弟經常坐在那張老舊的晚餐桌，將桌子背靠著牆壁，在房子裡

四處找可以放上去的東西，然後就玩開商店的遊戲。那時，我是多麼羨慕那些可以坐在農村商店櫃檯後面的年輕人。我對農場沒有半點興趣——對農活感興趣的人——一般來說，都是城裡人，而他們在這方面卻相當糟糕。」

「在我上完了商業課程之後，就想辦法在商店工作，我把一頭母驢賣給一位木材切削工人，然後前往7里之外的迦太基地區，到處去詢問商店，尋找工作。沒人想要我，他們中的一些人甚至不想與我說話。但這只會更加堅定我在商店工作的決心。」

「大本德火車站站長在貨棚的一角，經營著一間規模很小的零售店，我決定為他工作，獲得銷售商品、車票與做報告的相關經驗，還有其他簡單的一些工作。我成為車站站長助理——沒有薪水。這是我離成為鐵路工程師這理想最近的一次。」

「你知道，當時我是在沒有薪水的情況下自願去工作的，因為我想獲得經驗，去學習知識。現在的年輕人並不願意這樣做——他們想在一開始就在薪水最高的位置工作，這是一種極為短視的行為。」

「雖然我們在貨棚的零售店，其銷售額每天只有區區的2美元，這份工作卻有一個好處：我不僅能夠認識車站的人，還能見到在車站的人流沿著這條線上上下下，這條鐵路線不足50英里，現在卻成為紐約中央系統的一部分。在步入社會的時候，盡可能多認識熟人與朋友，這是很重要的，我們還要讓別人知道自己的能力。」

「在這時，我一直想在一間普通的商店裡工作。我弟弟當時能夠在農場上工作了。所以，我可以離開農場，自己到外謀生。我的叔叔願意每個月付給我18美元，讓我幫他在農場工作，這還包括食宿的費用。儘管，這對當時我的來說是一筆不少的錢，而且我一時也沒有什麼事情好做。不過我還是決定盡最大的努力成為一名銷售員，無論薪資有多低，只要能吃

飽就行。在這時，我已經差不多 21 歲了。所以，我在商界起步的時間是相當晚的。」

「當時，丹尼爾・麥克尼爾在大本德經營著一間鄉間商店，他知道我急切地想要在商店裡工作。他讓我為他工作，伙食與他們一樣，但是沒有薪資。他說一定會盡力幫我在沃特敦或迦太基地區找份工作，因為那裡的前景比較好。我永遠也忘不了他的善良與幫助。有些人在成功之後，就忘記了那些幫助過他們的人，我絕對不是這樣的人。我清楚地記得在那些艱難歲月裡，鼓勵過我或是幫助過我的每個人。」

「每天，麥克尼爾都會去城鎮，到了晚上，我就去找他詢問有什麼新聞。一天，他說有個人在沃特敦開了一間服飾店，這個人想見一下我，並想問我是否喜歡這份工作。我說：『很好啊！』其實我心裡一點都不想在服飾商店裡工作。但在當時的情況下，我急於抓住任何一個機會。那是一間不錯的商店，不過在沃特敦最好的是奧格斯堡 —— 莫爾的乾貨店。麥克尼爾說要我等幾天，讓他看看是否能讓我進去那裡工作。我跟他說，這就是我的最高理想 —— 進入一間乾貨店裡工作。」

「我迫不及待地盼望著麥克尼爾先生從沃特敦歸來。當他告訴我奧格斯堡先生願意見我一面時，我真的是感到喜出望外。第二天，你們肯定都知道我來到了沃特敦，這時候已是西元 1873 年 3 月中旬了。」

「當我走進商店時，他們說奧格斯堡先生正抱恙休養在家。我問出地址後，就去拜訪他了。奧格斯堡先生見到我時，這樣跟我問好：『你好，年輕人。你想要什麼？一份工作？』當時，我是一個瘦弱單薄的青年，留著金髮，穿著農民式的衣服。他接著問以下的問題：『你喝酒嗎？』、『你抽菸嗎？』、『會做壞事嗎？』。我告訴他自己每週六都要去教堂禮拜，也沒有與那些做壞事的人混在一起。麥克尼爾先生說：『你缺乏經驗，也太稚嫩了。』這句話讓我內心一沉。他接著說，下午他會去商店，到時我可

以去見一下莫爾先生。事後證明，莫爾先生的話讓我十分沮喪。」

最後，他們兩人輪流問了一些問題。當時我就想，自己可能是從農場走出的、最沒經驗的人了。對於我沒有絲毫銷售能力的看法，他們完全沒有掩飾。莫爾先生的話讓我徹底絕望，他說：『若是在商店裡有什麼卑微的工作，你都必須做，像是送包裹、洗窗戶，早起掃地板以及做各種清潔工作，還有各種髒活你都要做。在我們最終信任你可以接待顧客之前，你必須要做好這些事情。這可能是你人生中最艱苦的一份工作。』

「『我想我能做好，』我回答道。『你們打算給我多少薪水？』

「『你不會還想要薪水吧？』莫爾先生帶點反問的語氣對我說。

「『若是沒有薪水的話，我不知道怎樣存活啊！』我爭辯說。

「『這個我們倒不關心。』他馬上回答道。『你應該在沒有薪水的情況下，工作一整年作為學費。當你上學的時候，還要交學費呢！我們可沒有讓你交學費啊！』

「你們可以想像一下當時我所面臨的困境：自己的夢想就在眼前，彷彿觸手可及，但是卻突然遭到當頭一棒。當時我就是處於這種情形，我既想做任何事情，卻沒有薪資拿。正當他想要拒絕我的時候，我說了一句：『請等一下。沒有薪水的這段時間要持續多久？』

「『至少 6 個月。』他說。

「我叫他等一下，直到我弄清楚自己可以帶上多少東西。在一個小時後，我又來到莫爾先生身邊，跟他說我在另一個地方工作可以拿到 3.5 美元的週薪，在 10 年裡，我就可以累積下 50 美元 —— 這些錢都是很零碎的。我說自己願意在沒有薪水的情況下工作前 3 個月，前提是在後 3 個月裡，他們要付給我 3.5 美元的薪水。他們說這些要求是沒有道理的，要我為自己的學習『交學費』。

「我不斷堅持,最後他們竟然退讓了,說:『讓我們看看你是否有能力做好這份工作。』他們讓我在下個星期一早上上班。我向他們解釋說,自己在那天不能早點到,因為我必須與父親一道前來,他帶著一大包的馬鈴薯,就是為了節省 33 美分的鐵路車票。

「離開自己的父母,獨自闖蕩世界,獨自面對這個充滿不確定因素的世界,這是我一生中最感到悲傷的經歷。這時是西元 1873 年 3 月 24 日,天氣寒冷,朔風凜凜,地面上結了 3 英尺厚的雪。當雪橇拖著我們前進時,我看著母親佇立在門前著,直到消失在我的視線裡。

「在經過一番努力後,我們終於穿越茫茫大雪,將這一大袋的馬鈴薯帶走。當我們到達沃特敦時,已經是上午 10 點半了。我把一包衣服放在寄宿的地方 —— 在那個年代,根本沒什麼大禮服之類的東西 —— 然後,我就去報到了。我馬上就見到了奧格斯堡先生。『年輕人,你的鄰居都沒有穿有衣領的衣服嗎?』他這樣問我。『沒有。』我回答道。『也沒有人打領帶嗎?』我再次回答:『沒有。』『你的這件法蘭絨襯衫,就是你最好的衣服嗎?』他接著問道。『是的,先生。』我說。『嗯,那你最好現在到外面找一件白色的襯衫與有衣領的衣服及一條領帶,接著你就來上班吧!』

「我將自己重新整理了一下,再回到商店的時候,奧格斯堡先生已經去吃午餐了。沒人能告訴我該怎麼做。我只是在那裡閒著,覺得自己像個傻瓜一樣,等著要做一些事情。一些職員盯著我,不時發出嘲笑的聲音 —— 在他們看來,我就是一個來自農村的傻瓜,只有法蘭絨的襯衫可穿,沒有衣領與領帶。至少,這是我想像他們當時的想法 —— 後來,他們告訴我,他們真的是這樣看我的。

「當大多數的職員去吃我們今天稱之為『午飯』的時候,一位老農民走上來,對我說:『年輕人,我想要一筒線。』我根本不知道線放在哪裡,於是,我就去找莫爾先生,那時他正在桌子上忙著其他工作。『就在你鼻子

的下方，年輕人。』他回答時，連筆都沒有停，眼睛也沒有抬一下。我從自己前面的一個抽屜裡找到許多筒線。『我想要40碼的線。』農民說。此時，我才知道原來線也是有碼數的。我在抽屜裡到處亂翻，都無法找到40碼的線。於是，我又去找莫爾先生。『在你前面抽屜的右邊。』莫爾先生的語氣有點尖銳。『我找不到。』我不得不這樣回答。『果然不出我所料。』他在離開桌子時暴躁地說，然後就給我看那些正確碼數的線。之後，他又回到自己的桌子上。

「『這些線多少錢？』農民問道。糟了，這還得去問莫爾先生。線的價格是8美分，這位農民拿出一張10美分的紙幣。『莫爾先生，我到哪找零錢呢？』我這樣問。『來到桌子面前，寫張票據。』莫爾先生命令我。我拿起一張空白的票據，試著看看自己是否能做得了，但當時的我實在是太笨了。『莫爾先生，我想我不會。』我坦白承認。『把票據給我，我示範給你看。』他說。然後我問道：『我要去哪裡拿零錢呢？』『在那裡就有現金，難道你沒有看見嗎？』莫爾先生不耐煩地回答。

「不久後，這位農民離開了，接著另一位農民來問道：『我想要一雙露指手套。』『莫爾先生，我們的露指手套放在哪裡？』『就掛在你鼻子下面的右邊。』手套就在那裡，我竟然會看不到它們。這位農民試戴了好一會，終於決定挑選一雙過時的家用羊毛手套。『多少錢？』他問道。我告訴他自己要去問一下莫爾先生才知道。『這些手套多少錢？』此時的莫爾先生可能對我的打擾已是忍無可忍了，極為不耐煩地說：『你沒眼睛嗎？沒看到那裡有個標籤嗎？沒看到標籤上面有價格嗎？』這雙手套的價格是25美分，農民在付錢的時候，拿出了1美元的鈔票。

「這一次，我知道如何寫票據，到哪裡去找零錢了，所以，我就在沒有打擾莫爾先生的情況下，順利地完成這次交易。我也學會在貨品的位置找價格標籤，然後專心地仔細地觀察。

「隨著時間的推移，我沒有從任何人口中獲得一句安慰或是鼓勵的話語。我不知道別人對我的工作是否感到滿意。為了弄清楚這一點，我找到了店主，告訴他自己可能真的不適合賣東西。我這樣說並不是真的想離開，而是想獲得別人的一點鼓勵而已。可是店主卻回答說：『若你不認為自己能在這一行業取得成功，那你最好還是儘早放棄。』我肯定是不會放棄的。雖然其他職員總是不停地嘲笑我的無知，還總是不讓我站在櫃檯後面，我只能在晚飯時候，才能站一下櫃檯。但我一直堅持著。只有一個年輕人對我很好，他就是巴雷特，後來成為一名富有的商人。我們是很要好的朋友，直到他前幾年去世。

「我心意已決，一定要堅持下來，便試著分析自己的強項。我的結論是，自己是一名糟糕的銷售員，可是我會裝飾商店、陳列商品以及將窗簾掛好。我發現莫爾先生有句話說得很對，那就是在第一年裡，自己可能有什麼作為。我無法像優秀的銷售員那樣招攬顧客與銷售產品。不過當一切走上正軌的時候，我發現顧客自然就找上門了。

「在兩年半之後，這家商店的名稱改為莫爾——史密斯商店。此時，我的週薪只有 6 美元。當我聽到另外一家商店要招收員工時，立刻前去應徵。在看見商店裡面的東西被亂七八糟地擺放時，我決定要一個高一點的薪水，希望對方會拒絕我。我要求週薪 10 美元的薪資，出意料之外的是，這位名叫布希內爾的店主居然同意了。他說：『好吧！那你什麼時候過來上班？』我接受了這份工作，擁有這份不錯的薪水後，我覺得自己有本錢可以結婚了。

「但是，我發現這家商店與之前工作的那家完全不一樣，工作十分乏味。我嘗試著將商店弄得整潔點，讓它在顧客眼中更有吸引力。同時，我還拉好了窗簾。有一次，當我花許多時間弄好窗戶的裝飾之後，布希內爾先生沒有讚揚我，反而訓斥說：『把這些東西都拿掉，我們不需要裝飾窗

戶。』我被要求只需要負責銷售商品，而這正是我的弱項所在。

「在那裡工作了幾個月之後，一天，他在地下室找到我——我必須在地下室裡與另外一個年輕人睡在一起。這個名輕人腰上掛著一把左輪手槍，防止有盜賊上門光顧。布希內爾先生不留情面地對我說，商店裡有不少年紀比我還小的少年，他們的銷售業績比我還好，而他們的週薪只有6美元。我說如果讓商店裝飾得更有魅力一點，是否會更好一點呢？並表示自己可以做這方面的工作。他回答說：『我只想你好好賣東西。』

「之後，他將我的週薪減至8美元。

「這對我是一個巨大的打擊。我覺得自己面對著一個冷漠的、沒有溫情的世界。之前，我認為莫爾——史密斯商店對我很嚴苛，但比起布希內爾來說，他們簡直就是天使。我感到極為沮喪，也曾一度要放棄。我寫了一封信寄給母親，信中充斥著自憐的話語。母親回了一封世界上充滿著最多愛意的信給我。在信中，她給我許多鼓勵，最後在信的結語時，她寫道：終有一天，我的兒子，你將成為一個富有的人。

「儘管我覺得，當時她對我所做的一切根本不抱任何希望，可是她對我的信念讓我的心頭為之一振。我一直在與這種低落沮喪的情緒鬥爭，直到自己差點因病死去。當神經衰弱襲來的時候，我瀕臨死亡的邊緣。在接下來的一年裡，我無法從事任何工作。在這段身體健康極為糟糕的日子裡，我終於確信了自己真的不適合從事買賣這一行。

「在我身體逐漸康復的時候，有一個人急於想要出售他的4英畝農田，他的要價是900美元。我當時沒有那麼多錢，只能借到600美元，然後再寫了一張300美元的欠條。我與妻子開始養雞、種馬鈴薯以及種植一切可以賣到錢的作物。在努力經營了4個月之後，我接到莫爾——史密斯商店的電話，他們說要找我。他們毫不猶豫地提供週薪10美元的待遇給我。他們想讓我重返那裡，助他們一臂之力。

弗蘭克・W・伍爾沃斯

「這是對我之前努力工作的第一次正面肯定,這重燃了我的信心。我覺得自己的努力開始收穫果實了。我想,自己可以回歸有賴於之前永不放棄的決心。我的妻子暫時留在農場裡,她每隔兩個星期就來看望我,這種情況持續到我們租到房子。之後,我們在沃特敦買下一幢有3個房間的房子。

「在第一年的年末,除了借給生活艱苦的父親20美元,看醫生的費用,以及我們第一個孩子出生所需要的所有費用之外,我們累積了50美元。當時,我們的生活可以稱得上是省吃儉用——沒有一件奢侈品,沒有娛樂活動,沒有去看任何演出,沒有假期。我從早上7點就在商店工作,直到晚上10點鐘才下班。從西元1877年之後,我一直在這家商店工作,直到西元1879年2月,我在紐約的尤蒂卡開了屬於自己的第一間五美分商店。

「接下來的故事,你們都很清楚了。」

伍爾沃斯的第一間商店開張之後,並沒有取得預想的銷量。他是如何沉著應對這些挫折的經歷,是值得大書特書的。

西元1878年,一位從西部過來的旅行者告訴莫爾與史密斯,「5美分商品」在那裡極為暢銷。他建議這家商店從積壓的存貨裡,盡可能找出價格低廉的商品,讓這些商品與一些特殊用途的商品混在一起銷售,做一個展示會,讓顧客知道所有商品的價格都只有5美分。於是,莫爾前往紐約,買了差不多100美元的5美分商品。等到集市的那一天,他們公布了這一獨特的銷售方式——伍爾沃斯現在都還留有那次銷售傳單的複製版。諸如縫紉機臺板、其他的檯子與櫃檯,都堆滿這些5美分商品,其數量之多在沃特敦是史無前例的。幾個小時內,這些貨物被搶購一空。接下來的週六,他們繼續複製這一行為,這樣5美分商品的熱潮迅速席捲沃特敦以及周邊城鎮。許多人都認為這是通往財富的快捷之道。

在這時,莫爾先生已經十分看重伍爾沃斯了。他要求職員們去尋找來

開「5 美分」商店的適合地點。當伍爾沃斯說自己沒有足夠的資金時，莫爾先生同意借給他價值 300 美元的商品。第一間伍爾沃斯的 5 美分商店裡，5 美分商品的總額是 321 美元——10 美分的商品之後也在商店裡銷售。

然而，商店的經營失敗了。這種熱潮在過分狂熱之後，開始逐漸消退。他帶著痛苦的經驗從尤蒂卡回來了。伍爾沃斯覺得，自己現在只能在莫爾——史密斯商店裡重新開始工作。就在這時，莫爾先生再次給予他支持。這次商店的選址是在賓夕法尼亞州的蘭卡斯特，這個選址是由伍爾沃斯選擇的。商店一開門營業，就取得了成功。

不久，在全國各地冒出來的 5 美分商店，都相繼經營失敗。此時，伍爾沃斯是唯一一位還在這一領域存活的人。正是憑著他的勇氣、毅力與高瞻遠矚，這家商店堅持了下來。正是他身上散發的這種堅韌不拔的信念，讓他當年在貨棚裡可以免費地為別人工作；正是這種信念，讓他可以在沃特敦為別人工作 3 個月，卻沒有領半毛錢；正是這種信念，讓他在早年不斷失敗的陰影下，一次次勇闖商界；這種信念激勵著他不能在失敗面前低頭，儘管別人都已被失敗征服了。

在蘭卡斯特那間商店開業不久後，西元 1879 年 6 月，他在賓夕法尼亞州的哈里斯堡又開了一間商店，讓他的弟弟 C·S·伍爾沃斯擔任經理。這一冒險舉動沒有取得成功，最後以關門大吉收場。可是伍爾沃斯現在比以往任何時候都更為自信，他發現了一生所鍾愛的事業，同時覺得母親的預言很有可能成為現實。

「在西元 1880 年中期，那時我已經相當富有了。於是，我決定享受第一次假期。」伍爾沃斯深情地回憶說。「那時，我有 2,000 美元的財產，這筆錢看上去比現在的 2,000 萬美元更多。事實上，我覺得當時的自己比現在更加富有，因為我意識到成功的喜悅與滿足。我回到了沃特敦，受到當地人們英雄般的歡迎。」

在回到蘭卡斯特之後，他覺得必須為弟弟另找一個職位。於是，他把弟弟安排到位於賓夕法尼亞州的斯克蘭頓市，在一間銷售5美分與10美分商品的商店裡工作。現在，他那位已經是百萬富翁的弟弟仍在那裡工作。過了一段時間，伍爾沃斯的雄心壯志讓他決定把業務拓展到費城。不過，在那裡開業3個月後，商店虧損了380美元，導致他不得不撤出這一地區。

此時，伍爾沃斯開的5間商店裡，有3間以失敗告終。這一經歷足以讓許多滿懷熱情的人感到心灰意冷。但伍爾沃斯豈是等閒之輩？當他的表弟西蒙·H·諾克斯在西元1882年找上他，說要進入商界。伍爾沃斯決定與他進行對等的合夥，在賓夕法尼亞州的雷丁開商店。這間商店現在還在原來的位置，仍在經營著。諾克斯在兩年前去世，死前他已是一位百萬富翁。伍爾沃斯再次進入哈里斯堡，與那裡的商店競爭。他與另一個人同樣是以合夥的方式開店，這間商店現在依然是生意很好。在紐澤西州特倫頓地區的商店，同樣是以這樣的方式開張營業的。透過與商業夥伴合夥的方式，伍爾沃斯發現自己可以適當地依靠生意夥伴。正是靠著這一方法，他開了一間又一間商店。

儘管在費城有一定的經驗，可是伍爾沃斯對於如何解決在大城市的運作問題，仍然感到不安。他在紐瓦克開了一間規模較大的商店，在經過6個月不成功的經營之後，又以關門告終。紐約的埃爾邁拉地區，也同樣不給5美分與10美分商店「熱身」的機會。

伍爾沃斯嘗試開25美分商店的努力，最終也以失敗告終，剛開始是雷丁地區，接著是蘭卡斯特無情地「拒絕」這種創新。於是，他決定還是堅持5美分與10美分商品的經營。在這時，他已經習慣了逆境與挫折。就像歐洲大陸上的將領一樣，他總是在想著不斷拓展自己的業務。當某一點的阻力大時，他就會從容地繞過，從而攻擊那些阻力稍小的方向。

西元 1886 年，伍爾沃斯沒有在紐約開商店，而是在錢伯斯大街的 104 號租下一間很小的辦公室，租金是每月 25 美元。他在這裡夜以繼日地工作，既要管理好帳本，又要為自己所有的商店進貨而忙碌，還要在全國各地到處奔波，考察最適宜的開店地址，親自將每封來信都回了一遍。在第一次大病之後，他的身體就沒有完全地康復過。而現在，他一人在紐約的辦公室裡孜孜不倦地工作，體重降到了 135 磅，儘管他看上去仍然比一般身高的人健碩。在為成功奮力打拚之際，他得了傷寒症。在 8 個星期裡，都無法從事工作。

　　「這次經歷教會了我一個道理，」伍爾沃斯說。「在這之前，我總是認為自己應該事必躬親。即便我還是喜歡記帳，但經過努力，我終於放下自己的自大——拋棄了以往認為自己在進貨、展示商品、經營商店或是其他事情上，都做得比同事好的這些想法。這是我真正成功的開始，這讓我可以大展拳腳地拓展事業。

　　「之後，我的精力就集中於一些重要的事情上——諸如企業的前景、發展規劃、指示下屬、將權力與責任下放、樂於監管企業一般事務。許許多多的商人都沒有克服心中的自大情結，他們什麼事情都要自己來，結果只能在為一間小店疲於奔命。

　　「做生意就像一顆雪球：剛開始的時候，一個人能夠輕易地將其推動。若是不斷向前推，雪球就會越滾越大——要是你不繼續滾它，它將很快地融化。任何商業都不能長時間地停滯不前。若是任其發展，其趨勢必然是難以控制。

　　「在西元 1879～1889 年這 10 年裡，我只開了 12 間商店，後來我發現商店的數量越多，就可以給予顧客越多的優惠。我不會借貸去拓展業務，這種觀念讓我能夠腳踏實地，不會妄想一步登天。西元 1895 年，我們在布魯克林開了第一間大型商店，商店從一開業就獲得豐厚的利潤。然

後，我們就到華盛頓、費城、波士頓這些城市開店。

「西元 1896 年 10 月，在波士頓開店一個星期之後，我們就在紐約開店。一些夥伴認為我冒這麼大的風險實在太過瘋狂，我卻不這樣認為。西元 1904 年，我們的業務拓展到了西部地區，以芝加哥為該地區的總部。西元 1905 年，我們將這些店合併為一家私人企業，其價值已達 1,000 萬美元。西元 1912 年，當商店數目增至 300 間左右時，我們與西摩・H・諾克斯公司、F・M・卡比公司、E・P・查爾頓公司、C・S・伍爾沃斯公司與 W・H・莫爾公司合併，這樣，我們的商店總數達到了 600 家。」

伍爾沃斯的一大特點是強烈的感恩之心。對於那些在他艱難日子裡幫助過自己的人，他都心存感激。他的第一位雇主 W・H・莫爾先生，現在是這家市值 6,500 萬美元公司的名譽副董事長。在伍爾沃斯事業起步的階段，莫爾與史密斯曾經給予他極大的幫助，他與他們兩人一直是最好的朋友。

西元 1909 年，伍爾沃斯研究在歐洲開店的可行性。他花了整個夏天的時間，在英國的主要城市籌設開店的事宜。因為伍爾沃斯將全世界都看成是他可以開拓的市場，因此在未來的日子裡，伍爾沃斯的海外業務將可能獲得更大的發展。

以下這些數據顯示出伍爾沃斯公司發的成績：

年分	商店數目	年度銷售額
西元 1912 年 12 月 31 日	611 間	60,557,767 美元
西元 1913 年 12 月 31 日	684 間	66,228,072 美元
西元 1914 年 12 月 31 日	737 間	9,619,669 美元
西元 1915 年 12 月 31 日	805 間	75,995,774 美元
西元 1916 年 12 月 31 日	920 間	87,089,270 美元

在不起眼的 5 分與 10 分硬幣前，大家是否想過自己可以累積出這麼龐大的數目呢？

「為什麼你要斥巨資興建世界上最高的大樓呢？」我問道。

「有幾個原因。你知道小孩子的課本上有講到，世界上最高的建築嗎？」伍爾沃斯在回答時露出了得意的笑容。「最近我的祕書收到一張從太平洋沿岸寄來的明信片，那張卡片上的地址寫著：寄往世界上最高的建築物。一封從德國寄過來的信上面什麼都沒寫，只是寫著機構的名字與『伍爾沃斯大樓』，上面沒有提到哪個城市或是國家。我曾注意到在歐洲發行的一份商業報紙上，伍爾沃斯大樓成為美國的象徵，上面甚至沒有標出這幢大樓的名字。也許，我的想法（指興建世界第一高樓）並不像許多人想的那麼愚蠢。」

伍爾沃斯興建世界上最高建築物的念頭、讓自己的商店遍布全世界的雄心壯志，以及在戰勝一切艱難險阻之後，取得最終勝利的動力，這部分原因可以說是受到「那位科西嘉小矮人」的無盡激勵。伍爾沃斯的私人辦公室精心複製了拿破崙的「帝國室」，裡面陳設著著名的大鐘與許多獨一無二的物品，裝飾著他的辦公室。整間辦公室輝煌宏偉的布局，讓地面上的東西黯然失色。在紐約第五大道宮殿式的住所裡，他擺設了世界上最精妙的音樂演奏器具。在設備齊全的音樂室裡，他與自己的朋友陶醉在美妙的音樂裡。

他完全實現了母親的預言：「終有一天，我的兒子，你將成為一個富有的人。」為了紀念自己的父母，伍爾沃斯在紐約的大本德，興建並捐贈了一座聖公會教堂。

西元1877年，伍爾沃斯與來自紐約沃特敦的珍妮‧克萊頓小姐結婚。他們有3個女兒，分別是查爾斯‧E‧F‧麥卡恩，已故的富蘭克林‧L‧赫頓，以及詹姆斯‧P‧多納休。

弗蘭克‧W‧伍爾沃斯的人生傳奇是美國的驕傲！

弗蘭克・W・伍爾沃斯

約翰·D·阿奇博爾德

　　約翰·D·阿奇博爾德（John Dustin Archbold），打雜出身的石油公司董事長，全美石油領域中，他旗下的石油公司最早引進了精煉油工藝。

JOHN D. ARCHBOLD

約翰·D·阿奇博爾德

約翰·D·阿奇博爾德在西元1916年12月5日去世，這篇文章初稿是在他去世前不久寫的。

一位來自俄亥俄州的12歲孩子，渴求知識，但家境貧窮。於是，他自願到當地的學校幫忙生火與做其他的瑣碎工作。他只有一個要求，那就是校長要在晚上教他學習拉丁文。此時，他的父親已經去世了，母親需要別人的幫助。在學校幫忙生火與在晚上學習了一年之後，他就去村裡的一間商店工作。

一名16歲的少年，滿懷理想與衝勁，無所畏懼，獨身闖蕩賓夕法尼亞州，加入了那時石油開發的熱潮裡。他來到泰特斯維爾這一熱潮的中心。在這裡，他舉目無親，沒有一個朋友，口袋也只裝著幾美元。他馬上開始尋找工作。那時，他還是一名少年、從學校輟學的學生，但他成功地在一家石油公司裡找到一份職員的工作。

每天從上午的11點到下午的1點，在紐約最著名的一幢大樓裡的一張巨大桌子上，一群董事會成員的活動及利益討論的重要性，超過了世界上其他的董事會。這些商人們的工作覆蓋著世界上所有具有文明的國度，以及那些還沒開化的地方。他們的組織是世界上的工業與商界的一大奇蹟。

在那個經營規模偏小的年代裡，這個組織已經是一個規模龐大的企業；在俾斯麥將德國鍛造成偉大與高效運作的國家之前，他們已將這種高效的商業行為付諸實踐了；當其他人熱心於本地與國內的市場時，他們開始拓展到國內外的市場；當別人對利潤低廉與繁瑣的商業行為沾沾自喜的時候，他們已成立以科學方法為指導的龐大企業。

這間企業製造陸地與海上的交通工具——時至今日，他們的一個分公司就擁有美國數量最多的蒸汽汽船，還有很多在建造中。有超過50艘的汽船正與世界上七大重要港口有著生意來往。他們銷售給外國的金額，

為美國帶來了數十億美元的外匯，同時也為美國的工人、家庭與企業提供巨大的經濟來源。每年，這家企業要向其股東發放數百萬的紅利。在打破地方間不同的商業法律之前，他們通常發放的比例是 40%。現在，母公司及其子公司的市值超過 20 億美元。

在決定這家龐大企業命運的巨大圓桌的前排，坐的是那位來自俄亥俄州的少年，那位當年為了學習拉丁文，自願為學校生火與做雜務的少年，那位在 16 歲就獨自勇闖世界的少年。

這位少年就是約翰‧D‧阿奇博爾德，紐澤西州標準石油公司的董事長。

「當你初涉石油行業時，是否想過自己有一天會做到現在的位置？你從一開始就有這麼遠大的理想嗎？」我問阿奇博爾德。

「我一直都心懷大志，」他回答說。「就我個人而言，我是為生活所迫。我的父親是衛理公會的牧師。在我 11 歲的時候，他去世了。你也知道一位牧師的家庭，其經濟狀況是多麼不容樂觀。我的大哥也是一位牧師與老師，他已有了自己的家庭，所以他無法幫上什麼忙。我的二哥在內戰時參軍了。所以，我就想著要為母親分擔一下家庭的經濟壓力。」

這位當年靠生火獲得學習機會的少年，很小時就清楚地知道自己適合做什麼。

西元 1848 年 7 月 26 日，阿奇博爾德出生在俄亥俄州的利斯堡，他的祖父威廉‧達納上校曾坐著長形布篷馬車，從麻薩諸塞州遷移到這裡。在 18 世紀末期，俄亥俄州還沒有鐵路，也沒有什麼製造商，城鎮也沒有幾個。當時只有那些勇敢的探險者，才會抵達這西部地區。阿奇博爾德的父親伊斯雷爾‧阿奇博爾德出生於維吉尼亞州，因此他的兒子繼承了傳統南方家庭的禮貌、說話柔和以及富於魅力的特質。

阿奇博爾德的第一份工作，是在離利斯堡不遠的塞勒姆村裡的一間商店做雜務。儘管按照當時的慣例，他是要工作整天的，他卻仍然想辦法讓

自己的學業能夠跟得上。他的眼光在那時就已越出了這個狹小村子的束縛，不斷地提高自己的素養。他的老師在晚上的私人輔導時，讓他明白了接受教育才是應對人生挑戰的重要武器。老師也不遺餘力地教導這位聰明與堅韌的孩子。

他如飢似渴地讀著不容易得來的幾張報紙，關於在賓夕法尼亞州最近開發的石油，讓許多人一夜致富的消息激盪著他的想像，吸引著他的壯志。當時全國的原油產量從西元1859年不足2,000桶飆升到西元1864年的220萬桶，而且每桶的價格也在12美元之上，原油經過精煉之後，在紐約的售價為每加侖65美分（若是以批發的價格來算，現在每加侖的油價為5美分）。

雖然，商店雜務人員的週薪，已從原來的1.5美元上升不少，在接下來的兩～三年裡，阿奇博爾德的週薪升至5美元，但他還是得省吃儉用，除了金援這個家庭之外，在16歲之前他依然省下了100美元。

然後，他就獨自勇闖威廉·賓筆下的「理想的黃金國度」了。

對於一個只有16歲的少年來說，特別是對體格一般的少年來說，這是非常冒險的行為。不過年輕的阿奇博爾德有著異乎常人的稟賦、無限的自信，以及無盡的勇氣，根本沒有恐懼與疑問滋生的空間。他當時異常興奮，整個人都為之沸騰。當年那種激勵他祖父進入荒涼遼闊的俄亥俄州的勇氣，遺傳到了這位孫子身上。在他身上還有一種優秀品格的種子在生長：那就是他對新形勢迅速的掌握能力，然後順應時勢。

由於石油帶來的繁榮，泰特斯維爾成為賓夕法尼亞州的一座大城市。阿奇博爾德在西元1864年6月到達泰特斯維爾，他準備著應對與石油行業相關的一切難題。

他成功地在當時規模最大與最負盛名的威廉·H·艾伯特石油公司找到一份普通的職員工作。

3年之後，還未到19歲之前，他就成為這家公司的高級合夥人。

原因何在？他沒有什麼「貴人」幫助，在來到這裡的時候，朋友都沒一個；也沒有什麼錢，因為他的100美元用於幫母親在塞勒姆地區買了房子，以及資助妹妹上大學用了。他的年紀也沒多大，因為他看起來還沒有19歲呢！

阿奇博爾德在石油行業的影響力，可以堪比鋼鐵領域的查爾斯·邁克爾·施瓦布、鐵路業的詹姆斯·J·希爾、黃銅行業的查爾斯·F·布魯克、銀行業的弗蘭克·A·范德利普、電話行業的狄奧多·牛頓·魏爾、電力行業的湯瑪斯·阿爾瓦·愛迪生。他的成就可以與那些極為成功的人物相媲美。他們這些人都是放下自己的自大，步入人生的競技場，日夜不倦地努力工作，研究自己所屬的領域，然後精通這一領域，直到完全領悟理論與實踐的關係，對這一行業的所有方面都熟稔於心為止。只有這樣，他們才能不斷地提升工作的方法，創造更多的機會。

當時阿奇博爾德身為辦公室助理，並沒有滿足於可以整天坐在辦公室，做些數據方面的工作，不需讓衣領與領帶弄髒。他艱難地走在滲油的油田，穿過深到大腿的淤泥。他在現場學習如何打油井、如何鑽原油、如何將石油精煉等技術。他還特意學習了原油的交通運輸問題。那時還沒有油管，打出的石油只能用桶裝來運輸，搬上火車然後再用汽船運送到紐約這些大城市及其他地方。年輕的阿奇博爾德還進一步學習，如何分析石油的一系列「指標」，並且成為這一重要領域的專家。他甚至迅速地學會了銷售方面的知識。

威廉·H·艾伯特知道這個年輕人的所有行動，因此，他讓這名年輕人19歲的時候成為高級合夥人。

一年後，公司的另一位高級合夥人H·B·波特，對位於泰特斯維爾的精煉廠產生了極大的興趣，公司的業務不斷拓展，因此決定在紐約設立

一個辦事機構。

雖然那時只有 20 歲，阿奇博爾德還是被委以這個重要的任務。在繁華的大都市設立辦事處，他不僅要處理公司的石油業務，還要處理其他公司的一些產品業務。他在這裡建立起廣泛的商業人際網。

在那個油價大起大落的年代，行銷石油可不是一件兒戲。有十多個城市都建立了石油交易所，在紐約與其他地方的石油執照，讓股票的投機行為黯然失色。當時的油價極不穩定。在歐洲市場劇烈震盪的時候，「戰爭儲備」並沒有讓證券交易所有同樣劇烈的波動。例如，在西元 1864 年，月平均油價從每桶 4 美元升至超過 12 美元，在西元 1868 年從 1.95 美元升至 5 美元，在西元 1870 年從 3 美元升至 4.5 美元。這時，阿奇博爾德在紐約才剛開始從事商業工作。他對商業貿易的全面掌握，以及對交通運輸的詳盡了解、廣泛的人脈 —— 還有他那機智與詼諧的談吐 —— 這些能力讓他在領導那些年齡是他兩倍甚至是 3 倍的員工時，顯得遊刃有餘。

阿奇博爾德認為，油價應規定在每桶 4 美元這個價格上，至於通常不能獲得這個價格則不是他的過錯。事實上，西元 1872 年是阿奇博爾德為原油的價格吶喊的最後一年 —— 當時許多新的油井不斷發現之後，石油的產量供應過剩，油價一度跌到每桶 20 美分的價位。

就在這個時候，另一個更著名的約翰・D 遇見了約翰・D・阿奇博爾德。他就是約翰・D・洛克斐勒，當時他已經是石油界的一位顯赫人物。他是從中西部來到賓夕法尼亞州的。當時精力旺盛的阿奇博爾德見到了他，並設宴接待洛克斐勒。洛克斐勒後來這樣描述這次著名的會面。

他說：「要記住一位老朋友或是對他的印象，這並不是一件易事。但我永遠不會忘記自己與阿奇博爾德的第一次會面。

「那時，我到處奔波，經常要到一些發生事情的地方處理工作，與石油生產商、精煉廠家、代理商甚至是熟人們進行商談。

「一天，在一個產油的地區，他們在那裡舉行一個聚會。當我來到酒店的時候，裡面已經全是從事石油的商人。我在名冊上看到了一行大大的名字：『約翰‧D‧阿奇博爾德，每桶石油 4 美元。』」

「他是一位年輕與熱情的傢伙。他向別人解釋自己那個標價的原因，希望大家不要產生誤解。在那時，要求把油價定在 4 美元的吶喊是讓人驚訝的，因為在那時油價比這個價格要低上很多。他的這種要求高油價的呼喊，無疑吸引了人們的注意 —— 大家覺得這是天方夜譚。即使最後阿奇博爾德被迫承認，油價沒有 4 美元一桶這個價位，可是他那異乎常人的熱情、精力與綜合能力，也不會有絲毫的減弱。」

「他總是有極強的幽默感。有一次，他在證人席上被反方的一位律師問道：『阿奇博爾德先生，你是這間公司的負責人嗎？』『是的，我是。』『那你在公司的主要職責是什麼？』

他馬上回答說：『要求更多的紅利。』這讓那位律師不得不問其他方面的問題。他努力工作的能力讓人驚訝不已。」

因此，洛克斐勒這位具有超常判斷力的「巨人」選中阿奇博爾德。實際上，美孚石油公司的員工，早就發現他是位有極強能力與精力的領導者。他們展開了談判，最後阿奇博爾德在西元 1875 年加入洛克斐勒集團。當時，他已經擔任阿珂姆石油公司的董事長以及主要股東之一。在那年秋季，他被選為標準石油公司的董事會成員。不久，他就擔任了公司的副董事長，直到西元 1911 年。此後，他被選為公司的董事長。

一個展現阿奇博爾德富有遠見的例子，可以追溯到西元 1899 年，當他在工業委員會發表證詞的時候，他敦促加快企業法規的聯邦憲章。「各州的法律缺乏統一，這無疑會影響企業的運作，這也是今日許多大企業為之頭痛的一點。」他說。「我謹建議你們能夠考慮一下，制定聯邦企業法律。」

「我現在更加堅信，這是唯一與必然的解決途徑。」他向我再次重申這一點。

現在，那些稍有頭腦的人對此都沒有什麼疑問。人們越來越了解，一間企業必須要在48個州裡改變其經營模式的做法，已變得越來越不可能了。若是能夠制定這樣的法律，那就不會有這麼多被政府解散重組的企業了。那麼標準石油公司也就不會被政府控告，這其實是兩敗俱傷的做法。

阿奇博爾德在石油界的地位僅次於約翰·戴維森·洛克斐勒，這是業內人士的評價。也許大眾對他的名字不太熟悉，這是因為他厭惡拋頭露面的緣故。那些為取得同等成就作傳的人們，往往會漏掉阿奇博爾德的名字。本文關於他的介紹，比之前所有的見之於眾的文字更加詳盡。我了解與訪問過不少國家的知名人士，可我從沒見過像阿奇博爾德這樣，不願意將自己的言行公之於眾的成功人士。

「我的人生平淡無奇，沒什麼好記載的。」他以此作為擋箭牌。「我只是對這個國家的資源開發，以及拓展國內外的貿易有點興趣而已。對於其他事情，我沒有那麼多的時間去感興趣。」

事實上，阿奇博爾德對其他事情還是相當有興趣的。他是錫拉丘茲大學董事會的主席，自從他參與這間學校的事務之後，該校的招生人數就從原來的幾百人升至4,000人，其中還包括1,500名女生，使該校躍升為美國著名學府。為了紀念他的女兒弗朗西斯·德納·阿奇博爾德·沃爾科特，他興建起現在的紐約幼兒園這幢建築，並將之作為公共設施。他還是紐約聖·克里斯托弗收容所與育幼院的董事，他以慷慨大力的支持而為人敬仰。他對大都會藝術博物館與美國自然歷史博物館的展品，都是非常感興趣的。

朋友說他是難得一遇的講故事好手。風趣的個性讓他在大多數事情裡，都能看到有趣滑稽的一面。身為慈善家，他不想讓自己的左手知道右手在

做什麼。

講到了「手」，這讓我想起報紙裡講述的這則故事：

西元 1911 年，阿奇博爾德乘著「雌狐」號遊艇，順著哈德遜河航行時，他放棄了手中最好的一副牌，救下在水中掙扎的兩名划槳船員。當發現這兩位船員時，遊艇以最快的速度向他們趕去。阿奇博爾德來到船邊，要求遊艇靠近這兩位當時正死死抓住船體的船員。過了一會，他們就被救上游艇，他們的船也被拖上岸了。

「現在，」阿奇博爾德對他們說。「我願為你們效勞。你們是想與我一起走，還是讓我跟你們走呢？在這期間，你們想做什麼？」

船員被帶到騰戴維爾河附近的胡安妮塔划船俱樂部碼頭上，他們就上岸了。在上岸之前，他們想答謝阿奇博爾德，但他並不接受。

「相反，」他說，「我還要感謝你們給我帶來這麼愉悅的一個下午——但丟掉的那副牌，是我有生以來拿過最好的。」

西元 1907 年，阿奇博爾德在錫拉丘茲大學紐約校友的聚會上，發表了名為〈骯髒金錢〉的激昂演講。下面是這篇演講的一段節選：

「如果我覺得自己捐給大學的錢，有什麼可疑的話，我將不會捐獻一分錢。我的每分錢都是靠著艱辛與誠實的努力賺回來的。我再重申一次，若賺的錢過不了自己的良心，我是絕不會捐獻一分錢給錫拉丘茲大學的。」

也許，正是阿奇博爾德有從日常生活裡提取幽默的能力，才讓他工作的時間，比那些創立標準石油公司的元老更久。在見證標準石油公司誕生的那些「元老」之中，他是唯一現在還參與標準石油業務的人。阿奇博爾德出生於西元 1848 年 7 月 26 日，西元 1870 年，他與來自泰特斯維爾地區的 S·M·米爾斯的女兒安妮·米爾斯小姐結婚。他經常說，自己與米爾斯小姐結婚，是一生中最明智的選擇。他現在有兩個女兒，以及一個名

叫約翰・F・阿奇博爾德的兒子。

他仍舊像以前那樣勤奮，但工作時間縮短了不少。每天早上，他從位於錫達・克利夫的家乘坐遊艇出發去上班。現在，他每天都要到處逛一下。

我曾在百老匯大街26號問過一位起重機工人：「你認為阿奇博爾德是位怎樣的人？」

他顯得有點驚訝，然後說：「你肯定知道了。」接著他說出了4個字：「最好的人。」

相比於他的密友與同事的評價，我寧願相信一位普通員工對一位大人物的評價，這顯得更為真實。

在阿奇博爾德的遺願裡，他把50萬美元捐給錫拉丘茲大學——這所他一生都致力於其發展的大學，之前他已經捐贈了60萬美元。除了興建紐約幼兒園，並將它捐贈出來之外，在他遺願裡，還捐贈50萬美元給這個機構。在阿奇博爾德逝世之後，他的受益者一致決定給予他這樣的評價：「數以千計的男孩與女孩們最友善的朋友，正是由於他的善良與慷慨，這些孩子的人生得以有一個更好的起步。」

富比士巨人——撼動美國經濟的商界傳奇：

保險業王國的浪漫詩人 × 鋼鐵業鉅子 × 資本運作第一人，靠膽識與遠見掌握經濟權力，從零開始締造美國夢的 25 位傳奇企業家

作　　者：	［美］伯蒂‧查爾斯‧富比士（B. C. Forbes）
譯　　者：	孔寧
發 行 人：	黃振庭
出 版 者：	財經錢線文化事業有限公司
發 行 者：	財經錢線文化事業有限公司
E - m a i l：	sonbookservice@gmail.com
粉 絲 頁：	https://www.facebook.com/sonbookss
網　　址：	https://sonbook.net/
地　　址：	台北市中正區重慶南路一段 61 號 8 樓 8F., No.61, Sec. 1, Chongqing S. Rd., Zhongzheng Dist., Taipei City 100, Taiwan
電　　話：	(02)2370-3310
傳　　真：	(02)2388-1990
印　　刷：	京峯數位服務有限公司
律師顧問：	廣華律師事務所 張珮琦律師

-版權聲明-

本書版權為出版策劃人：孔寧所有授權崧博出版事業有限公司獨家發行電子書及繁體書繁體字版。若有其他相關權利及授權需求請與本公司聯繫。

未經書面許可，不得複製、發行。

定　　價：450 元
發行日期：2024 年 10 月第一版
◎本書以 POD 印製
Design Assets from Freepik.com

國家圖書館出版品預行編目資料

富比士巨人——撼動美國經濟的商界傳奇：保險業王國的浪漫詩人 × 鋼鐵業鉅子 × 資本運作第一人，靠膽識與遠見掌握經濟權力，從零開始締造美國夢的 25 位傳奇企業家 /［美］伯蒂‧查爾斯‧富比士（B. C. Forbes）著，孔寧 譯 . -- 第一版 . -- 臺北市：財經錢線文化事業有限公司, 2024.10
面；　公分
POD 版
譯　自：Men who are making America.
ISBN 978-626-408-042-2(平裝)
1.CST: 企業家 2.CST: 企業經營 3.CST: 傳記 4.CST: 美國
490.9952　　　　　113015659

電子書購買

爽讀 APP　　　　臉書